高等学校规划教材

建筑制图表达

刘 平 主编

中国建筑工业出版社

图书在版编目（CIP）数据

建筑制图表达/刘平主编. —北京：中国建筑工业出版社，2008
高等学校规划教材
ISBN 978-7-112-10134-4

Ⅰ. 建… Ⅱ. 刘… Ⅲ. 建筑制图-高等学校-教材 Ⅳ. TU204

中国版本图书馆 CIP 数据核字（2008）第 099661 号

随着高校专业基础课打通和设置专业基础平台，教学越来越需要拓宽知识面，提高工程专业学生素质。本书就是针对传统教学内容的改革，在充分总结同类院校同类课程的基础上编写而成的。本书力求使学生在学习各种投影知识，进行绘图基本训练的同时，掌握相关建筑类专业知识，得到科学思维方法的培养以及空间思维能力和创新能力的开发与提高。全书共分为 16 章，主要内容包括：建筑制图表达概述、建筑制图基本知识与技能、轴测图、正投影的基本知识、常用工程曲线与曲面、建筑透视图画法、建筑形体的阴影、透视图中的阴影、建筑施工图、结构施工图、建筑装饰施工图以及计算机绘图等。在编写内容上做到了由浅入深、由简及繁，并使之环环相扣，具有较强的系统性。

本书可作为高等学校建筑学、城市规划、景观设计、室内设计、环境艺术设计等专业的本、专科学生课程教材，也可以作为高校土建类专业教材参考书，以及从事各种设计工作的工程技术人员的参考书。

* * *

责任编辑：陈 桦 吕小勇
责任设计：赵明霞
责任校对：陈晶晶 刘 钰

高等学校规划教材
建筑制图表达
刘 平 主编

*

中国建筑工业出版社出版、发行（北京西郊百万庄）
各地新华书店、建筑书店经销
霸州市顺浩图文科技发展有限公司制版
北京同文印刷有限责任公司印刷

*

开本：787×1092 毫米 1/16 印张：33¾ 字数：630 千字
2008 年 9 月第一版 2019 年 2 月第五次印刷
定价：56.00 元（含习题集）
ISBN 978-7-112-10134-4
（16937）

版权所有 翻印必究
如有印装质量问题，可寄本社退换
（邮政编码 100037）

前　言

随着高校专业基础课打通和设置专业基础平台，教学越来越需要拓宽知识面，提高工程专业学生素质。本书是对传统教学内容进行改革，在充分总结了同类院校同类课程的基础上编写而成的。本教材做到了基础知识和专业知识相结合，传统内容与现代专业知识相结合，兼顾了理论学习和实践技能培养两方面的要求。使学生在学习各种投影知识，进行绘图基本训练的同时，掌握相关建筑类专业知识，得到科学思维方法的培养以及空间思维能力和创新能力的开发与提高。

本书在传统"画法几何与阴影透视"的基础上，增加了建筑制图基本知识与技能、建筑形体表达方法、建筑施工图、结构施工图、建筑装修施工图和计算机绘图等相关内容。全书共分为16章，主要内容包括：建筑制图表达概述、建筑制图基本知识与技能、轴测图、正投影的基本知识、常用工程曲线与曲面、建筑透视图画法、建筑形体的阴影、透视图中的阴影、建筑施工图、结构施工图、建筑装修施工图以及计算机绘图等。全书在编写内容上做到了由浅入深、由简及繁，并使之环环相扣，具有较强的系统性。

本书的特点主要有以下几个方面：

1. 鉴于轴测图内容在设计类专业中的重要性，因此将轴测图的内容提前放在了正投影基本知识前面，并在组合体、立体截交相贯，以及剖面图等内容中穿插了轴测图画法的内容，将轴测图的内容贯穿于整个正投影中，增强了轴测图的训练。

2. 增加了计算机绘图内容，主要介绍绘图环境设置，并以计算机绘制建筑图的实例说明了 AutoCAD 的操作方法，内容简捷实用，方便初学者的学习与练习。

3. 书中建筑图采用了建设部于2001年颁布实施的建筑制图国家标准，使教材更符合当前设计和施工的生产实际。

本书可作为高等学校建筑学、城市规划、景观设计、室内设计、环境艺术设计等专业的本、专科学生课程教材，也可以作为高校土建类专业教材参考书，以及从事各种设计工作的工程技术人员的参考书。

本书由青岛理工大学刘平担任主编，张效伟、莫正波、高丽燕、张蕾担任副主编。参加编写和整理工作的还有：宋琦、杨月英、张琳、於辉、滕绍光、马晓丽、张学秀。

在编写过程中，作者吸收和借鉴了国内外同行专家的一些先进经验和成果，并得到了中国建筑工业出版社的热情帮助，在此表示衷心的感谢！

本书是对该门课程教学的一种尝试，由于水平有限，书中难免会有不足之处，敬请广大同仁和读者批评指正。

编者
2008年7月

目 录

第1章　建筑制图表达概述 ··· 1
　1.1　课程的研究对象、目的和任务 ································· 1
　1.2　投影法基本概念 ··· 1
　1.3　立体的三面投影图 ·· 5
第2章　建筑制图基本知识与技能 ··· 9
　2.1　建筑制图基本知识 ·· 9
　2.2　绘图技能 ·· 20
第3章　轴测图 ··· 22
　3.1　轴测图的基本知识 ·· 22
　3.2　正等轴测图 ··· 23
　3.3　斜轴测图 ·· 31
第4章　正投影的基本知识 ··· 35
　4.1　点的投影 ·· 35
　4.2　直线的投影 ··· 39
　4.3　平面的投影 ··· 45
　4.4　直线与平面、平面与平面的相对位置 ····················· 49
第5章　常用工程曲线与曲面 ·· 53
　5.1　曲线 ·· 53
　5.2　曲面 ·· 55
　5.3　非回转曲面 ··· 57
　5.4　螺旋线和螺旋面 ··· 62
第6章　立体的截交与相贯 ··· 66
　6.1　平面立体的投影 ··· 66
　6.2　曲面立体的投影 ··· 69
　6.3　立体的截交线 ·· 73
　6.4　立体的相贯线 ·· 80
　6.5　曲面立体截交和相贯轴测图画法举例 ····················· 87
第7章　建筑形体表达方法 ··· 90
　7.1　组合体的投影图 ··· 90
　7.2　建筑形体表达方法 ·· 97
　7.3　组合体和形体剖切轴测图画法举例 ························ 106
第8章　建筑透视图画法 ·· 109

8.1	透视图的基本概念	109
8.2	点和直线的透视规律	111
8.3	透视图的作图方法——视线法	117
8.4	透视图的作图方法——量点法	122
8.5	斜线灭点和平面灭线	125
8.6	透视图的作图方法——网格法	127
8.7	透视图的选择	130

第9章 透视图辅助画法及曲面体透视 134

9.1	灭点在画面外的透视画法	134
9.2	建筑细部的简捷画法	135
9.3	透视图的放大	140
9.4	配景透视高度的确定	141
9.5	三点透视的辅助画法	143
9.6	曲面体的透视	144

第10章 建筑阴影基本知识 150

10.1	建筑阴影概述	150
10.2	点和直线的落影	151
10.3	直线的落影规律	155
10.4	平面的落影	159

第11章 建筑形体的阴影 164

11.1	平面立体的阴影	164
11.2	常见建筑形体的阴影	167
11.3	曲面立体的阴影	176
11.4	形体在柱面上的落影	180

第12章 透视图中的阴影 185

| 12.1 | 透视阴影的光线 | 185 |
| 12.2 | 建筑透视阴影的作图 | 188 |

第13章 建筑施工图 192

13.1	建筑施工图概述	192
13.2	总平面图	199
13.3	建筑平面图	203
13.4	建筑立面图	211
13.5	建筑剖面图	215
13.6	建筑详图	218

第14章 结构施工图 224

14.1	结构施工图概述	224
14.2	楼层结构平面图	230
14.3	钢筋混凝土构件详图	233
14.4	基础平面图和基础详图	235

14.5 楼梯结构详图 239

第15章 建筑装修施工图 243
15.1 平面布置图 243
15.2 楼地面装修图 246
15.3 室内立面装修图 247
15.4 顶棚装修图 248
15.5 节点装修详图 249

第16章 计算机绘图 252
16.1 绘图环境设置 252
16.2 绘图比例、出图比例与输出图样的最终比例 255
16.3 数据输入的方法 255
16.4 选择编辑对象的方法 257
16.5 常用基本操作 258
16.6 图层与对象特性 260
16.7 AutoCAD绘图举例 263

参考文献 270

第1章　建筑制图表达概述

1.1　课程的研究对象、目的和任务

建筑图用来表达建筑物的艺术造型、内部装饰、结构与构造、地理环境、施工要求，反映设计意图并作为施工依据。本课程的研究对象是建筑制图的绘图原理和方法。

建筑图通常有以下三种表现形式：

1）多面正投影图

按正投影法绘制，能如实反映形体的形象和大小，便于度量和作图，能满足空间造型设计和施工的需要。在工程上用作施工图。

2）轴测图

按平行投影绘制，有立体感，作图较简单。在工程上用作辅助图。

3）透视图

按中心投影绘制，富有立体感，表现出人对形体的直接感受。在工程上用作设计阶段方案表现图。

本课程的主要目的是培养学生绘制和阅读建筑图的能力。因为没有绘图能力，便不能表达自己的技术构想；而没有读图能力，就无从知道别人的设计意图。所以这是从事建筑设计行业的技术人员必须具备的基本能力。

本课程主要学习多面正投影图、透视图和建筑阴影。通过本课程的学习，掌握绘制建筑图的基本知识和基本技能，提高识图和绘图的能力。此外，在学习本课程的过程中，还需要多加练习，注重培养自己分析问题和解决问题的能力。

1.2　投影法基本概念

1.2.1　投影的形成

在日常生活中，我们常看到物体被光照射后在某个平面上呈现影子的现象。如图1-1（a）所示，取一个三棱锥，放在灯光和地面之间，这个三棱锥在地面上就会产生影子。影子和投影是不同的，图1-1（b）所示为形体的投影，光源 S 称为投影中心，承受影子的平面 P 称为投影面，连接投影中心与形体上的点的直线称为投射线。通过一点的投射线与投影面的交点就是该点在该投影面上的投影。作出形体投影的方法，称为投影法。由此可见，投射线、被投影的物体和投影面是进行投影时必须具备的三个要素。

1.2.2　投影法分类

投影法可分为中心投影法和平行投影法两大类。

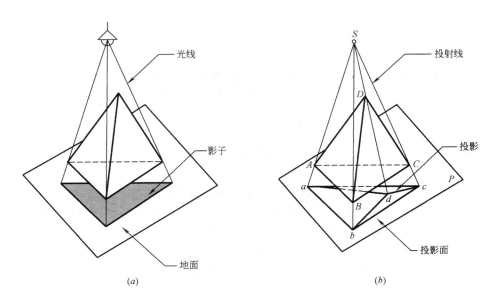

图 1-1 三棱锥的影子和投影
(a) 影子；(b) 投影

1) 中心投影法

当所有的投射线都从投影中心一点发出时，这种投影法称为中心投影法，如图 1-1 (b) 所示。用中心投影所得的投影称为中心投影。

2) 平行投影法

当投影中心距离投影面为无限远时，所有的投射线均可看作互相平行，这种投影法称为平行投影法（图 1-2）。根据投射线与投影面的倾角不同，平行投影法又分为斜投影法和正投影法两种。

(1) 斜投影法：相互平行的投射线倾斜于投影面的投影方法称为斜投影法，如图 1-2 (a) 所示。用这种方法所得的投影称为斜投影。

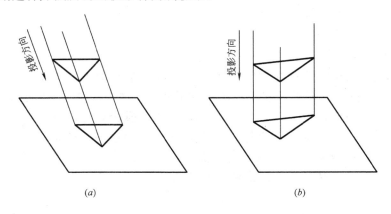

图 1-2 平行投影法
(a) 斜投影法；(b) 正投影法

（2）正投影法：相互平行的投射线垂直于投影面的投影方法称为正投影法，如图1-2（b）所示。用这种方法所得的投影称为正投影。

1.2.3 工程上常用的投影图

1）透视投影图

透视投影图简称为透视图，它是按中心投影法绘制的，如图1-3所示。这种图的优点是形象逼真、立体感强，缺点是绘图较繁、度量性差。

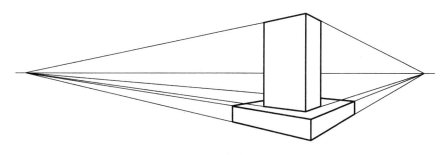

图1-3 透视投影图

2）轴测投影图

轴测投影图简称为轴测图，它是按平行投影法绘制的。图1-4采用的是正投影法，图1-5采用的是斜投影法。这种图的优点是立体感较强，缺点是度量性较差，作图较麻烦，在工程中常用作辅助图样。

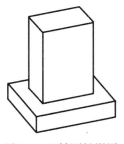 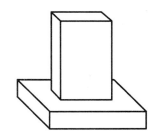

图1-4 正轴测投影图　　　　　　　　图1-5 斜轴测投影图

3）正投影图

用正投影法把物体向两个或两个以上互相垂直的投影面进行投影所得到的图样称为多面正投影图，简称为正投影图，如图1-6所示。这种图的优点是能准确地反映物体的形状和大小，作图方便、度量性好，在工程中应用最广。这种图的缺点是立体感差，需经过一定的训练才能看懂。

大多数工程图是采用正投影法绘制的。正投影法是本课程研究的主要对象，以下各章所指的投影，如无特殊说明均指正投影。

1.2.4 正投影的特性

在工程实践中，最经常使用的是正投影，正投影一般有以下几个特性：

1）实形性

当直线线段或平面图形平行于投影面时，其投影反映实长或实形，如图1-7（a）、（b）

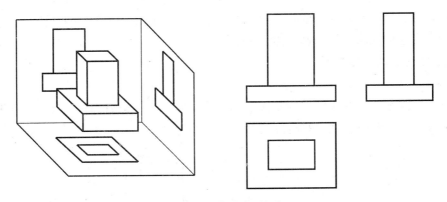

图 1-6 三面正投影图

所示。

2) 积聚性

当直线或平面垂直于投影面时,其投影积聚为一点或一直线,如图 1-7（c）、（d）所示。

3) 类似性

当直线或平面倾斜于投影面而又不平行于投影线时,其投影小于实长或不反映实形,但与原形类似,如图 1-7（e）、（f）所示。

4) 平行性

互相平行的两直线在同一投影面上的投影保持平行,如图 1-7（g）所示,$AB/\!/CD$,则 $ab/\!/cd$。

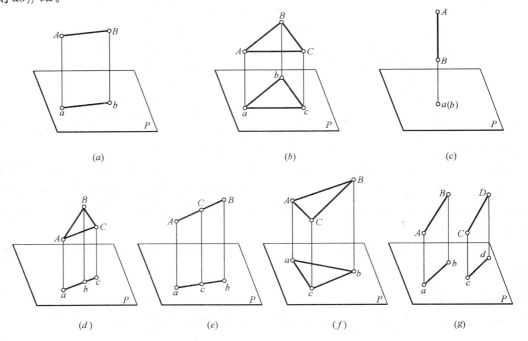

图 1-7 正投影的特性

5）从属性

若点在直线上，则点的投影必在直线的投影上，如图 1-7（e）中 C 点在 AB 上，C 点的投影 c 必在 AB 的投影 ab 上。

6）定比性

直线上一点所分直线线段的长度之比等于它们的投影长度之比；两平行线段的长度之比等于它们没有积聚性的投影长度之比，如图 1-7（e）中 $AC:CB=ac:cb$，又如图 1-7（g）中 $AB:CD=ab:cd$。

1.3 立体的三面投影图

1.3.1 物体的一面投影

如图 1-8 所示，在长方体的下面放一个水平投影面用 H 表示，简称 H 面。在水平投影面上的投影称水平投影，简称 H 投影。从图 1-8 中可看出，长方体的 H 投影只反映长方体的长度和宽度，不能反映其高度。由此，我们可以得出结论，物体的一面投影不能确定物体的形状。

1.3.2 物体的三面投影

如图 1-9 所示，在水平投影面 H 的基础上，增加两个投影面，一个正立投影面用 V 表示，简称 V 面。在正立投影面上的投影称正面投影，简称 V 投影。一个右侧立投影面用 W 表示，简称 W 面。在右侧立投影面上的投影称侧面投影，简称 W 投影。V 面、H 面和 W 面相互垂直，共同组成一个三面投影体系，三投影面两两相交的交线 OX、OY 和 OZ 称为投影轴，三投影轴的交点 O 称为原点。

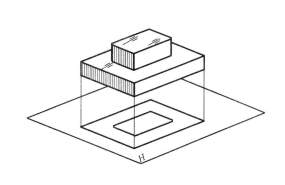

图 1-8 物体的一面投影图

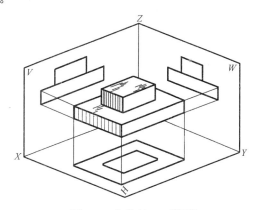

图 1-9 物体的三面投影

形体的 V、H、W 投影所确定的形状是唯一的。因此，我们可得出结论：通常情况下，物体的三面投影，可以确定物体的唯一形状。

1.3.3 三面投影图展开

为使三个投影面处于同一个图纸平面上，我们需要把三个投影面展开。如图 1-10（a）所示，规定 V 面固定不动，H 面绕 OX 轴向下旋转 90°，W 面绕 OZ 轴向右旋转 90°，从而都与 V 面处在同一平面上。这时 OY 轴分为两条，一条随 H 面转到与 OZ 轴在同一

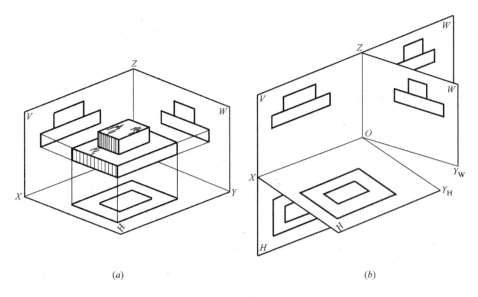

图 1-10 三面投影图的展开

铅直线上，标注为 OY_H；另一条随 W 面转到与 OX 轴在同一水平线上，标注为 OY_W，如图 1-10（b）所示。正面投影（V 投影）、水平投影（H 投影）和侧面投影（W 投影）组成的投影图，称为三面投影图。

实际作图时，只需要画出物体的三个投影而不需要画出投影面边框线，如图 1-11 所示。熟练作图后，三条轴线亦可省去。

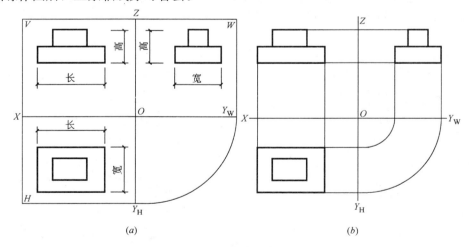

图 1-11 三面投影图的度量对应关系

1.3.4 三面投影图的特性

1）度量相等

三面投影图共同表达同一物体，它们的度量关系为：

（1）正面投影与水平投影长对正；

（2）正面投影与侧面投影高平齐；

(3) 水平投影与侧面投影宽相等。

三面投影图的度量对应关系就是：长对正、高平齐、宽相等，简称三等规律。应该指出：三等规律不仅适用于物体总的轮廓，也适用于物体局部的点、线、面投影。

2) 位置对应

从图 1-12 中可以看出：物体的三面投影图与物体之间的位置对应关系为：

（1）正面投影反映物体的上、下、左、右的位置；
（2）水平投影反映物体的前、后、左、右的位置；
（3）侧面投影反映物体的上、下、前、后的位置。

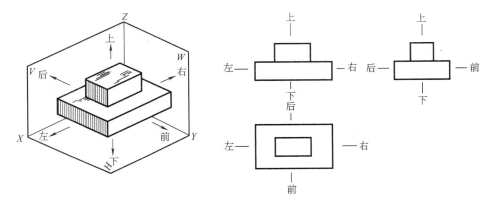

图 1-12 投影图和物体的位置对应关系

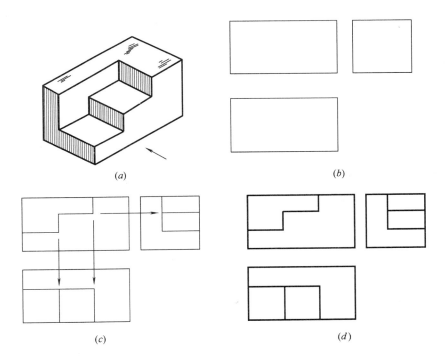

图 1-13 台阶模型的三面投影图

(a) 立体图；(b) 作长方体投影；(c) 切去两个长方体后的形状；
(d) 擦去多余线条，加粗、加深线型

1.3.5 画三面投影图

以下举例说明台阶模型三面投影画法：

（1）分析台阶模型立体图。它是由长方体切去两块长方体后形成的台阶。箭头表示 V 投影方向（图 1-13a）；

（2）绘出外形长方体的三面投影（用细实线打底稿）（图 1-13b）；

（3）在长方体三面投影的轮廓线内加绘台阶的三面投影：先加绘台阶的 V 投影，据此再绘 H、W 投影（如图 1-13c 箭头所示）；

（4）擦去多余线条，加粗、加深线型完成全图（图 1-13d）。

第 2 章　建筑制图基本知识与技能

2.1　建筑制图基本知识

建筑制图目前采用的国家标准是 2001 年 11 月 1 日建设部颁布的《房屋建筑制图统一标准》(GB/T 5001—2001)。标准的基本内容包括对图幅、字体、图线、比例、尺寸标注、专用符号、代号、图例、图样画法（包括投影法、规定画法、简化画法等）、专用表格等项目的规定，这些都是各类建筑工程图必须统一的内容。

2.1.1　图纸的幅面和格式

图纸的幅面是指图纸本身的大小规格。图框是图纸上所供绘图范围的边线。图纸幅面及图框尺寸，应符合表 2-1 的规定及图 2-1 的格式。

图纸幅面及图框尺寸（mm）　　　　表 2-1

尺寸代号＼幅面代号	A0	A1	A2	A3	A4
$b×l$	841×1189	594×841	420×594	297×420	210×297
c	10			5	
a	25				

A0～A3 图纸宜采用横式（以图纸短边作垂直边），必要时也可采用立式（以图纸短边作水平边），如图 2-1 所示。

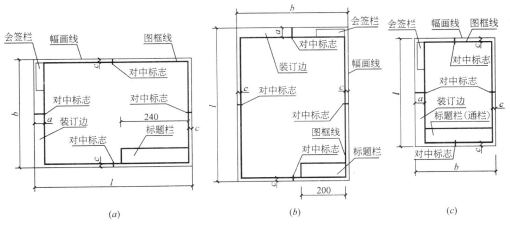

图 2-1　图纸幅面
(a) A0～A3 横式幅面；(b) A0～A3 立式幅面；(c) A4 立式幅面

2.1.2 图纸标题栏及会签栏

图纸标题栏用于填写工程名称、图名、图号和设计人、制图人、审批人的签名以及日期等，简称图标。标题栏的方向应与看图的方向一致，格式和尺寸如图2-2（a）所示。

会签栏内应填写会签人员所代表的专业、姓名、日期。不需会签的图纸可不设会签栏。会签栏的格式和尺寸如图2-2（b）所示。

图 2-2 标题栏和会签栏
（a）标题栏；（b）会签栏

在学习阶段，标题栏可参考图2-3的具体格式，不设会签栏。图框线、标题栏线和会签栏线的线宽，应按表2-2选用。

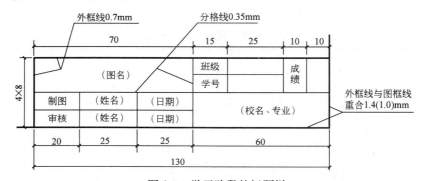

图 2-3 学习阶段的标题栏

图框线、标题栏线和会签栏线的宽度（mm）   表 2-2

幅面代号	图框线	标题栏外框线	标题栏分格线及会签栏线
A0、A1	1.4	0.7	0.35
A2、A3、A4	1.0	0.7	0.35

2.1.3 图线

在图纸上绘制的线条称为图线。建筑工程中，常用的几种图线的名称、线型、线宽和一般用途见表2-3，线宽 b 应根据图样和比例大小选定，从 0.35~2.0mm。图线在工程中的实际应用如图2-4所示。

画线时，还应注意以下几点：

（1）单点长画线或双点长画线的线段长度应保持一致，约等于 15~20mm，线段的间隔宜相等；虚线的线段和间隔也应保持长短一致，线段长约 3~6mm，间隔约为 0.5~1mm。

线型   表 2-3

名称	线型	线宽	一般用途
粗实线	———————	b	主要可见轮廓线；平、剖面图中被剖切的主要建筑构造（包括构配件）的轮廓线；建筑立面图或室内立面图的外轮廓线；详图中主要部分的断面轮廓线和外轮廓线；平、立、剖面图的剖切符号；总平面图中新建建筑物±0.00高度的可见轮廓线；新建的铁路、管线；图名下横线
中粗实线	———————	$0.5b$	建筑平、立、剖面图中一般构配件的轮廓线；平、剖面图中次要断面的轮廓线；总平面图中新建构筑物、道路、桥涵、围墙等设施的可见轮廓线；场地、区域分界线，用地红线，建筑红线，河道蓝线；新建建筑物±0.000高度以外的可见轮廓线；尺寸起止符号
细实线	———————	$0.25b$	总平面图中新建道路路肩、人行道、排水沟、树丛、草地、花坛等可见轮廓线；原有建筑物、构筑物、铁路、道路、桥涵、围墙的可见轮廓线；坐标网线、图例线、索引符号、尺寸线、尺寸界线、引出线、标高符号、较小图形的中心线等
粗虚线	— — — — —	b	新建建筑物、构筑物的不可见轮廓线
中粗虚线	— — — — —	$0.5b$	一般不可见轮廓线；建筑构造及建筑构配件不可见轮廓线；总平面图计划扩建的建筑物、构筑物、道路、桥涵、围墙及其他设施的轮廓线；洪水淹没线、平面图中起重机（吊车）轮廓线
细虚线	– – – – – –	$0.25b$	总平面图上原有建筑物、构筑物和道路、桥涵、围墙等设施的不可见轮廓线；图例线
粗单点长画线	— — —	b	起重机（吊车）轨道线；总平面图中露天矿开采边界线
中粗单点长画线	— — —	$0.5b$	土方填挖区的零点线
细单点长画线	— · — · —	$0.25b$	分水线、中心线、对称线、定位轴线
粗双点长画线	— ·· — ·· —	b	地下开采区塌落界线
细双点长画线	— ·· — ·· —	$0.25b$	假想轮廓线、成型前原始轮廓线
折断线	——∧——	$0.25b$	不需画全的断开界线
波浪线	～～～～	$0.25b$	不需画全的断开界线；构造层次的断开界线

（2）单点长画线、双点长画线的两端是线段，而不是点。

（3）如图 2-5 所示，虚线与虚线、点画线与点画线、虚线或点画线与其他图线交接时，应是线段交接；虚线与实线交接，当虚线在实线的延长线上时，不得与实线连接，应留有间距。

（4）在较小的图形中绘制单点长画线及双点长画线有困难时，可用细实线代替，如图 2-6 所示。

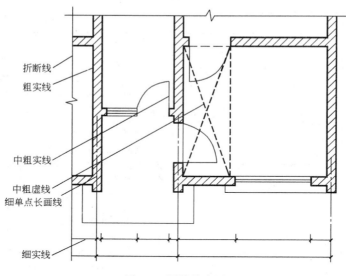

图 2-4 图线的应用

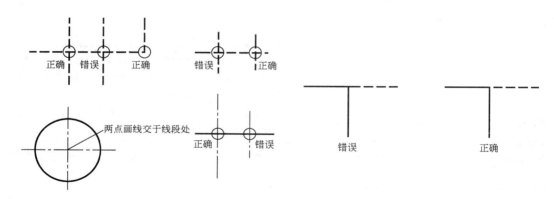

图 2-5 画虚线和点画线的方法

(5) 图线不得与文字、数字或符号重叠、混淆,不可避免时,应首先保证文字等的清晰。

(6) 折断线和波浪线应画出被断开的全部界线,折断线在两端应分别超出图形的轮廓线,而波浪线则应画至轮廓线为止,如图 2-7 所示。

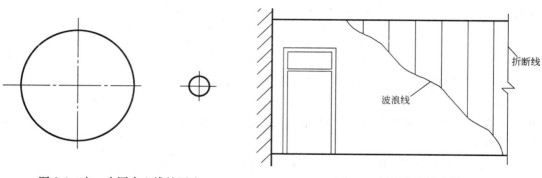

图 2-6 大、小圆中心线的画法   图 2-7 折断线和波浪线

2.1.4 字体

图纸上所需书写的各种文字、数字、拉丁字母或其他符号等要做到笔画清晰、字体端正、排列整齐，标点符号应清楚、正确。

1) 汉字

图样及说明中的汉字，应遵守《汉字简化方案》和有关规定，书写成长仿宋体。长仿宋字体的字高与字宽的比例约为3：2，如图2-8所示。长仿宋字体字高与字宽的关系见表2-4。

横平竖直起落分明排列整齐构思
建筑厂房平立剖面详图门窗阳台
工程图上应书写长仿宋体汉字体打好格子笔画
楼梯一二三四五六七八九十制钢筋混凝土均匀
大学院系专业班级材料预算招投标建设监理正投影透视动冬季横
尺寸大小空间绿化树木水体瀑数字严谨细致断开处方案效果投标

图2-8 长仿宋字示例

长仿宋字体字高与字宽关系（mm） 表2-4

字高	20	14	10	7	5	3.5
字宽	14	10	7	5	3.5	2.5

工程图上书写的长仿宋汉字，其高度应不小于3.5mm。在写字前，应先打格再书写。长仿宋体字的特点是：笔画横平竖直、起落分明、笔锋满格、字体结构匀称。书写时一定严格要求，认真书写。

2) 拉丁字母和数字

拉丁字母、阿拉伯数字或罗马数字同汉字并列书写时，它们的字高比汉字的字高宜小一号或两号，且不应小于2.5mm。

拉丁字母、阿拉伯数字或罗马数字都可以写成竖笔铅垂的直体字或竖笔与水平线成75°的斜体字，如图2-9所示。小写的拉丁字母的高度应为大写字母高度 h 的7/10，字母间距为 $2h/10$，上下行基准线间距最小为 $15h/10$。

表示数量的数值，应用正体阿拉伯数字书写；各种计量单位凡前面有量值的，均应采用国家颁布的单位符号书写，例如三千五百毫米应写成3500mm，三百五十二吨应写成352t，五十千克每立方米应写成50kg/m³。

表示分数时，不得将数字与文字混合书写，例如：四分之三应写成3/4，不得写成4分之3，百分之三十五应写成35%，不得写成百分之35。表示比例数时，应采用数学符号，例如：一比二十应写成1：20。

14　建筑制图表达

ABCDEFGHIJ
KLMNOPQRS
TUVWXYZ
abcdefghijklm
nopqrstuvwxy
1234567890
ABCabc1240

图 2-9　拉丁字母、数字示例

当书写的数字小于 1 时，必须写出个位的"0"，小数点应采用圆点，如 0.15、0.004 等。

2.1.5　尺寸标注

建筑工程图中除了画出建筑物及其各部分的形状外，还必须准确、详尽和清晰地标注各部分实际尺寸，以确定其大小，作为施工的依据。

1) 尺寸的组成

图样上的尺寸，包括尺寸界线、尺寸线、尺寸起止符号和尺寸数字，如图 2-10 所示。尺寸界线应用细实线绘制，一般应与被注长度垂直，其一端应离开图样轮廓线不小于 2mm，另一端宜超出尺寸线 2～3mm，必要时，图样轮廓线可用作尺寸界线。尺寸线应用细实线绘制，应与被注长度平行，应注意：图样本身的任何图线均不得用作尺寸线。尺寸起止符号一般用中粗斜短线绘制，其倾斜方向应与尺寸界线成顺时针 45°角，长度宜为 2～3mm。

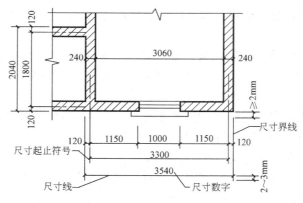

图 2-10　尺寸的组成

图样上的尺寸，应以尺寸数字为准，不得从图上直接量取。图样上的尺寸单位，除标高及总平面图以米为单位外，其他以毫米为单位，图上尺寸数字不注写单位。尺寸数字应写在尺寸线的中部，在水平尺寸线上的应从左到右写在尺寸线上方，在铅直尺寸线上的，应从下到上写在尺寸线左方。

相互平行的尺寸线，应从被注写的图样轮廓线由近向远整齐排列，较小尺寸应离轮廓线较近，较大尺寸应离轮廓线较远；图样轮廓线以外的尺寸线，距图样最外轮廓之间的距离不宜小于10mm，平行排列的尺寸线之间的距离宜为7～10mm，并应保持一致。总尺寸的尺寸界线应靠近所指部位，中间的分尺寸的尺寸界线可稍短，但其长度应相等。

2）圆、圆弧、球的尺寸标注

圆和大于半圆的弧，一般标注直径，尺寸线通过圆心，用箭头作尺寸的起止符号，指向圆弧，并在直径数字前加注直径符号"ϕ"。较小圆的尺寸可以标注在圆外，如图2-11所示。其中箭头的画法如图2-11所示，b为粗实线宽度。

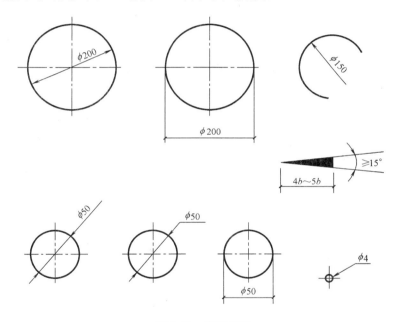

图 2-11　直径标注

半圆和小于半圆的弧，一般标注半径，尺寸线的一端从圆心开始，另一端用箭头指向圆弧，在半径数字前加注半径符号"R"。较小圆弧的半径数字，可引出标注，较大圆弧的尺寸线画成折线形，但必须对准圆心，如图2-12所示。

球的尺寸标注与圆的尺寸标注基本相同，只是在半径或直径符号（R或ϕ）前加注"S"，如图2-13所示。

注意：直径尺寸还可标注在平行于任一直径的尺寸线上，此时须画出垂直于该直径的两条尺寸界线，且起止符号改用45°中粗斜短线，如图2-11所示。

3）角度、弧长、弦长的尺寸标注

角度的尺寸线，应以圆弧表示。该圆弧的圆心应是该角的顶点，角的两个边为尺寸界线，角度的起止符号应以箭头表示，如没有足够位置画箭头，可用小黑点代替。角度数字

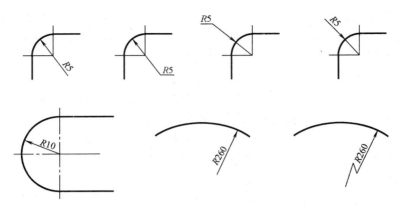

图 2-12 半径标注

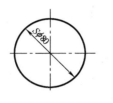

图 2-13 球径标注

应水平书写,如图 2-14（a）所示。

弧长的尺寸线为与该圆弧同心的圆弧,尺寸界线应垂直于该圆弧的弦,起止符号应以箭头表示,弧长数字的上方应加注圆弧符号"⌒",如图 2-14（b）所示。

弦长的尺寸线应以平行于该弦的直线表示,尺寸界线应垂直于该弦,起止符号应以中粗斜短线表示,如图 2-14（c）所示。

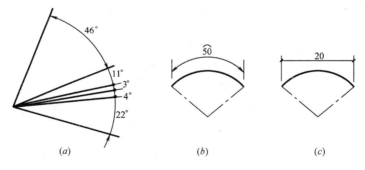

图 2-14 角度、弧长、弦长的尺寸标注
(a) 角度标注；(b) 弧长标注；(c) 弦长标注

4）坡度的尺寸标注

标注坡度时,在坡度数字下应加注坡度符号,坡度符号的箭头（单面）一般应指向下坡方向。坡度也可用直角三角形形式标注,如图 2-15 所示。

5）尺寸的简化标注

(1) 杆件或管线的长度,在单线图（桁架简图、钢筋简图、管线简图）上,可直接将尺寸数字沿杆件或管线的一侧注写,如图 2-16 所示。

(2) 连续排列的等长尺寸,可用"个数×等长尺寸＝总长"的形式标注,如图 2-17 所示。构配件内的构造要素（孔、槽等）如相同,可仅标注其中一个要素的尺寸,如

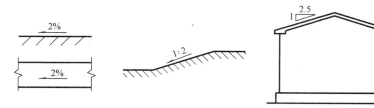

图 2-15 坡度标注

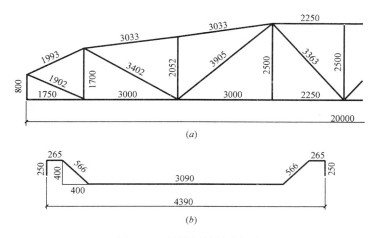

图 2-16 单线图的尺寸标注

(a) 桁架简图；(b) 钢筋简图

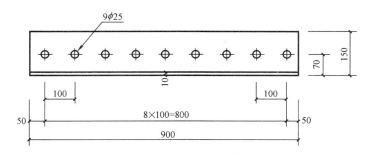

图 2-17 相同要素连续排列的尺寸标注

$\phi25$，并在前注明数量。

（3）对称构配件如果采用对称省略画法，则该对称构配件的尺寸线应略超过对称中心（符号），仅在尺寸线的一端画尺寸起止符号，尺寸数字按整体全尺寸注写，并且应注写在与对称中心（符号）对齐处，如图 2-16（a）中的尺寸 20000。

（4）多个构配件，如仅有某些尺寸不同，这些有变化的尺寸数字，可用拉丁字母注写在同一图样中，另列表格写明其具体尺寸，如图 2-18（a）所示。

注：如果两个构配件有个别尺寸数字不同，可在同一图样中将其中一个构配件的不同尺寸数字注写在括号内，该构配件的名称也应注写在相应的括号内，如图 2-18（b）所示。

标注尺寸还有一些其他的注意事项，如表 2-5 所示。

18 建筑制图表达

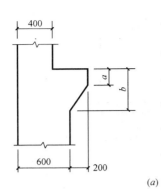

构件编号	a	b
Z-1	200	400
Z-2	250	450
Z-3	200	450

(a)

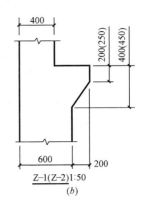

(b)

图 2-18 多个构配件的尺寸标注
(a) 相似构配件尺寸表格式标注；(b) 两个相似构配件的尺寸标注

标注尺寸的其他注意事项　　　　　　　　　　　表 2-5

说　明	正　确	错　误
不能用尺寸界线作为尺寸线		
轮廓线、中心线等可用作尺寸界线，但不能用作尺寸线		
尺寸线倾斜时数字的方向应便于阅读，尽量避免在斜线范围内注写尺寸		
同一张图纸内尺寸数字应大小一致，两尺寸界线之间比较窄时，尺寸数字可注在尺寸界线外侧，或上下错开，或用引出线引出再标注		

续表

说　明	正　确	错　误
任何图线与数字重叠时,应断开图线	360　360 720 点画线断开	360　360 720
轴测图的尺寸应标注在各自所在的坐标面内,尺寸线应与被注长度平行,尺寸界线应平行于相应的轴测轴,尺寸数字的方向应平行于尺寸线,尺寸起止符号用小黑点	100 60 50 60 100 50 120	
尺寸数字不得贴靠在尺寸线或其他图线上,一般应离开约0.5~1mm	148	148

2.1.6　图名和比例

按规定,在图样下方应用长仿宋体字写上图样名称和绘图比例。比例宜注写在图名的右侧,字的基准线应取平;比例的字高宜比图名字高小一号或两号,图名下应画一条粗横线,其粗度不应粗于本图纸所画图形中的粗实线,同一张图纸上的这种横线粗度应一致,其长度应与图名文字所占长度相同,如图2-19所示。

当一张图纸中的各图只用一种比例时,也可把该比例统一书写在图纸标题栏内。

图样的比例,应为图形与实物相对应的线性尺寸之比。比例的符号为":",比例应以阿拉伯数字表示,比例的大小是指其比值的大小,如1:50大于1:100。相同的构件,用不同的比例所画出的图样大小是不一样的,如图2-20所示。

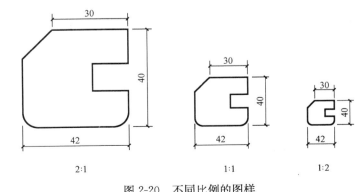

底层平面图 1:100

图2-19　图名和比例　　　　　图2-20　不同比例的图样

2.2 绘图技能

2.2.1 徒手绘图

1) 草图的概念

除了用绘图工具绘制正式的图样外,有时还需要绘制各种技术草图,草图是以目测估计图形与实物的比例,按一定画法要求徒手(或部分使用绘图仪器)绘制的图。由于绘制草图迅速、简便,有很大的实用价值,是技术人员交流、记录、构思、创作的有力工具。工程技术人员必须具备徒手绘图的能力,即要熟练掌握徒手绘制各种图线的方法和目测方法。

为了便于控制尺寸大小,经常在网格纸上徒手画草图,网格纸不要求固定在图板上,为了作图方便可任意转动或移动。

草图虽是徒手绘制,但要做到图形正确、线型分明、比例匀称、字体工整、图面整洁。

2) 草图的绘制方法

(1) 画直线

水平线应自左向右,铅垂线应自上而下画出,眼视终点,小指压住纸面,手腕随线移动,如图 2-21 所示。

(2) 画圆

画圆应先画出外切正方形及对角线,然后在正方形边上定出切点和对角线的大致三分之二分点,过这些点连接成圆,如图 2-22 所示。

图 2-21 徒手画线

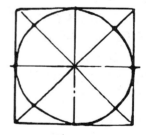

图 2-22 徒手画圆

2.2.2 仪器绘图

1) 充分做好各项准备工作

布置好绘图环境,准备好圆规、三角板、丁字尺、铅笔、橡皮等绘图工具和用品。所有的工具和用品都要擦拭干净,不要有污迹,要保持两手清洁。

2) 绘图的一般步骤

(1) 固定图纸

将平整的图纸放在图板偏左、偏下的部位,用丁字尺画最下一条水平线时,应使大部分尺头在图板的范围内。微调图纸使其下边沿与尺身工作边平行,用胶带纸将图纸四角固定在图板上。

(2) 绘制底稿

首先，按要求画图框和标题栏。

其次，布置图面。一张图纸上的图形及其尺寸和文字说明应布置得当，疏密均匀。视图（包括尺寸）周围要留有适当的空余，各视图间要布置得均匀整齐。

然后，进行图形分析，绘制底稿。画底稿要用较硬的铅笔（H 或 2H），铅芯要削得尖一些，画出的图线要细而淡，但各种图线区分要分明。

对每一图形应先画轴线或中心线或边线，再画主要轮廓线及细部。有圆弧连接时要根据尺寸分析，先画已知线段，找出连接圆弧的圆心和切点，再画连接线段。

(3) 铅笔加深或墨线描图

在加深前必须对底稿仔细检查、改正，直至确认无误。用铅笔（HB 或 B）加深或用墨线描底图的顺序是：自上而下、自左至右依次画出同一线宽的图线；上墨时，宜先画细线后画粗线（因细线易干，可提高速度）；先画曲线后画直线；对于同心圆，宜先画小圆后画大圆。

(4) 画箭头，注写尺寸数字，书写视图名称，标出各种符（代）号，填写标题栏和其他必要的说明，完成图样。

(5) 检查全图并清理图面。

第 3 章 轴 测 图

轴测图是形体在平行投影的条件下形成的一种单面投影图。在一个投影图中能同时反映出物体的长、宽、高,因而轴测图具有较强的立体感。缺点是度量性差,与人对形体的直观感受有差别。工程制图中常将轴测图作为辅助图样,用以帮助阅读正投影图。

为了能更好地掌握轴测图画法,本书采用将轴测图画法贯穿于全部正投影课程学习的方法,在本章中先介绍一些较为简单形体的绘制轴测图例题,对于较复杂的截交、相贯、组合体、剖面轴测图等画法例题,将陆续在后续相应内容中介绍。

3.1 轴测图的基本知识

3.1.1 轴测投影的形成

轴测图是利用平行投影的原理,把形体连同确定其空间位置的三条坐标轴 OX、OY、OZ 一起,沿着不平行于这三条坐标轴和由这三条坐标轴组成的坐标面的方向 S,投影到新投影面 P 上,所得到的投影图称为轴测投影图,简称轴测图(图 3-1)。

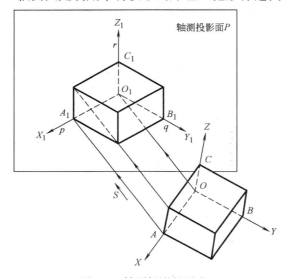

图 3-1 轴测投影的形成

3.1.2 轴测图的有关术语

在轴测投影中,投影面 P 称为轴测投影面;三条坐标轴 OX、OY、OZ 的轴测投影 O_1X_1、O_1Y_1、O_1Z_1,称为轴测轴,画图时,规定把 O_1Z_1 轴画成竖直方向,如图 3-1 所示;轴测轴之间的夹角,即 $\angle X_1O_1Z_1$、$\angle X_1O_1Y_1$、$\angle Y_1O_1Z_1$,称为轴间角;轴测轴上某段与它在空间直角坐标轴上的实长之比,即 $p(O_1A_1/OA)$、$q(O_1B_1/OB)$、$r(O_1C_1/OC)$,称为轴向变形系数。轴间角和轴向变形系数是绘制轴测投影时必须具备的要素,对于不同类型的轴测投影,有其不同的轴间角和轴向变形系数。

3.1.3 轴测图的投影特点

由于轴测投影是根据平行投影的原理作出的,所以必然具有平行投影的特点:

(1) 空间互相平行的直线,它们的轴测投影仍然互相平行。因此,在形体上平行于三个坐标轴的线段,在轴测投影上都分别平行于相应的轴测轴。

(2) 空间互相平行两线段的长度之比，等于它们轴测投影的长度之比。因此，形体上平行于坐标轴的线段的轴测投影与线段实长之比，等于相应的轴向变形系数。

在画轴测投影之前，必须先确定轴间角以及轴向变形系数。因此，画轴测投影时，只能沿着平行于轴测轴的方向和按轴向变形系数的大小来确定形体的长、宽、高三个方向的线段。而形体上不平行于坐标轴的线段的轴测投影长度有变化，不能直接量取，只能先定出该线段两端点的轴测投影位置后再连线得到该线段的轴测投影。

3.1.4 轴测图的分类

轴测图按照投影方向与轴测投影面的相对位置可分为两类：

1) 正轴测投影

正轴测投影的投影方向垂直于轴测投影面。根据轴向变形系数的不同，具体又分为正等测（$p=q=r$），正二测（$p=q\neq r$，或 $p=r\neq q$，或 $p\neq q=r$）常用的为正等轴测图。

2) 斜轴测投影

斜轴测投影的投影方向倾斜于轴测投影面。根据轴向变形系数的不同，具体又分为斜等测（$p=q=r$），斜二测（$p=q\neq r$，或 $p\neq q=r$，或 $p=r\neq q$）。

3.2 正等轴测图

3.2.1 正等轴测投影

前面已经知道，根据 $p=q=r$ 所作出的正轴测投影，称为正等测投影。正等测的轴间角 $\angle X_1O_1Z_1=\angle X_1O_1Y_1=\angle Y_1O_1Z_1=120°$，轴向变形系数 $p=q=r\approx 0.82$，习惯上简化为 1，即 $p=q=r=1$，在作图时可以直接按形体的实际尺寸截取。这种简化了轴向变形系数的轴测投影，通常称为正等轴测图，此时画出来的图形比实际的轴测投影放大了 1.22 倍，图 3-2 所示为正四棱柱的正等测投影。

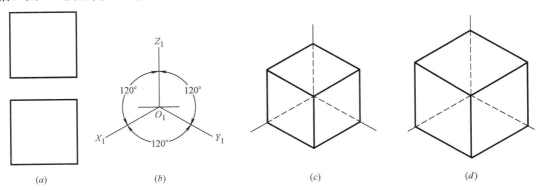

图 3-2 正等轴测投影图

(a) 正四棱柱投影图；(b) 画轴测轴；(c) $p=q=r=0.82$；(d) $p=q=r=1$

3.2.2 平面立体的正等轴测图画法

轴测轴和轴向变形系数确定之后，可根据形体的特征，选用各种不同的作图方法，如坐标法、叠加法、切割法等，作出形体的轴测图。

[**例 3-1**] 已知正六棱柱的两面投影，用坐标法绘制其正等轴测图。

(1) 分析

如图 3-3 所示，正六棱柱的前后、左右对称，将坐标原点 O 定在上底面六边形的中心，以六边形的中心线为 X 轴和 Y 轴。这样便于直接作出上底面六边形各顶点的坐标，从上底面开始作图。

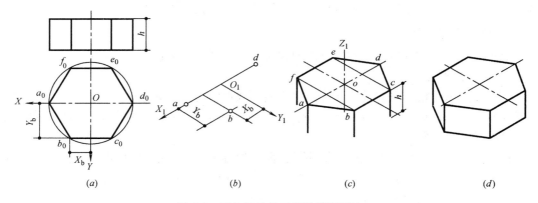

图 3-3 正六棱柱的正等轴测图画法

(2) 作图

① 定出坐标原点及坐标轴，如图 3-3 (a) 所示。

② 画出轴测轴 O_1X_1、O_1Y_1，由于 a_0、d_0 在 X 轴上，可直接量取并在轴测轴上作出 a、d。根据顶点 b_0 的坐标值 X_b 和 Y_b，定出其轴测投影 b，如图 3-3 (b) 所示。

③ 作出 b 点与 X_1、Y_1 轴对应的对称点 f、c，连接 a、b、c、d、e、f 即为六棱柱上底面六边形的轴测图。由顶点 a、b、c、d、e、f 向下画出高度为 h 的可见轮廓线，得下底面各点，如图 3-3 (c) 所示。

④ 连接下底面各点，擦去作图线，描深，完成六棱柱正等轴测图，如图 3-3 (d) 所示。

由作图可知，因轴测图只要求画可见轮廓线，不可见轮廓线一般不要求画出，故常将原标注的原点取在顶面上，直接画出可见轮廓，使作图简化。

[**例 3-2**] 如图 3-4 (a) 所示，已知台阶正投影图，求作它的正等轴测投影。

作图步骤如图 3-4 所示：

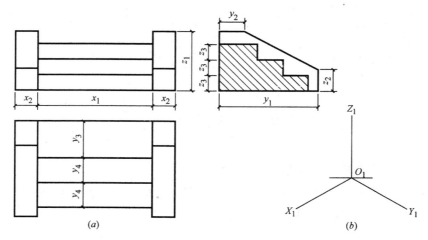

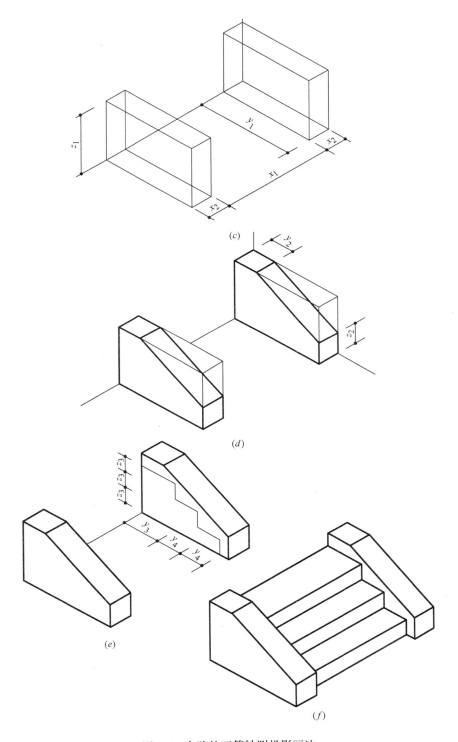

图 3-4 台阶的正等轴测投影画法
(a) 已知正投影图；(b) 画轴测轴；(c) 画两侧长方体；(d) 画两
侧栏板斜面；(e) 画踏步端面；(f) 画踏步，完成作图这种画轴测投影的方法称为叠加法，主要是依据形体的组成关系，将其分为几个部分，然后分别画出各个部分的轴测投影，从而得到整个形体的轴测投影。

[例 3-3] 如图 3-5（a）所示，已知形体的正投影图，求作它的正等轴测投影。

作图步骤如图 3-5 所示：

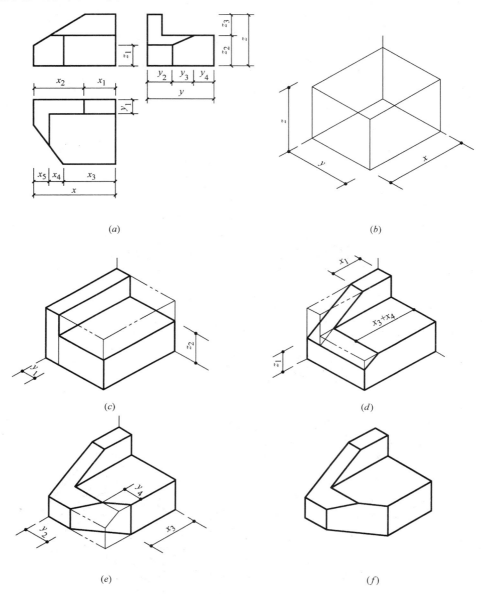

图 3-5 形体的正等轴测投影画法
（a）已知正投影图；（b）画轴测轴，画出长方体；（c）第一次切割；
（d）第二次切割；（e）第三次切割；（f）完成作图

这种画轴测图的方法称为切割法，主要是依据形体的组成关系，先画出基本形体的轴测投影，然后在轴测投影中把应去掉的部分切去，从而得到整个形体的轴测投影。

[例 3-4] 如图 3-6（a）所示，已知梁板柱节点的正投影图，求作它的正等轴测图。

为表达清楚组成梁板柱节点的各基本形体的相互构造关系，应画仰视轴测投影，即从上向下截取高度方向尺寸，作图步骤如图 3-6 所示：

（1）画出正等测投影的轴测轴 O_1X_1、O_1Y_1 和 O_1Z_1，轴间角为 120°，如图 3-6（b）所示。

注意：当画仰视轴测投影时，轴测轴 O_1X_1 应向左上方倾斜，轴测轴 O_1Y_1 应向右上方倾斜。

（2）画出楼板的仰视轴测图，如图 3-6（c）所示。

（3）在楼板的底部中央位置为梁和柱子定位，如图 3-6（d）所示。

（4）根据柱子高度画出柱的轴测图，如图 3-6（e）所示。

（5）根据主梁高度画出主梁的轴测图，与柱交接的部位要画出交线，被柱挡住的部分可以不画，如图 3-6（f）所示。

（6）用同样的方法画出次梁的轴测图，如图 3-6（g）所示。

（7）最后加粗可见轮廓线，在断面上画上材料图例，完成全图，如图 3-6（h）所示。

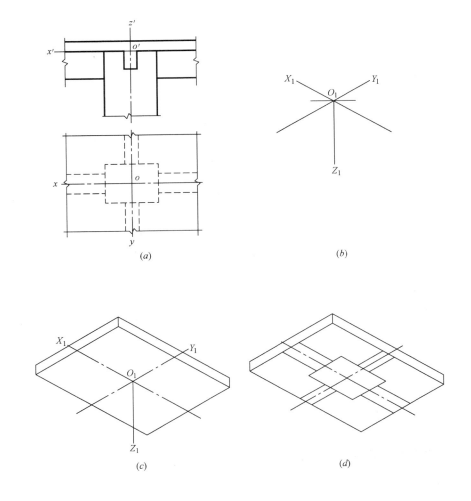

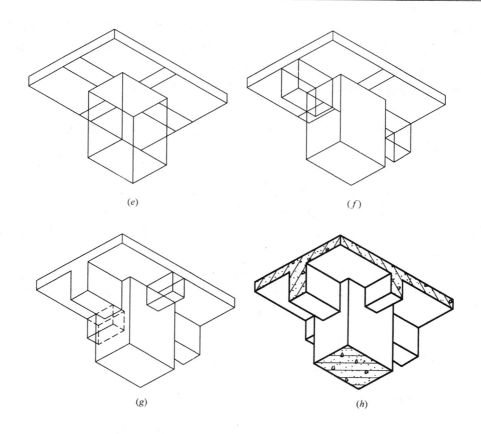

图 3-6 梁板柱节点的仰视正等轴测图画法
(a) 已知正投影图；(b) 画轴测轴；(c) 画楼板；(d) 为梁柱定位；
(e) 画柱子；(f) 画主梁；(g) 画次梁；(h) 完成作图

画仰视正等测图时，始终要擦掉上面看不见的线，保留下面的轮廓线。实际上，有时将立体的正等测投影图（图 3-7）旋转 180°，就可以成为仰视正等测图（图 3-6）。

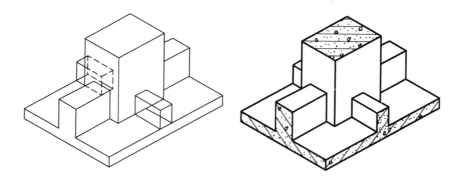

图 3-7 梁板柱节点的正等测画法

3.2.3 平行于投影面圆的正等轴测图

在平行投影中，当圆所在的平面平行于投影面时，其投影仍是圆，当圆所在平面倾斜于投影面时，其投影是椭圆。圆或圆弧的正等测投影，常用四心法（四段圆弧连接的近似椭圆）画出。图 3-8 所示的是水平圆的正等测投影的近似画法，可用同样的方法作出正平圆和侧平圆的正等测投影，如图 3-9 所示。

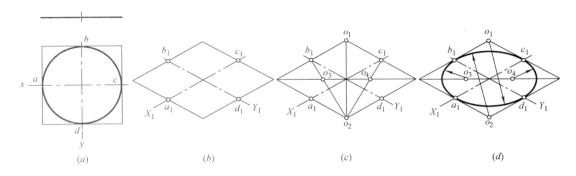

图 3-8 水平圆的正等测投影近似画法
（a）水平圆正投影；（b）画出中心线及外切菱形；（c）求四个圆心；（d）画四段弧

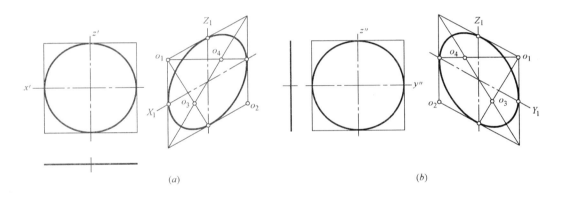

图 3-9 正平圆和侧平圆的正等测投影
（a）正平圆；（b）侧平圆

圆的轴测投影还可用八点法绘出，即作出圆的外切正方形，找出圆上平分的八个点，依次求出这八个点的轴测投影，光滑连接八个点成椭圆。这种方法适用于任一类型的轴测投影作图。只要作出了该圆的外切正方形的轴测投影，即可按照此方法作出圆的轴测投影。

3.2.4 曲面立体的正等测图画法

本部分通过例题进行说明。

[例 3-5] 作出圆角平板的正等轴测图。

分析：平行于坐标面的圆角是圆的一部分，如图 3-10（a）所示。特别是常见的四分之一圆周的圆角，其正等测恰好是上述近似椭圆的四段圆弧中的一段。

作图：(1) 画出平板的轴测图，并根据圆角的半径 R，在平板上底面相应的棱线上作出切点 1、2、3、4，如图 3-10（b）所示。

(2) 过切点 1、2 分别作相应棱线的垂线，得交点 O_1。同样，过切点 3、4 作相应棱

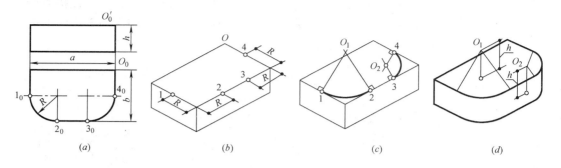

图 3-10 圆角的正等轴测画法

线的垂线,得交点 O_2。以 O_1 为圆心,$O_1 1$ 为半径作圆弧 12;以 O_2 为圆心,$O_2 3$ 为半径作圆弧 34,即得平板上底面圆角的轴测图,如图 3-10（c）所示。

（3）将圆心 O_1、O_2 下移平板的厚度 h,再用与上底面圆弧相同的半径分别画两圆弧,即得平板下底面圆角的轴测图。在平板右端作上、下小圆弧的公切线,擦去作图线,描深,如图 3-10（d）所示。

[例 3-6] 已知墙上圆形门洞的三面投影,如图 3-11（a）所示,用叠加法绘制其正等测图。

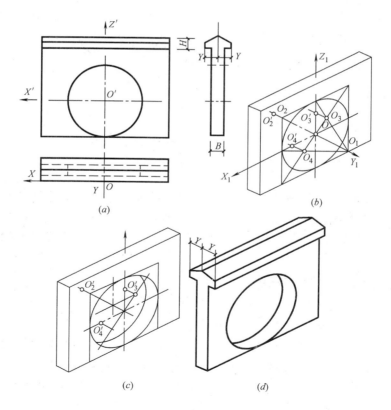

图 3-11 圆形门洞正等测图画法

（1）分析

圆形门洞的中心轴线垂直于 XOZ 坐标面。画轴测图时，应包含 OX_1、OZ_1 两根轴测轴在外墙面上作出轴测椭圆，再按墙厚作出内墙面上椭圆的可见部分。最后画出墙上三角形檐口。

（2）作图

① 在外墙面上画出轴测轴 OX_1、OZ_1，按圆门洞直径画出菱形，参照图 3-9 的方法定出四个圆心，分别作四段圆弧即为外墙面上圆的轴测图，如图 3-11（b）所示。

② 将圆心 O_2、O_3、O_4 沿 OY_1 轴方向移动墙厚 B 的距离得点 O'_2、O'_3、O'_4。以这些点为圆心，相应长度为半径，画出内墙上圆的可见部分，如图 3-11（c）所示。

③ 按墙上檐口的高度 H 和宽度 Y，画出檐口的轴测图，如图 3-11（d）所示。

3.3 斜轴测图

当投影方向倾斜于轴测投影面时所得的投影，称为斜轴测投影。

3.3.1 正面斜轴测图

以正立投影面或正平面作为轴测投影面所得到的斜轴测图，称为正面斜轴测图。由于其正面可反映实形，所以这种图特别适用于画正面形状复杂、曲线多的物体。

将轴测轴 O_1Z_1 画成竖直，O_1X_1 画成水平（图 3-12），O_1Y_1 可画成与水平成 45°、30° 或 60°角，根据情况方向可选向右下（图 3-12a）、右上、左下（图 3-12b）、左上。

其中，当轴向伸缩系数 $p_1=r_1=q_1=1$ 时，称正面斜等测图；当 $p_1=r_1=1$，$q_1=0.5$ 时，称为正面斜二测图。

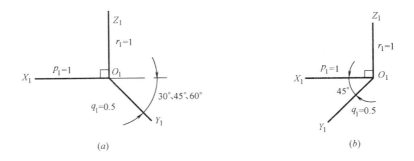

图 3-12 正面斜二测图的轴间角和轴向伸缩系数

画图时，由于物体的正面平行于轴测投影面，可先画出正面的投影，再由相应各点作 O_1Y_1 的平行线，根据轴向伸缩系数量取尺寸后相连即得所求正面斜二测图。

[例 3-7] 以图 3-13 所示立体说明正面斜二测图画法。

（1）分析

在正面斜二测图中，轴测轴 OX_1、OZ_1 分别为水平线和铅垂线，OY_1 轴根据投射方向确定。如果选择由右向左投射，如图 3-13（b）所示，台阶的有些表面被遮或显示不清楚，而选择由左向右投射，台阶的每个表面都能表示清楚，如图 3-13（c）所示。

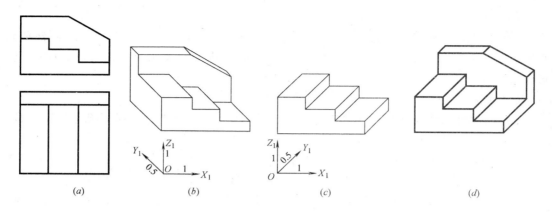

图 3-13　台阶的正面斜二测图画法

(2) 作图

步骤如图 3-13 (c)、(d) 所示，画出轴测轴 OX_1、OZ_1、OY_1，然后画出台阶的正面投影实形，过各顶点作 OY_1 轴平行线，并量取实长的一半（$q=0.5$）画出台阶的轴测图，再画出矮墙的轴测图。

[例 3-8] 已知曲面体的两面投影图（图 3-14a），试画其正面斜二测图。

首先，在水平和正面投影图中设置坐标系 $OXYZ$（图 3-14a），并画出轴测轴和轴间角，取 O_1Y_1 向右下 $45°$；然后，在 $X_1O_1Z_1$ 内画出曲面体前端面的实形，并过前端面各顶点和圆心作 O_1Y_1 轴的平行线（图 3-14c）；最后，在 O_1Y_1 轴的各平行线上量取曲面体厚度的一半，画出后端面的圆和圆弧，连接半圆柱体上前后两圆的外公切线，并连接前后各顶点，描深图线，完成全图（图 3-14d）。

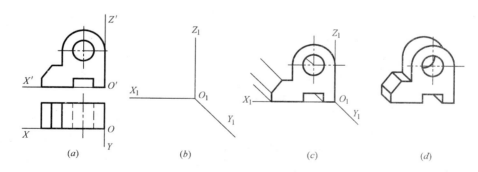

图 3-14　曲面体的正面斜二测图画法

3.3.2　水平斜轴测图

以水平投影面或水平面作为轴测投影面所得到的斜轴测图，称为水平斜轴测图。这种图适宜绘制房屋的平面图、区域的总平面布置图等。

画图时，使 O_1Z_1 轴竖直（图 3-15a），O_1X_1 与 O_1Y_1 保持直角，O_1Y_1 与水平成 $30°$、$45°$ 或 $60°$，一般取 $60°$，当 $p_1=q_1=r_1=1$ 时，称为水平斜等测图。也可使 O_1X_1 轴保持水平，O_1Z_1 倾斜（图 6-19b）。由于水平投影平行于轴测投影面，可先画出物体的水平投影，再由相应各点作 O_1Z_1 轴的平行线，量取各点高度后相连即得所求水平斜

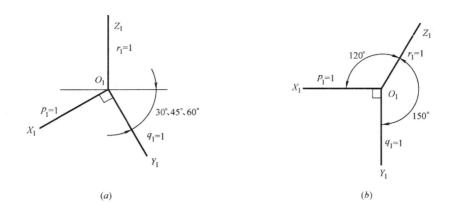

图 3-15 水平斜等测图的轴间角和轴向伸缩系数

等测图。

[**例 3-9**] 已知建筑物的两面投影图（图 3-16a），试画其水平斜等测图。

首先，在水平和正面投影图中设置坐标系 $OXYZ$（图 3-16a）；然后画出轴测轴和轴间角，使 O_1Y_1 与水平成 $60°$（图 3-16b），并在 $X_1O_1Y_1$ 平面上画出建筑物的水平投影（反映实形）；最后，由各顶点作 O_1Z_1 轴的平行线，量取高度后相连，描深图线，完成全图（图 3-16c）。

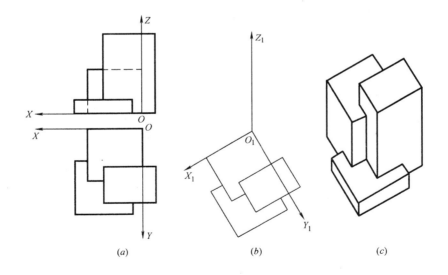

图 3-16 建筑物的水平斜等测图画法

[**例 3-10**] 已知一个区域的总平面（图 3-17a），画出总平面图的水平斜等测图。
（1）画出旋转 $30°$ 后的总平面图。
（2）过各个角点向上画高度线，作出各建筑物的轴测图（图 3-17b）。

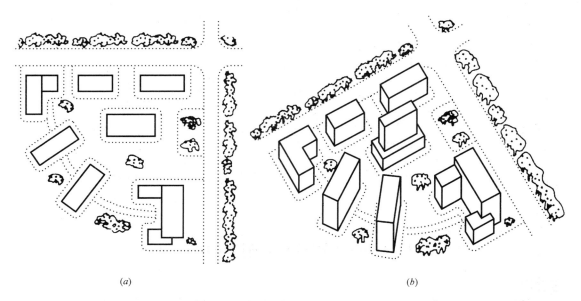

图 3-17 区域总平面图与水平斜等测图
（a）区域总平面图；（b）水平斜等测图

第 4 章　正投影的基本知识

平面立体由多个侧面围成，相邻侧面相交得到棱线，每条棱线具有两个端点。所以点是形体的最基本元素。研究点的投影规律是图示线、面、体的基础。

4.1　点的投影

4.1.1　点的两面投影

1) 两投影面体系

两投影面体系由互相垂直的两个投影面组成，其中一个为正立投影面，用 V 表示；另一个为水平投影面，用 H 表示。两投影面的交线称为投影轴，用 OX 表示。

2) 点在两投影面体系中的投影

在图 4-1 (a) 中，将空间点 A 按正投影法分别向正立投影面 V 和水平面投影面 H 作投影，得到空间点 A 在 V 面上的的正面投影 a' 和在 H 面上的水平投影 a。

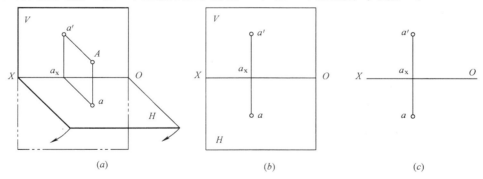

图 4-1　点的两面投影
(a) 立体图；(b) 展开图；(c) 投影图

为使两个投影 a' 和 a 画在同一平面上，将图展开。规定 V 面不动，将 H 面绕 OX 轴按图 4-1 (a) 所示箭头方向旋转 $90°$，使之与 V 共面（图 4-1b）。由于投影面是任意大的，通常为简化作图可不必画出投影面的外框线（图 4-1c）。

3) 点的两面投影规律

由图 4-1 (c) 得点的两面投影规律：

(1) 点的正面投影与水平投影连线垂直于投影轴，即 $a'a \perp OX$。

(2) 点的正面投影到投影轴的距离反映空间点到 H 面的距离，点的水平投影到投影轴的距离等于空间点到 V 面的距离，即 $a'a_x = Aa$，$aa_x = Aa'$。

4.1.2　点的三面投影

1) 三投影面体系

在 V、H 两投影面体系的基础上，再增加一个与 V 面、H 面都垂直的侧立投影面 W，构成三投影面体系。该体系中 V 面与 W 面的交线为 OZ 轴，H 面与 W 面的交线为 OY 轴。X、Y、Z 轴交于 O，称为原点。

2）点在三投影面体系中的投影

在图 4-2（a）中，空间点 A 在 V、H 面投影的基础上再向 W 面作正投影，得投影 a''。将 W 面按图 4-2（a）所示箭头方向旋转 $90°$，使之与 V 面共面，此时 Y 轴一分为二，属于 H 面上的 Y 轴用 Y_H 表示，属于 W 面上的 Y 轴用 Y_W 表示。

3）点的三面投影规律

由图 4-2（b）得点的三面投影规律：

（1）点的水平投影与正面投影的连线垂直于 OX 轴，即长对正；

（2）点的正面投影与侧面投影的连线垂直于 OZ 轴，即高平齐；

（3）点的水平投影到 OX 轴的距离等于该点的侧面投影到 OZ 轴的距离，都反映该点到 V 面的距离，即宽相等。

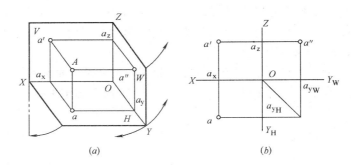

图 4-2 点的三面投影

4）已知点的两面投影求第三面投影

由于任意两个投影面的投影都有 X、Y、Z 坐标，由点的三面投影规律可知，已知点的两个投影便可求出第三个投影。

[例 4-1] 如图 4-3（a）所示，已知点 A、B 的两面投影求作第三面投影。

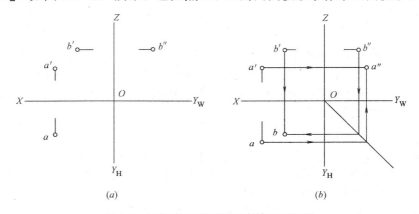

图 4-3 已知点的两面投影求第三面投影
（a）已知条件；（b）作图

根据"长对正、高平齐、宽相等"的三面投影关系，可以利用已知的两面投影求出第三面投影。

作图步骤为：

(1) 在图面右下角的空白地方，过原点 O 画一条 45°的斜线作为宽相等的辅助作图线。

(2) 过 A 点的水平投影 a 向右画一条水平线，与 45°斜线相交后，再向上画铅垂线，与过 A 点的正面投影 a' 所作的水平线相交于一点，此点即为 A 点的侧面投影 a''。

(3) 求 B 点的水平投影时，需过 b'' 向下作铅垂线，与 45°斜线相交后，再向左画水平线，与过 b' 所作的铅垂线相交于一点，此点即为 B 点的水平面投影 b。作图过程如图 4-3 (b) 所示。

5) 特殊位置点的投影规律

在三面投影中，若点在投影面上或投影轴上，则称为特殊位置的点，如图 4-4 所示。

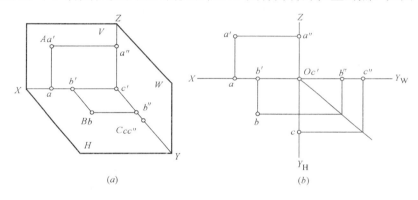

图 4-4 投影面、投影轴上的点的投影
(a) 空间状况；(b) 投影图

(1) 若点在投影面上，则点在该投影面上的投影与空间点重合，另两个投影均在投影轴上，如图中的点 A 和点 B；

(2) 若点在投影轴上，则点的两个投影与空间点重合，另一个投影在投影轴原点，如图中的点 C。

6) 点的投影与坐标的关系

空间点的位置除了用投影表示以外，还可以用坐标来表示。

我们可以把投影面当作坐标面，把投影轴当作坐标轴，把投影原点当作坐标原点，则点到三个投影面的距离便可用点的三个坐标来表示，如图 4-5 所示。点的投影与坐标的关系如下：

A 点到 H 面的距离 $Aa = Oa_z = a'a_x = a''a_y = z$ 坐标；

A 点到 V 面的距离 $Aa' = Oa_y = aa_x = a''a_z = y$ 坐标；

A 点到 W 面的距离 $Aa'' = Oa_x = a'a_z = aa_y = x$ 坐标。

由此可见，已知点的三面投影就能确定该点的三个坐标；反之，已知点的三个坐标，就能确定该点的三面投影或空间点的位置。

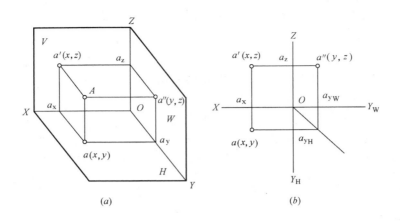

图 4-5 点的投影与坐标
(a) 空间状况；(b) 投影图

4.1.3 两点的相对位置

1）两点的相对位置

根据两点的投影，可判断两点的相对位置。从图 4-6 (a) 表示的上下、左右、前后位置对应关系可以看出：根据两点的三个投影判断其相对位置时，可由正面投影或侧面投影判断上下位置，由正面投影或水平投影判断左右位置，由水平投影或侧面投影判断前后位置。根据图 4-6 (b) 中 A、B 两点的投影，可判断出 A 点在 B 点的左、前、上方；反之，B 点在 A 点的右、后、下方。

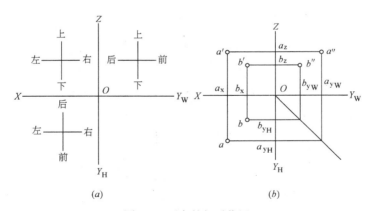

图 4-6 两点的相对位置

2）重影点

当空间两点位于某一投影面的同一条投射线上时，则此两点在该投影面上的投影重合，这两点称为对该投影面的重影点。如图 4-7 (a) 所示，A、C 称为对 V 面的重影点，即 A 点在 C 点的正前方。同理，如图 4-7 (a) 所示，A 点在 D 点的正左方；A 点在 B 点的正上方。

当空间两点在某一投影面上的投影重合时，其中必有一点遮挡另一点，这就存在着可见性的问题。如图 4-7 (b) 所示，将不可见点的投影标记在可见点的后方，并加以括号表示。

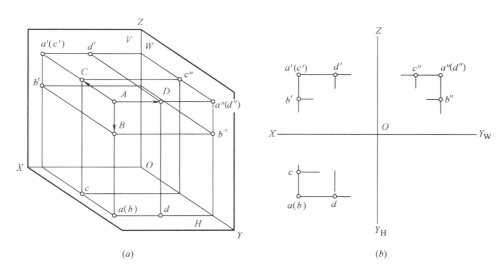

图 4-7 重影点的可见性
(a) 空间状况；(b) 投影图

4.2 直线的投影

直线的投影一般仍为直线，特殊情况下积聚为一点。直线一般用线段表示。连接线段两端点的三面投影即是直线的三面投影（图 4-8）。

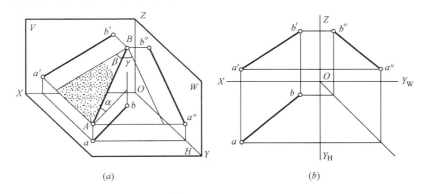

图 4-8 直线的投影
(a) 空间状况；(b) 投影图

4.2.1 直线对投影面的相对位置

直线与投影面的相对位置分为以下三种：
(1) 一般位置直线：与三个投影面都倾斜；
(2) 投影面平行线：平行于某一投影面，对另外两个投影面都倾斜；
(3) 投影面垂直线：垂直于某一投影面，对另外两个投影面都平行。

直线与投影面的夹角称为直线与投影面的倾角。直线对投影面 H、V、W 的倾角分别用 α、β、γ 表示（图 4-8a）。

4.2.2 各种位置直线的投影特性

1) 一般位置直线

一般位置直线的三个投影都倾斜于投影轴,每个投影既不直接反映线段的实长(线段的投影长度短于实际长度),也不直接反映倾角的大小(图4-8b)。

2) 投影面平行线

只平行于 H 面的直线称为水平线;只平行于 V 面的直线称为正平线;只平行于 W 面的直线称为侧平线。投影面平行线的直观图、投影图见表4-1。

投影面平行线的投影特性 表4-1

直线的位置	正平线	水平线	侧平线
直观图			
投影图			

从表4-1可概括出投影面平行线的投影特性:

(1) 在直线所平行的投影面上的投影反映实长,且该投影与相邻投影轴的夹角反映该直线对另外两个投影面的倾角大小;

(2) 在另外两个投影面上的投影为缩短的线段,且分别平行于投影轴。

3) 投影面垂直线

垂直于 H 面的直线称为铅垂线;垂直于 V 面的直线称为正垂线;垂直于 W 面的直线称为侧垂线。投影面垂直线的直观图、投影图见表4-2。

从表4-2可概括出投影面垂直线的投影特性:

(1) 在直线所垂直的投影面上的投影积聚为一点;

(2) 在另外两个投影面上的投影反映实长,且分别垂直于投影轴。

4.2.3 一般位置直线的线段实长及其对投影面倾角

特殊位置直线的投影能反映直线对投影面的线段实长和对投影面的倾角。而一般位置直线的投影则不能。对此,常采用直角三角形法求一般位置直线的线段实长及其对投影面的倾角。

投影面垂直线的投影特性 表 4-2

直线的位置	正垂线	铅垂线	侧垂线
直观图	(立体图)	(立体图)	(立体图)
投影图	(投影图)	(投影图)	(投影图)

在图 4-9（a）中，AB 为一般位置直线，过 B 作 $BA_0 /\!/ ab$，得一直角三角形 BAA_0，其中直角边 $BA_0 = ab$，$AA_0 = Z_A - Z_B$，斜边 AB 就是所求的实长，AB 和 BA_0 的夹角就是 AB 对 H 面的倾角 α。同理，过 A 作 $AB_0 /\!/ a'b'$ 得一直角三角形 ABB_0，AB 与 AB_0 的夹角就是 AB 对 V 面的倾角 β。

在投影图上的作图法见图 4-9（b）。直角三角形画在图纸的任何地方都可以。为作图简便，可以将直角三角形画在图 4-9（b）所示正投影面或水平投影面的位置。

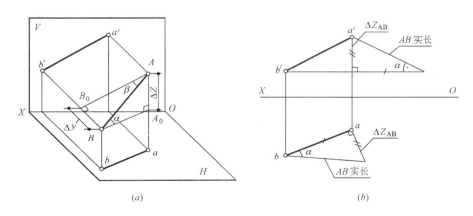

图 4-9 一般位置直线的实长及其对投影面的倾角
（a）立体图；（b）投影图

直角三角形法的作图要领可归结为：

（1）以线段一投影的长度为一直角边；

（2）以线段的两端点相对于该投影面的距离差作为另一直角边（距离差在另一投影面上量取）；

（3）所作直角三角形的斜边即为线段的实长；

(4) 斜边与该投影的夹角即为线段与该投影面的倾角。

构成各直角三角形共有四个要素，即：①某投影的长度（直角边）；②坐标差（直角边）；③实长（斜边）；④对投影面的倾角（投影与实长的夹角）。在这四个要素中，只要知道其中任意两个要素，就可求出其他两个要素。不论用哪个直角三角形，所作出的直角三角形的斜边一定是线段的实长，斜边与投影的夹角就是该线段与相应投影面的倾角。

[例 4-2] 如图 4-10（a）所示，已知直线 AB 的水平投影 ab 和 A 点的正面投影 a'，并知 AB 对 H 面的倾角 $\alpha=30°$，B 点高于 A 点，求 AB 的正面投影 $a'b'$。

在构成直角三角形四个要素中，已知其中两要素，即水平投影 ab 及倾角 $\alpha=30°$，可直接作出直角三角形，从而求出 b'。

作图步骤如下：

(1) 在图纸的空白地方，如图 4-10（c）所示，以 ab 为一直角边，过 a 作 $30°$ 的斜线，此斜线与过 b 点的垂线交于 B_0 点，bB_0 即为另一直角边 ΔZ。

(2) 利用 bB_0 即可确定 b'，如图 4-10（b）所示。

为作图方便，此题可利用已知投影作直角三角形的其中一条边，将直角三角形直接画在投影图上，如图 4-10（b）所示。

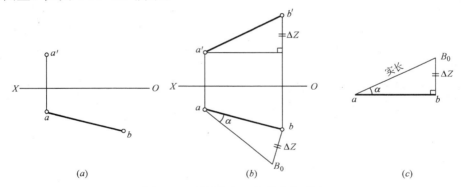

图 4-10 利用直角三角形法求 $a'b'$
(a) 已知条件；(b) 作图（一）；(c) 作图（二）

4.2.4 直线上的点

1) 直线上的点

由于直线的投影是直线上所有点的投影的集合，所以属于直线上的点的各投影必属于该直线的同面投影，且点分线段长度之比等于点的投影分线段的同名投影长度之比。反之也成立。

[例 4-3] 已知直线 AB 的两面投影，点 K 属于直线 AB，且 $AK:KB=1:2$，求 K 的两面投影。

选择 AB 的任一投影的任一端点如 a'，任作一条射线，并在其上从 a' 点起量取 3 个相等的长度（图 4-11）。连 mb'，并过点 n 作 mb' 的平行线，交 $a'b'$ 于点 k'。然后由 k' 作投影连线交 ab 于点 k，k 和 k' 即为点 K 的两面投影。

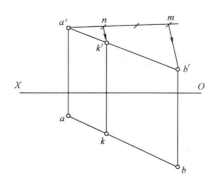

图 4-11 按比例在已知直线上取点

2) 直线的迹点

直线延长与投影面的交点称为直线的迹点。直线与 H 面的交点称为水平迹点，用 M 标记；与 V 面的交点称为正面迹点，用 N 标记（图 4-12）。

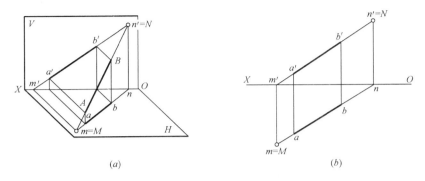

图 4-12 直线的迹点
（a）立体图；（b）投影图

4.2.5 两直线的相对位置

两直线间的相对位置关系有以下几种情况：平行、相交、交叉。垂直是相交或交叉的特殊情况。

1) 两直线平行

若空间两直线平行，则它们的同面投影必然互相平行，如图 4-13 所示。

反过来，若两直线的同面投影互相平行，则此两直线在空间也一定互相平行。但当两直线均为某投影面平行线时，则需要观察两直线在该投影面上的投影才能确定它们在空间是否平行，仅用另外两个同面投影互相平行不能直接确定两直线是否平行。如图 4-14 中通过侧面投影可以看出 AB、CD 两直线在空间不平行。

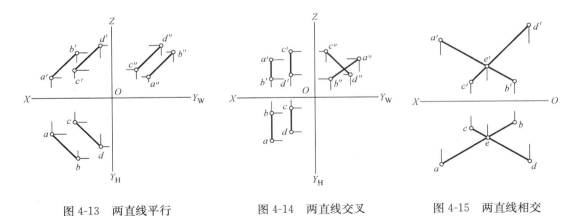

图 4-13 两直线平行　　图 4-14 两直线交叉　　图 4-15 两直线相交

2) 两直线相交

若空间两直线相交，则它们的同面投影也必然相交，并且交点的投影符合点的投影规律，如图 4-15 所示。

3) 两直线交叉

空间两条既不平行也不相交的直线，称为交叉直线，其投影不满足平行和相交两直线的投影特点。若空间两直线交叉，则它们的同面投影可能有一个或两个平行，但不会三个同面投影都平行；它们的同面投影可能有一个、两个或三个相交，但交点不符合点的投影规律（交点的连线不垂直于投影轴），如图 4-14 所示。

4) 两直线垂直

两直线垂直（垂直相交或垂直交叉），其夹角的投影有以下三种情况：

(1) 当两直线都平行于某一投影面时，其夹角的投影反映直角实形；

(2) 当两直线都不平行于某一投影面时，其夹角的投影不反映直角实形；

(3) 当两直线中有一条直线平行于某一投影面时，其夹角在该投影面上的投影仍然反映直角实形。这一投影特性称为直角投影定理。图 4-16 是对该定理的证明：设直线 $AB \perp BC$，且 $AB // H$ 面，BC 倾斜于 H 面。由于 $AB \perp BC$，$AB \perp Bb$，所以 $AB \perp$ 平面 $BCcb$，又 $AB // ab$，故 $ab \perp$ 平面 $BCcb$，因而 $ab \perp bc$。

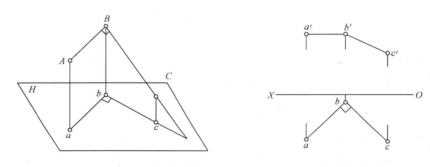

图 4-16 直角投影定理

[例 4-4] 如图 4-17 所示，求点 C 到正平线 AB 的距离。

一点到一直线的距离，即由该点到该直线所引的垂线的实长。因此解该题应分两步进行：一是过已知点 C 向正平线 AB 引垂线；二是求垂线的实长。作图过程如下：

(1) 过 c' 作 $c'd' \perp a'b'$；由 d' 求出 d；连 cd，则直线 $CD \perp AB$；

(2) 用直角三角形法求 CD 的实长，cD_0 即为所求 C 点到正平线 AB 的距离。

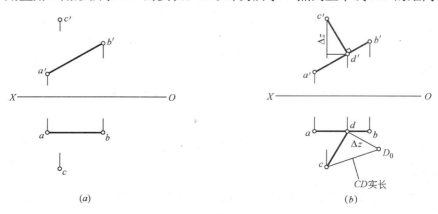

图 4-17 求一点到正平线的距离
(a) 已知条件；(b) 作图

4.3 平面的投影

4.3.1 平面的投影表示法

1) 几何元素表示法

平面的空间位置可用图 4-18 所示的几种方法确定：图 4-18（a）为不在同一直线上的三点；图 4-18（b）为一直线和直线外一点；图 4-18（c）为两相交直线；图 4-18（d）为两平行直线；图 4-18（e）为任意平面图形（如四边形、三角形、圆等）。这几种确定平面的方法是可以相互转化的。

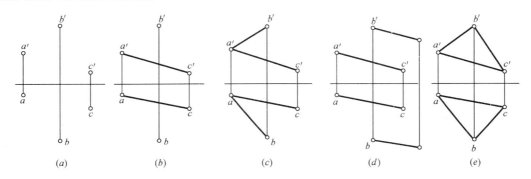

图 4-18　平面的几何元素表示法
(a) 不在同一直线上的三点；(b) 一直线和直线外一点；(c) 两相交直线；
(d) 两平行直线；(e) 任意平面图形

2) 迹线表示法

平面与投影面的交线，称为平面的迹线，用迹线表示的平面称为迹线平面，如图 4-19 所示。平面与 V 面、H 面、W 面的交线分别称为正面迹线（V 面迹线）、水平面迹线（H 面迹线）、侧面迹线（W 面迹线），迹线的符号分别用 P_V、P_H、P_W 表示。

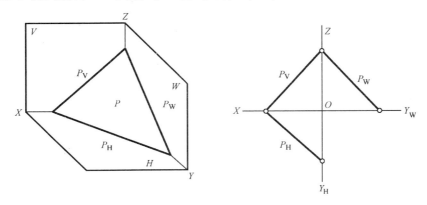

图 4-19　平面的迹线表示法

4.3.2 平面与投影面的相对位置

平面与投影面的相对位置分为以下三种：

(1) 一般位置平面：与三个投影面都倾斜的平面。
(2) 投影面垂直面：垂直于一个投影面与另外两个投影面都倾斜的平面。
(3) 投影面平行面：平行于一个投影面与另外两个投影面都垂直的平面。

平面与投影面的夹角称为平面对投影面的倾角，平面与 H 面、V 面、W 面的倾角分别用 $α$、$β$、$γ$ 表示。

4.3.3 各种位置平面的投影特性

1) 一般位置平面

一般位置平面与各投影面都倾斜，其投影均为类似形。平面图形的类似形是指：平面在与它倾斜的投影面上的投影，是与实形边数相等、面积缩小、形状相仿的图形（图 4-20）。

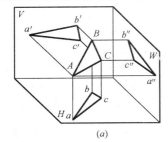
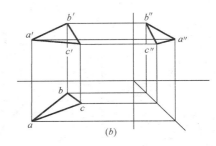

图 4-20 一般位置平面
（a）立体图；（b）投影图

2) 投影面平行面

平行于 H 面的平面称为水平面；平行于 V 面的平面称为正平面；平行于 W 面的平面称为侧平面。投影面平行面的直观图、投影图见表 4-3。

投影面平行面的投影特性　　　表 4-3

名称	正 平 面	水 平 面	侧 平 面
直观图			
投影图			

从表 4-3 可概括出投影面平行面的投影特性为：
(1) 在平面所平行的投影面上，其投影反映平面图形的实形；
(2) 平面在另外两个投影面上的投影积聚为直线，且分别平行于投影轴。

3) 投影面垂直面

垂直于 H 面的平面称为铅垂面；垂直于 V 面的平面称为正垂面；垂直于 W 面的平面称为侧垂面。投影面垂直面的直观图、投影图见表 4-4。

投影面垂直面的投影特性　　　　表 4-4

名称	正 垂 面	铅 垂 面	侧 垂 面
直观图	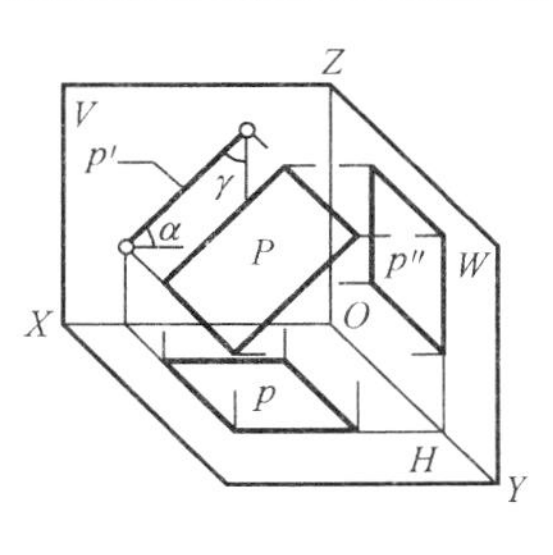	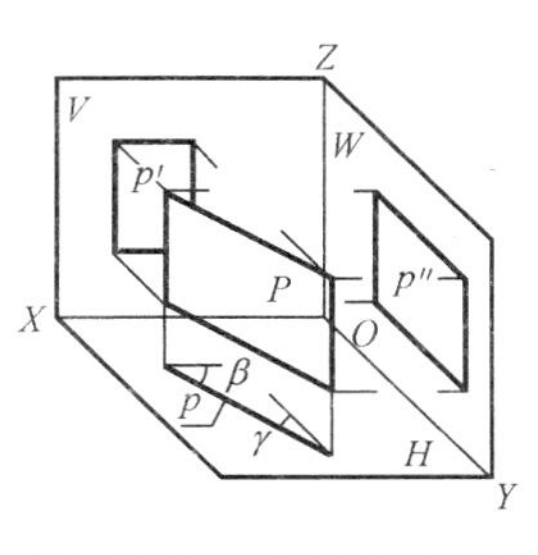	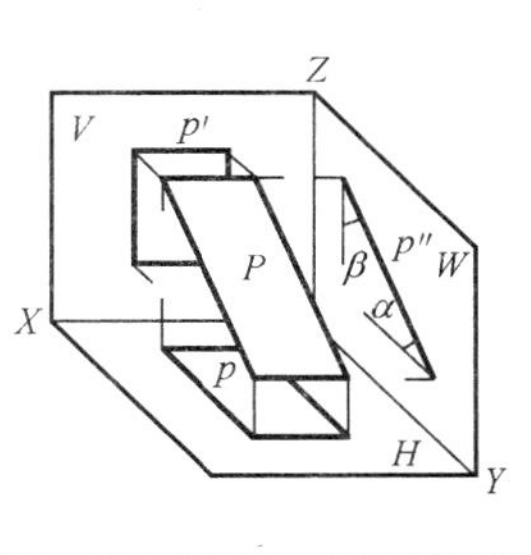
投影图	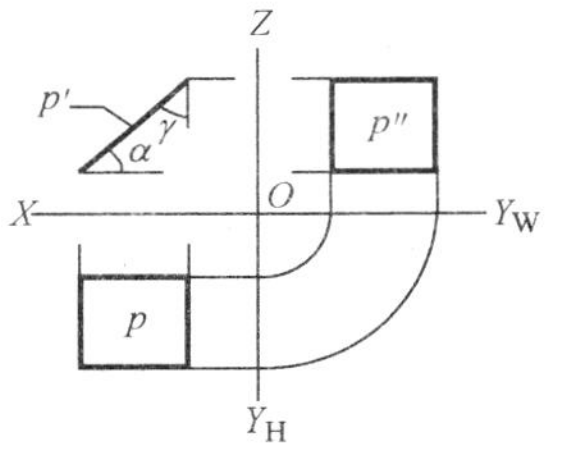	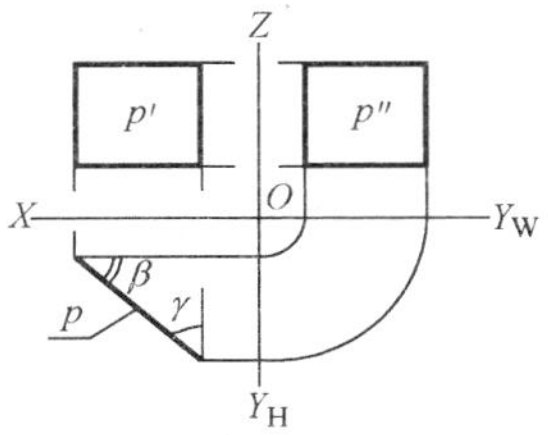	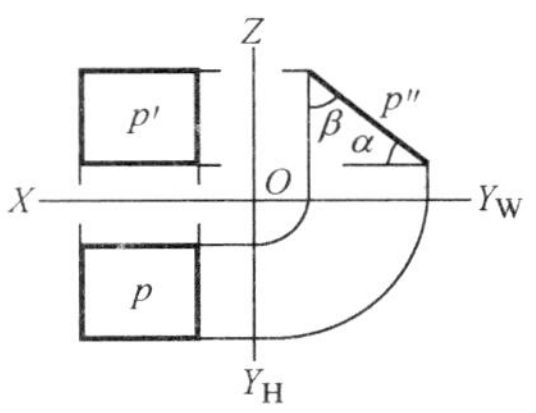

从表 4-4 可概括出投影面垂直面投影特性为：
(1) 在平面所垂直的投影面上，投影积聚为一直线。该直线与相邻投影轴的夹角反映该平面对另两个投影面的倾角；
(2) 在另外两个投影面上的投影均为类似形。

4.3.4　平面上的直线和点

1) 平面上的直线

直线在平面上的几何条件是：直线通过平面上的两已知点，或通过平面上一已知点且平行于平面上的一直线，如图 4-21 (a)、(b) 所示。

2) 平面上的点

点在平面上的几何条件是：点在平面上的一条已知直线上，如图 4-21 (c) 所示。因此，要在平面上取点必须先在平面上取线，然后再在此线上取点，即：点在线上，线在面上，那么点一定在线所在的面上。

[例 4-5]　如图 4-22 (a) 所示，已知 △ABC 的两面投影及 △ABC 内 K 点的水平投影 k，求作 K 点的正面投影 k'。

(1) 分析

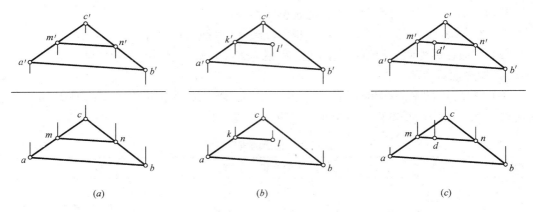

图 4-21 平面上的直线和点

(a) 直线通过平面上的两已知点；(b) 通过平面上一已知点且平行于平面上一直线；
(c) 点在平面一条已知直线上

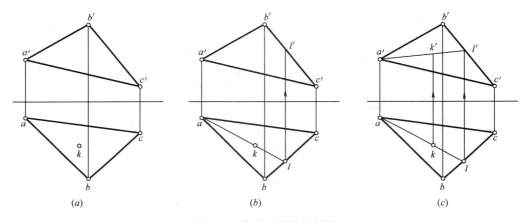

图 4-22 作平面内点的投影

由初等几何可知，过平面内一个点可以在平面内作无数条直线，任取一条过该点且属于该平面的已知直线，则点的投影一定落在该直线的同面投影上。

(2) 作图（图 4-22b、c）

过△ABC 水平投影的某一已知顶点与点 k 作一直线 al，k' 在此直线的正面投影上。

3）特殊位置平面上的直线和点

因为特殊位置的平面在它所垂直的投影面上的投影积聚成直线，所以特殊位置平面上的点、直线和平面图形，在该平面所垂直的投影面上的投影，都位于这个平面有积聚性的同面投影上。

[例 4-6] 已知平面上点 M 的正面投影（图 4-23a），补出平面上点 M 的水平投影。

(1) 分析

平面△ABC 的水平投影为积聚投影，因此，判断△ABC 为铅垂面，平面上的点和直线在水平投影上都积聚成一条直线。

(2) 作图

作图过程如图 4-23（b）所示。

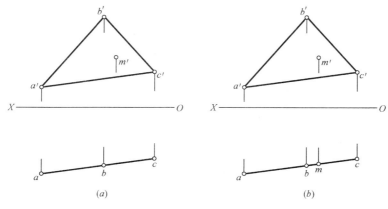

图 4-23 补出平面上点 M 的水平投影

4.4 直线与平面、平面与平面的相对位置

直线与平面、平面与平面的相对位置有平行、相交两种情况。其中垂直是相交的特例。

4.4.1 平行

1) 直线与平面平行

直线与平面平行的几何条件是：若直线平行于某平面内的一直线，则该直线与平面平行。

[例 4-7] 已知平面 ABC 和面外一点 M，如图 4-24（a）所示，试过点 M 作一正平线，平行于平面 ABC。

平面 ABC 内有一组互相平行的正平线。任作出一条后，再过 M 作此正平线的平行线即为所求。

(1) 在平面 ABC 内作一正平线，如 CD（cd、$c'd'$）；
(2) 过 M 作 $MN//CD$，即过 m' 作 $m'n'//c'd'$，$mn//cd$，则直线 MN 即为所求（图 4-24）。

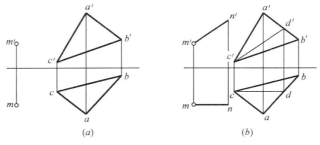

图 4-24 作正平线与已知平面平行
（a）已知条件；（b）投影作图

[例 4-8] 试判断直线 MN 与 $\triangle ABC$ 是否平行（图 4-25）。

要判断直线 MN 与 $\triangle ABC$ 是否平行，实际上是要看在 $\triangle ABC$ 内能否作出一条与直线

MN 平行的直线。因此在图 4-25 中，先在 △ABC 内取一直线 CD，令其正面投影 $c'd'$ // $m'n'$，再求出 CD 的水平投影 cd，在本例中由于 cd 不平行于 mn，即在 △ABC 内找不到与 MN 平行的直线，所以直线 MN 与 △ABC 不平行。

2) 两平面平行

两平面平行的几何条件是：若一平面内的两相交线对应地平行于另一平面内的两相交直线，则这两平面互相平行。

[**例 4-9**] 试过点 D 作一平面平行于 △ABC（图 4-26）。

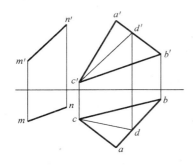 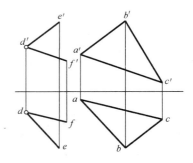

图 4-25　判别直线与平面平行　　　　图 4-26　作平面与已知平面平行

根据两平面平行的几何条件，只要过点 D 作两相交直线对应平行于 △ABC 内任意两相交直线即可。

在图中作 $d'e'$ // $a'b'$、$d'f'$ // $a'c'$、de // ab、df // ac，则 DE 和 DF 所确定的平面为所求。

判断两一般位置平面是否平行，实际上就是看在一平面内能否作出两条与另一平面分别平行的直线，若这样的直线存在则两平面平行，否则不平行。判断特殊位置平面是否平行，可直接看两平面的积聚投影是否平行即可。

4.4.2　相交

直线与平面相交的交点是直线与平面的公共点，它既在直线上又在平面上。

两平面相交的交线是两平面的公共线，它既属于第一个平面又属于第二个平面。

当参与相交的直线或平面至少有一个其投影具有积聚性时，可利用投影积聚性在积聚的投影面上直接确定出交点或交线；另一个投影面上的投影，则利用交点或交线的公共性确定。

1) 投影面垂直线与一般位置平面相交

图 4-27（a）中直线 AB 为铅垂线，△CDE 为一般位置平面。由于直线水平投影积聚为一点，则交点 K 的水平投影也重影在这里，另一投影 k' 利用交点公共性（即交点 K 同时也在△CDE 平面上），通过平面内取点方法求出（图 4-27b）。

可见性的判断：如图 4-27（b）所示，在水平投影中由于直线 AB 具有积聚性，不用判断可见性。至于正面投影的可见性，由于 CD 与 AB 为交叉直线，从水平投影可看出 cd 在 a（b）前边，则 AK 的正面投影 $a'k'$ 与△CDE 的正面投影△$c'd'e'$ 重叠的部分被遮挡而不可见，画成虚线，其余部分画成粗实线。

2) 一般位置直线与特殊位置平面相交

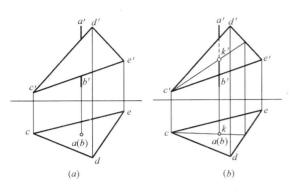
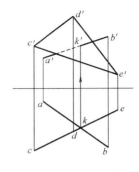

图 4-27 铅垂线与一般位置平面相交
(a) 已知条件；(b) 求交点，判断可见性

图 4-28 一般位置直线与铅垂面相交

在图 4-28 中△CDE 是铅垂面，其水平投影积聚为直线 cde。根据交点的公共性，投影 ab 与 cde 的交点就是直线与平面交点 K 的水平投影 k。对应在 a'b' 上求出 k'，即得所求交点的投影。

可见性判断：如图 4-28 所示，在水平投影中由于△CDE 平面具有积聚性，不用判断可见性。至于正面投影的可见性，由于直线的水平投影 kb 段在铅垂面之前，故正面投影 k'b' 可见，另一部分则不可见，画成虚线。

3) 两特殊位置平面相交

图 4-29 为两正垂面相交，其正面投影积聚为两条直线。根据交线的公共性，正面投影的公共点即是交线 MN 的正面投影 m'(n')。此时，交线 MN 为正垂线，根据交线的公共性，交线的水平投影应在公共区域的边线 de 和 ac 之间。

可见性判断：由于正面投影积聚，故正面投影可见性不需判定。至于水平投影可见性，从正面投影看，m'd' 在正垂面△ABC 之上，n'c' 在矩形 DEFG 面之上，故水平投影 md、nc 段是可见的，画成粗实线。根据同一平面的各边在公共区域以交线分界，同一侧可见性相同的原则，得出 cn 和 cb 在公共区域内均为可见，画成粗实线。同理，dg 在公共区域内也是可见的。

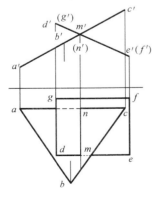
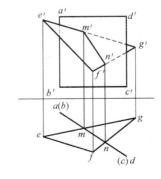

图 4-29 两正垂面相交

图 4-30 铅垂面与一般位置平面相交

4) 特殊位置平面与一般位置平面相交

图 4-30 为特殊位置平面与一般位置平面相交，图中矩形平面 ABCD 是铅垂面，其水

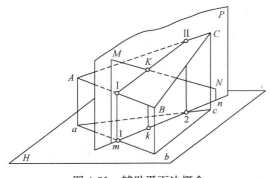

图 4-31 辅助平面法概念

平投影积聚为一条直线。根据交线的公共性，矩形 ABCD 与 △EFG 的公共线段 mn 即是交线 MN 的水平投影，交线的两端点分别在 △EFG 的 EG、FG 边上，对应求出正面投影 m' 和 n'，连线即得交线的正面投影。

可见性判断：由于相交两平面之一的水平投影积聚，故水平投影的可见性不需判定。至于另一投影，由于 em、fn 在铅垂的矩形面之前，故正面投影 $e'm'$、$f'n'$ 可见。△EFG 在交线的另一侧不可见，画成虚线。

5）一般位置直线与一般位置平面相交

图 4-31 所示是一般位置直线与一般位置平面相交时，利用辅助平面求交点的方法：包含一般位置直线 MN 作一与投影面垂直的辅助平面，例如铅垂面 P，则 P 与 △ABC 相交，交线为 ⅠⅡ，此交线与同属于辅助平面 P 的已知直线 MN 相交于点 K，点 K 就是所求的直线与平面的交点。

图 4-32 为求直线 DE 与 △ABC 交点 K 的作图过程。首先包含已知直线 DE 作辅助的正垂面 P（也可以作辅助的铅垂面），用迹线 P_V 表示，P_V 与 $d'e'$ 重合；然后求辅助平面 P 与 △ABC 的交线 ⅠⅡ（$1'2'$、12），ⅠⅡ 与已知直线 DE 的交点 K（k、k'）即是所求交点（图 4-32b）；最后利用 V 面的重影点 Ⅰ、Ⅲ（图 4-32c）作出相应的水平投影 1、3，由于点 1 在点 3 之前，表示 KD 段在 △ABC 之前，从而 $k'd'$ 段可见，画成实线，$k'e'$ 被 △ABC 挡住的部分为不可见，画成虚线。用同样方法判定水平投影中 ke 段可见性，完成作图。

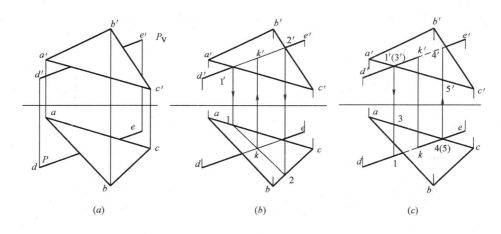

图 4-32 一般位置直线与一般位置平面相交
(a) 已知条件；(b) 求交点；(c) 判断可见性

第 5 章　常用工程曲线与曲面

建筑工程中常用到一些各种各样的曲线与曲面，由于它们的空间形象比较复杂，一般难以仅根据它们的形象直接作图。反过来，单从它们的投影图也难以确定其空间形象。因此，在投影作图中要反映出形成该曲线或曲面的各种要素，才能将它们准确表达。本章探讨一些常用曲线与曲面的投影作法。

5.1　曲线

5.1.1　曲线的形成、分类及投影特性

曲线可以看作是一个点作不断改变方向运动的轨迹。若曲线上所有的点均位于同一平面上，则此曲线称为平面曲线，如圆、椭圆、双曲线和抛物线等。若曲线上任意四个连续的点不在同一平面上，则此曲线称为空间曲线，最常见的空间曲线是圆柱螺旋线。本章仅讨论一些点运动有规则的平面曲线和空间曲线。

1) 平面曲线的投影特性

（1）一般情况下，平面曲线的投影仍为曲线。因为曲线投影时形成一投射曲面，如图 5-1 (a) 所示，它与投影面的交线即为曲线的投影。

（2）当平面曲线所在的平面垂直于某一投影面时，其投影积聚成一直线；当平行于某一投影面时，其投影反映实形，如图 5-1 (b)、(c) 所示。

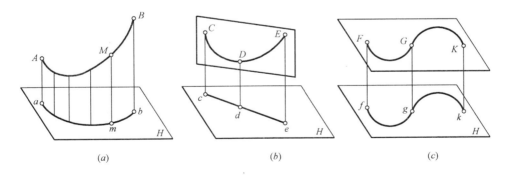

图 5-1　平面曲线的投影

2) 空间曲线的投影特性

空间曲线的投影都是曲线，即不能积聚成直线也不会反映实形，如图 5-2 所示。图 5-3 所示为某一空间曲线的投影图，可在曲线上选取若干点，求出各点的投影，用曲线板顺次光滑连接，即为所求的投影图。投影图中应将两曲线的重影点 K、I (k'、$1'$) 及某些特殊点，如起点 A (a'、a)、终点 B (b'、b) 和最左点 M (m'、m) 等标出。

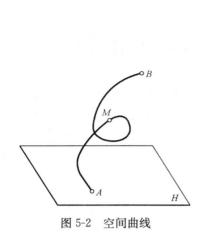
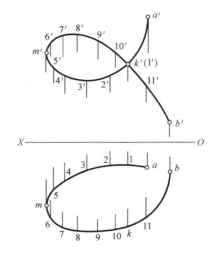

图 5-2 空间曲线　　　　　　图 5-3 空间曲线的投影

除了具有上述性质外，不论是平面曲线还是空间曲线，曲线的切线在某投影面上的投影仍然与曲线在该投影面上的投影相切，而且切点的投影仍为切点。

5.1.2　圆的投影

圆是工程图中常用的平面曲线之一，根据圆与投影面的相对位置，圆的投影有三种情况：

（1）当圆所在的平面垂直于投影面时，在该投影面上的投影呈一直线段，长度等于圆的直径，在其他两个投影面上的投影都是椭圆，椭圆的长、短轴根据圆所在平面与投影轴的夹角确定，如图 5-4 所示。

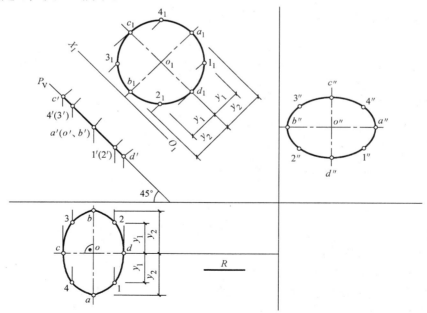

图 5-4　投影面垂直面上的圆的投影

（2）当圆所在平面平行于投影面时，在该投影面上的投影反映实形，是一同样大小的圆，在其他两个投影面上的投影各自积聚成一直线，长度都等于圆的直径，且分别平行于相应的投影轴。

（3）当圆所在平面倾斜于三个投影面时，它的投影都为椭圆，而且三个椭圆的长轴都等于圆的直径。

为了作出椭圆，我们先要了解依据椭圆的共轭直径用八点法绘制椭圆的原理。图 5-5 分析了圆上的八个点及其外切正方形平面的特点，图 5-6 是该平面连同圆的某一投影，可以看出，圆 o 的一对相互垂直的直径 4-3 和 1-2，在投影中不再相互垂直，这一对直径称为椭圆的共轭直径。5、6、7、8 是位于外切正方形对角线上的点，只要在平行四边形对角线上确定 5、6、7、8，则可通过连接 1、6、4、7、2、8、3、5 八个点，准确地画出椭圆。在图 5-5 中，$\triangle o3\text{-}12$ 是一等腰直角三角形，$o3 = 3\text{-}12 = o8$，而 $o12 = \sqrt{2}R$，作 $8n // 3\text{-}4$，则 $3n : 3\text{-}12 = o8 : o12 = 1 : \sqrt{2}$。根据平行投影的定比性，在投影图中只要按比例求出点 5、6、7、8 即可。

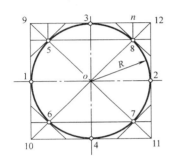 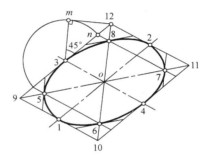

图 5-5　投影面平行面上的圆的投影　　　　图 5-6　八点法作椭圆

5.2　曲面

5.2.1　曲面的形成

曲面是由直线或曲线在一定约束条件下运动而形成的。这条运动的直线或曲线，称为曲面的母线。当母线运动到曲面上任一位置时，称为曲面的素线。如图 5-7（a）所示，当母线 AB 运动到 CD 位置时，CD 就是圆柱面上的一条素线。这样一来，曲面也可认为是由许许多多按一定条件而紧靠着的素线所组成的。

母线运动时所受的约束，称为运动的约束条件。由于母线或约束条件的不同，便形成不同的曲面。由直母线 AB 绕与它平行的轴线 O 旋转而形成圆柱面，如图 5-7（a）所示；由直母线 SA 绕与它相交于点 S 的轴线 O 旋转形成圆锥面，如图 5-7（b）所示；由圆母线 M 绕它的直径 O 旋转而形成圆球面，如图 5-7（c）所示。

在约束条件中，我们把约束母线运动的直线或曲线称为导线，而把约束母线运动状态的平面称为导平面，如图 5-8 中的轴线 O 和平面 P。

5.2.2　曲面的分类

1）根据母线运动方式分类

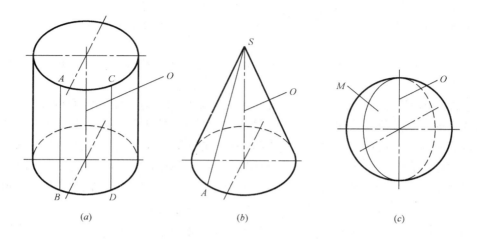

图 5-7 曲面的形成
(a) 圆柱面；(b) 圆锥面；(c) 球面

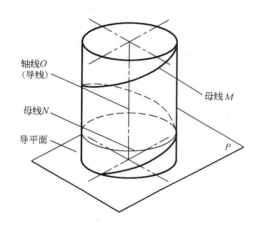

图 5-8 圆柱面的另一些形成方法

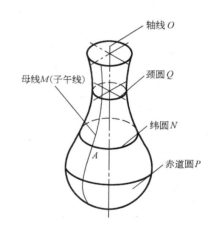

图 5-9 回转面

(1) 回转曲面

这类曲面由母线绕一轴线旋转而形成，如图 5-7 中的 (a)、(b)、(c) 所示。母线绕轴线旋转时，母线上任意一点（如图 5-9 中点 A）的运动轨迹都是一个垂直于回转轴的圆，该圆称为回转面的纬圆。曲面上比它相邻两侧纬圆都大的纬圆，称为曲面的赤道圆。曲面上比它相邻两侧的纬圆都小的纬圆，称为曲面的颈圆。过轴线的平面与回转面的交线，称为子午线，它可以作为该回转面的母线。

(2) 非回转曲面

这类曲面是由母线根据其他约束条件运动而形成的。

2) 根据母线的形状分类

(1) 直纹曲面：由直母线运动而形成的曲面。

(2) 曲线面：只能由曲母线运动而形成的曲面。

5.3 非回转曲面

在建筑物中常见的非回转曲面是由直母线运动而形成的直纹曲面。直纹曲面可分为可展直纹曲面和不可展直纹曲面。

可展直纹曲面上相邻的两素线是相交或平行的共面直线。这种曲面可以展开，常见的可展直纹曲面有锥面和柱面。

不可展直纹曲面（又叫扭面）上相邻两素线是交叉的异面直线。这种曲面只能近似地展开，常见的扭面有双曲抛物面、锥状面和柱状面。

5.3.1 锥面

如图 5-10（a）所示，直母线 M 沿着一曲导线 L 移动，并始终通过一定点 S，所形成的曲面称为锥面，定点 S 称为锥顶。曲导线 L 可以是平面曲线，也可以是空间曲线；可以是闭合的，也可以是不闭合的。锥面上相邻的两素线是两相交直线。

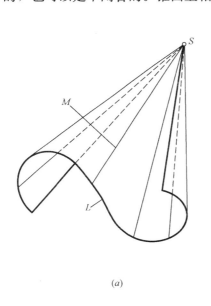
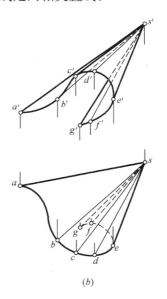

图 5-10　锥面及其投影
(a) 立体图；(b) 投影图

画锥面的投影图，必须画出锥顶 S 和曲导线 L 的投影，并画出一定数量素线的投影，其中包括不闭合锥面的起始、终止素线（如 SA、SG），各投影的轮廓素线（如 V 面投影轮廓素线 $s'c'$、$s'e'$，H 面投影轮廓素线 se）等。作图结果如图 5-10（b）所示。

各锥面是以垂直于轴线的截面（正截面）与锥面的交线（正截交线）形状来命名的。图 5-11（a）为正圆锥面；图 5-11（b）为椭圆锥面；图 5-11（c）曲面圆的正截交线也是一个椭圆，因此是一个椭圆锥面，但它的曲导线是圆，轴线倾斜于圆所在的平面，所以通常称为斜圆锥面。以平行于锥底的平面截该曲面时，截交线是一个圆。图 5-12 是建筑上应用锥面的实例。

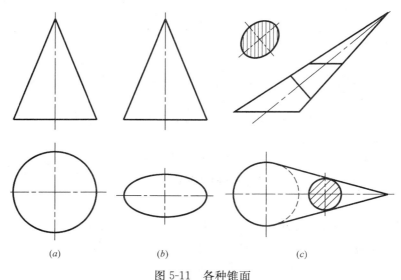

图 5-11 各种锥面
(a) 正圆锥面；(b) 椭圆锥面；(c) 斜圆锥面

5.3.2 柱面

如图 5-13 (a) 所示，直母线 M 沿着曲导线 L 移动，并始终平行于一直导线 K 时，所形成的曲面称为柱面，画柱面的投影图时，也必须画出曲导线 L、直导线 K 和一系列素线的投影，如图 5-13 (b) 所示。柱面上相邻的两素线是平行直线。

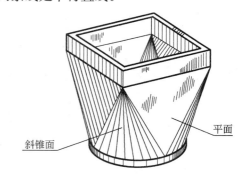

图 5-12 锥面的应用

柱面也是以它正截交线的形状来命名的。图 5-14 (a) 为正圆柱面，图 5-14 (b) 为椭圆柱面，图 5-14 (c) 也是一个椭圆柱面（其正截交线是椭圆），但它以底圆为曲导线，母线与底圆倾斜，所以通常称为斜圆柱面。以平行于柱底的平面截该曲面时，截交线是一个圆。

近年来建筑物的造型显得活泼，富于变化。不少高层建筑主楼部分的墙面设计成不同形式的柱面，如图 5-15 所示。

5.3.3 双曲抛物面

双曲抛物面是由直母线沿着两交叉直导线移动，并始终平行于一个导平面而形成的，如图 5-16 所示。双曲抛物面的相邻两素线是两交叉直线。如果给出两交叉直导线 AB、

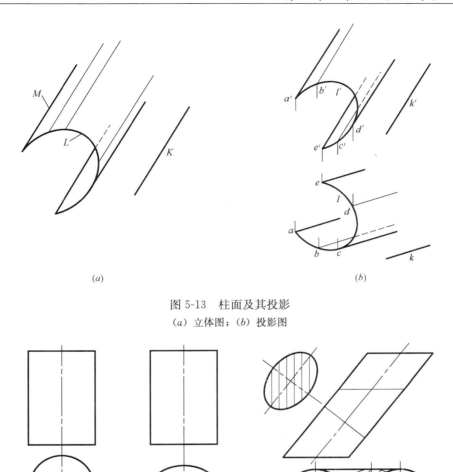

图 5-13 柱面及其投影
(a) 立体图；(b) 投影图

图 5-14 各种柱面
(a) 正圆柱面；(b) 椭圆柱面；(c) 斜圆柱面

CD 和导平面 P，如图 5-17 所示，只要画出一系列素线的投影，便可完成该双曲抛物面的投影图。

作图步骤如下：

(1) 分直导线 AB 为若干等份，如六等份，得各等分点的 H 面投影 a、1、2、3、4、5、b 和 V 面投影 a'、$1'$、$2'$、$3'$、$4'$、$5'$、b'；

(2) 由于各素线平行于导平面 P，因此素线的 H 面投影都平行于 P_H。例如作过分点 Ⅱ 的素线 Ⅱ Ⅱ$_1$ 时先作 $22_1 /\!/ P_H$，求出 $c'd'$ 上的对应点 $2_1'$ 后，即可画出该素线的 V 面投影 $2'2_1'$，过程如图 5-18 (a) 所示；

(3) 同法作出过各等分点的素线的两面投影；

图 5-15 柱面的应用

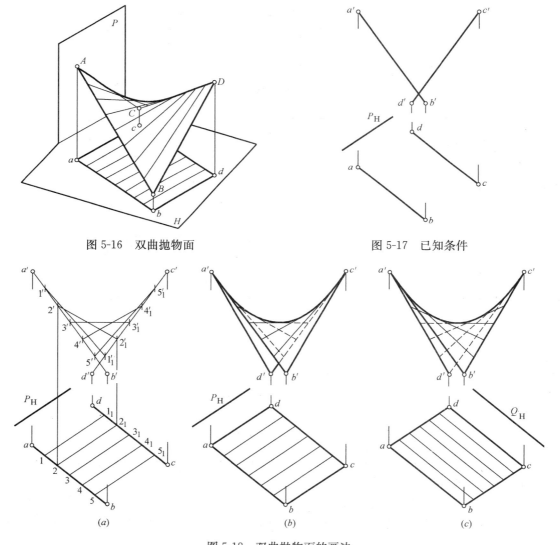

图 5-16 双曲抛物面　　　　　　　　图 5-17 已知条件

图 5-18 双曲抛物面的画法
(a) 作出素线；(b) 完成投影图；(c) 通过另一组素线作双曲抛物面

(4) 在 V 面投影中，用光滑曲线作出与各素线 V 画投影相切的包络线。这是一条抛物线，结果如图 5-18 (b) 所示。

如果以原素线 AD 和 BC 作为导线，原导线 AB 或 CD 作为母线，以平行于 AB 和 CD 的平面 Q 作为导平面，也可形成同一个双曲抛物面，如图 5-18 (c) 所示。因此，同一个双曲抛物面可有两组素线，各有不同的导线和导平面。同组素线互不相交，但每一素线与另一组所有素线都相交。

5.3.4 锥状面

锥状面是由直母线沿着一条直导线和一条曲导线移动，并始终平行于一个导平面而形成。如图 5-19 (a) 所示，锥状面的直母线 AC 沿着直导线 CD 和曲导线 AB 移动，并始终平行于铅垂的导平面 P。图 5-19 (b) 是以铅垂面 P 为导平面（不平行于 V 面），以 AB 和 CD 为导线所作出的锥状面投影图。

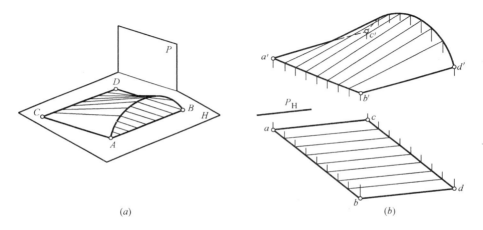

图 5-19 锥状面
(a) 形成；(b) 投影图

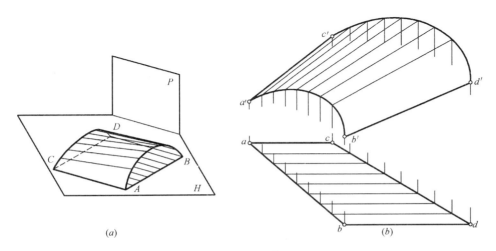

图 5-20 柱状面
(a) 形成；(b) 投影图

5.3.5 柱状面

柱状面是由直母线沿着两条曲导线移动，并始终平行于一个导平面而形成。如图 5-20（a）所示，柱状面的直母线 AC，沿着曲导线 AB 和 CD 移动，并始终平行于铅垂的导平面 P。图 5-20（b）是以 V 面为导平面（或平行于 V 面），以 AB 和 CD 为导线所作出的锥状面投影图。

5.4 螺旋线和螺旋面

5.4.1 圆柱螺旋线

1）圆柱螺旋线的形成

当一个动点 M 沿着一直线等速移动，而该直线同时绕与它平行的一轴线 O 等速旋转时，动点的轨迹就是一根圆柱螺旋线（图 5-21）。直线旋转时形成一圆柱面，圆柱螺旋线是该圆柱面上的一根曲线。当直线旋转一周，回到原来位置时动点移动到位置 M_1，点 M 在该直线上移动的距离 MM_1，称为螺旋线的螺距，以 P 标记。

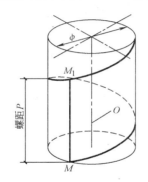
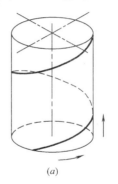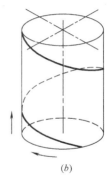

图 5-21 圆柱螺旋线的形成　　　　　图 5-22 圆柱螺旋线
　　　　　　　　　　　　　　　　　（a）右螺旋线；（b）左螺旋线

2）圆柱螺旋线的分类

螺旋线按动点移动方向的不同分为右螺旋线和左螺旋线。

右螺旋线——螺旋线的可见部分自左向右上升，如图 5-22（a）所示，右螺旋线上动点运动规律可由右手法则来记：用右手握拳，动点沿着弯曲的四指向指尖方向转动的同时，沿着拇指的方向上升。

左螺旋线——螺旋线的可见部分自右向左上升，如图 5-22（b）所示，左螺旋线上动点运动规律可用左手法则来记，左螺旋线动点的运动方向与左手手指方向相对应。

3）圆柱螺旋线的作图方法

圆柱的直径（或螺旋线的螺旋半径）φ、螺旋线的螺距 P、动点的移动方向是确定圆柱螺旋线的三个基本要素，若已知圆柱螺旋线的这三个基本要素，就能确定该圆柱螺旋线的投影。

[例 5-1] 已知圆柱的直径 φ，螺距 P，如图 5-23（a）所示，求作该圆柱面上的右螺旋线。

（1）将 H 面投影圆周分为若干等份（如十二等份），把螺距 P 也分为同数等份，如图 5-23（b）所示。

（2）从 H 面投影的圆周上各分点引连线到 V 面投影，与螺距相应分点所引的水平线相交，得螺旋线上各点的 V 面投影 $0'、1'、2'……11'、12'$，并将这点用圆滑曲线连接起来，便是螺旋线的 V 面投影。这是一根正弦曲线。在圆柱后半圆柱面上的一段螺旋线，因不可见而用虚线画出。圆柱螺旋线的水平投影，落在圆周上。

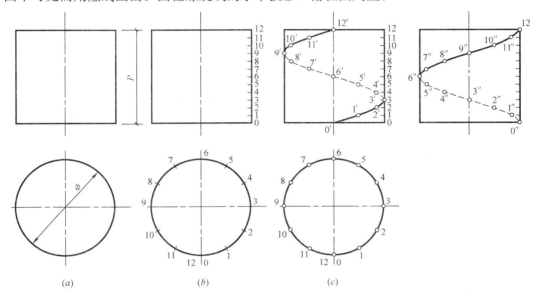

图 5-23 作螺旋线投影图
(a) 已知圆柱和螺距；(b) 等分圆周和螺距；(c) 右螺旋线的投影

（3）画出圆柱面的 W 面投影，按照上一步的过程确定 $0''、1''、2''……11''、12''$，并将这点用圆滑曲线连接起来，便是螺旋线的 W 面投影，如图 5-23（c）所示。

5.4.2 螺旋面

螺旋面是锥状面的特例。它的曲导线是一条圆柱螺旋线，而直导线是该螺旋线的轴线。当直母线运动时，一端沿着曲导线，另一端沿着直导线移动，但始终平行于与轴线垂直的一个导平面，如图 5-24 所示。

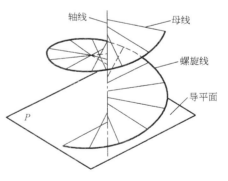

图 5-24 平螺旋面

若已知圆柱螺旋线及其轴 O 的两投影，由图 5-25（a）可作出圆柱螺旋面的投影图，作图过程如图 5-25（b）所示。因螺旋线的轴 O 垂直于 H 投影面，故螺旋面的素线平行于 H 投影面。

（1）素线的 V 面投影是过螺旋线上各分点的 V 面投影引到轴线的水平线；

（2）素线的 H 面投影是过螺旋线上相应各分点的 H 面投影引向圆心的直线，即得螺旋面的两投影。

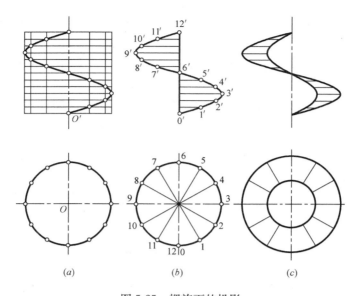

图 5-25 螺旋面的投影

(a) 已知螺旋线两投影；(b) 螺旋面之一；(c) 螺旋面之二

如果螺旋面被一个同轴的小圆柱面所截，如图 5-25（c）所示，小圆柱面与螺旋面的所有素线相交，交线是一条与螺旋曲导线有相等螺距的螺旋线。该螺旋面是柱状面的特例。

[例 5-2] 完成图 5-26（a）所示楼梯扶手弯头的 V 面投影。

（1）从所给投影图可看出，弯头是由一矩形截面 ABCD 绕轴线 O 作螺旋运动而形成的。运动后，截面的 AD 和 BC 边形成内、外圆柱面的一部分，而 AB 和 CD 边则分别形成螺旋面。

（2）根据螺旋面的画法把半圆分成六等份，作出 AB 线形成的螺旋面。

（3）同法作出 CD 线形成的螺旋面，判别可见性，完成 V 面投影，作图过程如图 5-26（b）、（c）所示。

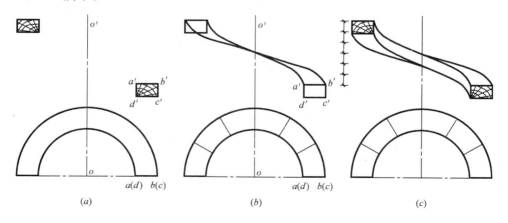

图 5-26 螺旋楼梯扶手弯头投影

(a) 已知条件；(b) 作过 AB 的螺旋面；(c) 完成投影图

螺旋面在工程上应用最广的是螺旋楼梯，如图 5-27 所示。

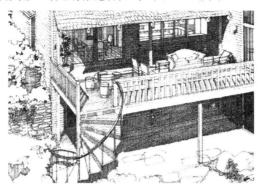

图 5-27　螺旋楼梯

第 6 章 立体的截交与相贯

建筑形体是由最基本的几何立体——棱柱、棱锥、圆柱、圆锥等通过叠加、切割、相交组合而成的。常见的基本立体分为平面立体和曲面立体两大类。

6.1 平面立体的投影

平面立体是指所有外形表面都是平面的立体。立体表面上面面相交的交线称为棱线，棱线与棱线的交点称为顶点。平面立体的投影就是作出组成立体表面的各平面和棱线的投影。看得见的棱线画成实线，看不见的棱线画成虚线。

6.1.1 棱柱

棱柱的棱线互相平行，上下两底面互相平行且大小相等。常见的棱柱有三棱柱、四棱柱、五棱柱和六棱柱。

1) 棱柱的投影

为了便于画图和看图，在三面投影体系中，将棱柱的两底面置于与投影面平行的位置，棱柱的棱线垂直于投影面。图 6-1（a）所示为正左正右的柱体，侧面投影有积聚性。

画投影图的步骤是：先画出反映棱柱特征的底面形状的投影，然后再按投影关系画出其他两面投影，如图 6-1（b）所示。

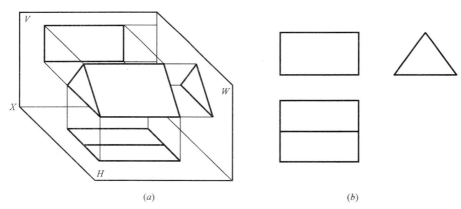

图 6-1 三棱柱的空间示意与投影图
（a）空间示意；（b）投影图

2) 棱柱表面取点和取线

由于组成棱柱的各表面都是平面，因此，在平面立体表面上取点、取线的问题，实质上就是在平面上取点、取线的问题，可利用前述在平面上取点、取线的方法求得。解题时应首先确定所给点、线在哪个表面上，再根据表面所处的空间位置利用投影的积聚性或辅助线作图。对于表面上的点和线，还要考虑它们的可见性，判别立体表面上点和线可见与否的原则是：如果点、线所在表面的投影可见，那么点、线的同面投影可见，即只有位于可见表面上的点、线才是可见的，否则不可见。

[例 6-1]　如图 6-2（a）所示，已知正三棱柱表面上点 M、N 的 V 面投影 m'、(n') 及 K 点的 H 面投影 k，求 M、N、K 点的其余两投影。

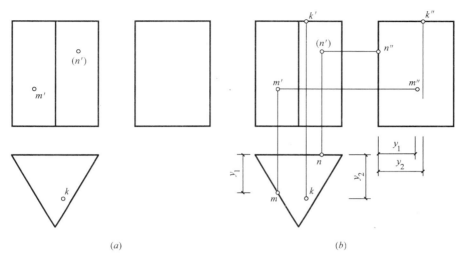

图 6-2　三棱柱表面上取点
(a) 已知条件；(b) 作图

分析：三棱柱为正上正下的柱体，H 面投影有积聚性。两个侧面均为铅垂面，一个为正平面，根据 m'、(n') 判断 M 点和 N 点分别位于三棱柱的左前侧面和后表面上，其 H 面投影必在该两侧面的积聚投影上。根据 K 点的 H 面投影 k 可判断 K 点位于三棱柱的上底面上，而三棱柱的上底面为水平面，其 V 面投影和 W 面投影均积聚为直线段，因此 k' 和 k'' 也必然位于其上底面的积聚投影上。作图过程如图 6-2（b）所示。

6.1.2　棱锥

完整的棱锥由一多边形底面和具有一公共顶点的三角形平面所围成。它的所有棱线均通过锥顶，一般棱线均不与底面垂直。

1) 棱锥的投影

现以图 6-3 所示正三棱锥为例进行说明。

三棱锥是由一个底面和三个侧面组成的。底面及侧面均为三角形。三条棱线交于一个顶点。图中三棱锥的底面为水平面，H 面投影反映实形。后侧面 △SAC 为侧垂面，W 面投影积聚为直线段。

画出底面和顶点 S 的三面投影。将顶点 S 和底面 △ABC 的三个顶点 A、B、C 的同面投影两两连线，即得三条棱线的投影，三条棱线围成三个侧面，完成三棱锥的投影。

2) 棱锥表面取点和取线

棱锥表面上取点和取线要利用面上点和线的求法。解题时应首先分析确定所给点、线在哪个表面上。如果表面是平行面或垂直面，则直接利用投影积聚性来求。如果表面投影没有积聚性，则利用面上的点作面上的辅助线求。

68 建筑制图表达

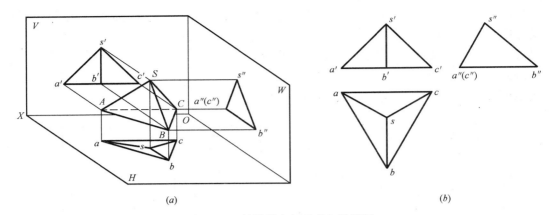

图 6-3 三棱锥的空间示意与投影图
（a）空间示意；（b）投影图

[**例 6-2**] 如图 6-4（a）所示，已知三棱锥棱面 SAB 上点 M 的正面投影 m' 和棱面 SAC 上点 N 的水平投影 n，求作另外两个投影。

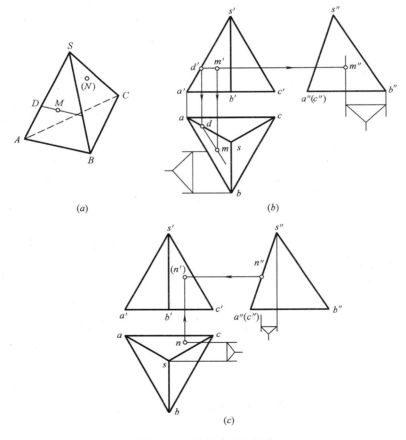

图 6-4 三棱柱表面上取点

（1）分析

M 点所在棱面 SAB 是一般位置平面，其投影没有积聚性，必须借助在该平面上点作辅助线的方法求作另外两个投影,如图 6-4（b）所示。可以在棱面 SAB 上过 M 点作 AB 的平行线为辅助线作出其投影。N 点所在棱面 SAC 是侧垂面,侧面积聚成一条直线,因此可利用积聚性作出其投影,如图 6-4（c）所示。

（2）作图（图 6-4b、c）

① 过 m' 作 $m'd' // a'b'$,由 d' 作垂线得出 d,过 d 作 ab 的平行线,再由 m' 求得 m。

② 由 m' 高平齐、宽相等,求得 m''。

③ N 点在三棱柱的后面侧垂面上,其侧面投影 n'' 必在 $s''a''$ 上,因此不需作辅助线,由高平齐可直接作出 n''。

④ 再由 n'、n'',根据宽相等,直接作出 n。

⑤ 判别可见性:m、n、m'' 可见。

6.2 曲面立体的投影

曲面立体是指表面由曲面或由曲面和平面组成的立体。常见的曲面立体是回转体,主要有圆柱体、圆锥体、圆球体等。

6.2.1 圆柱体

圆柱体由圆柱面和上下两底面围成。圆柱面可看成由一条直母线绕平行于它的轴线旋转而成,圆柱面上任意一条平行于轴线的直母线称为圆柱面的素线。

1）圆柱体的投影

圆柱体可看作是由无数条相互平行且长度相等的素线所围成的。图 6-5（a）所示圆柱为轴线正上正下的柱体,水平投影积聚成圆。所有的素线均为铅垂线,其中 AA_1 和 BB_1 为最左和最右素线;CC_1 和 DD_1 为最前和最后素线。投影图如图 6-5（b）所示。

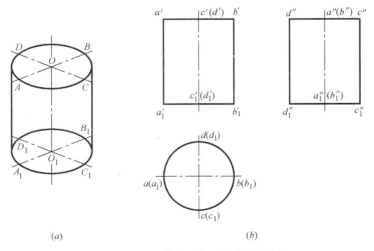

图 6-5 圆柱体的空间示意与投影图
（a）空间示意；（b）投影图

正面投影只画出最左和最右素线 AA_1 和 BB_1 投影；侧面投影只画出最前和最后素线 CC_1 和 DD_1 投影。

2）圆柱表面取点和取线

在圆柱体表面上取点，可直接利用圆柱投影的积聚性作图。

在图 6-6（a）中，圆柱的最左、最右素线将圆柱分成前半柱和后半柱，正面投影前半柱上的点可见，后半柱上点不可见；最前、最后素线将圆柱分成左半柱和右半柱，侧面投影左半柱上的点可见，右半柱上点不可见。因此这些特殊素线又称为转向轮廓线。

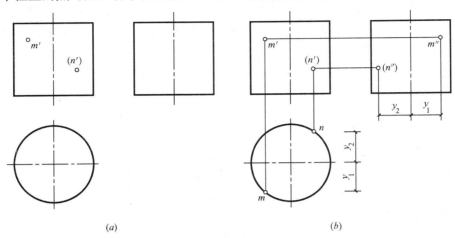

图 6-6　圆柱体表面上取点
(a) 已知条件；(b) 作图

[**例 6-3**]　如图 6-6（a）所示，已知圆柱面上的点 M、N 的正面投影，求其另两个投影。

（1）分析

M 点的正面投影 m' 可见，又在点画线的左面，由此判断 M 点在左前圆柱面上，侧面投影可见；N 点的正面投影（n'）不可见，又在点画线的右面，由此判断 N 点在右后圆柱面上，侧面投影不可见。

（2）作图

利用积聚性，先求出水平投影积聚圆上的点，再高平齐、宽相等，作出侧面投影，过程如图 6-6（b）所示。

[**例 6-4**]　如图 6-7（a）所示，已知圆柱面上的三点 A、B、C 投影 a'、b'、c''，求其另两个投影，并把 A、B、C 光滑地连接起来。

（1）分析

圆柱面上的线除了素线外均为曲线，由此判断线段 ABC 是圆柱面上的一段曲线。A、B 位于前半圆柱面上，C 位于最右的转向轮廓线上，因此 a'、b'、c' 可见。为了准确地画出曲线 ABC 的投影，找出转向轮廓线上的点（如 D 点），把它们光滑连接即可。

（2）作图（图 6-7b）。

① 求端点 A、C 的投影；利用积聚性求得 H 面投影 a、c，再根据 y 坐标求得 a''、c''；

② 求转向轮廓线上点 D 的投影 d、d''；

③ 求中间点 B 的投影 b、b''；

④ 判别可见性并连线。D 点为侧面投影可见与不可见分界点，曲线的侧面投影 $c''b''d''$

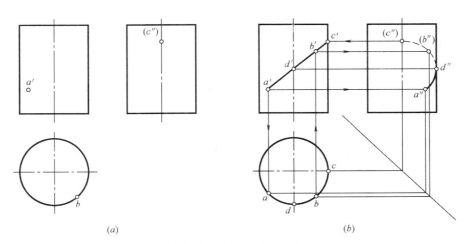

图 6-7 圆柱表面上取线
(a) 已知条件；(b) 作图

为不可见，画成虚线。$a''d''$ 为可见，画成实线。

6.2.2 圆锥体

圆锥体由圆锥面和底面围成。圆锥面可看成由一条直母线绕与它斜交的轴线旋转而成，圆锥面上所有直素线均相交于锥顶，并且对底面的倾角相等。圆锥面的纬圆大小渐变，越靠近锥顶直径越小。

1) 圆锥体的投影

图 6-8（a）所示的圆锥为轴线正上正下的锥体，SA 和 SB 为最左和最右素线，SD 和 SC 为最前和最后素线。圆锥轴线垂直于 H 面，底面为水平面。因此，H 面投影反映底面圆的实形，其他两投影均积聚为直线段。投影图如图 6-8（b）所示。

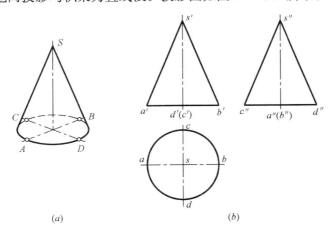

图 6-8 圆锥体的空间示意与投影图
(a) 空间示意；(b) 投影图

2) 圆锥体表面取点和取线

由于圆锥面的三个投影都没有积聚性，求表面上的点时，需采用辅助线法。为了作图方便，在曲面上作的辅助线应尽可能是直线（素线）或平行于投影面的圆（纬圆）。因此在圆锥面上取点的方法有两种：素线法和纬圆法。

[**例 6-5**]　如图 6-9 所示，已知圆锥面上点 M 的正面投影 m'，求 m、m''。

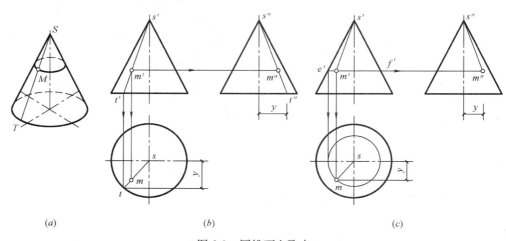

图 6-9　圆锥面上取点
(a) 空间示意；(b) 素线法；(c) 纬圆法

方法一：素线法

(1) 分析

由于圆锥面上所有直素线均相交于锥顶，如图 6-9（a）所示，M 点在圆锥面上，因此一定在圆锥面的一条素线上，故过锥顶 S 和点 M 作一素线 ST，求出素线 ST 的各投影，根据点线的从属关系，即可求出 m、m''。

(2) 作图（图 6-9b）

连接 s'、m'，延长交底圆于 t'，在 H 面投影上求出 t 点，根据 t、t' 求出 t''，连接 st、$s''t''$ 即为素线 ST 的 H 面投影和 W 面投影；根据点、线的从属关系求出 m、m''。

方法二：纬圆法

(1) 分析

圆锥体可看作是由无数条交于顶点的素线所围成，也可看作是由无数个平行于底面直径不同的纬圆所组成。过点 M 作一平行于圆锥底面的纬圆。该纬圆的水平投影为圆，正面投影、侧面投影为一直线段。M 点的投影一定在该圆的投影上。

(2) 作图（图 6-9c）

过 m' 作与圆锥轴线垂直的线 $e'f'$，它的 H 面投影为一直径等于 $e'f'$、圆心为 s 的圆，m 点必在此圆周上；由 m'、m 求出 m''。

圆锥表面上点的可见性判断与圆柱相同。

6.2.3　圆球体

圆球体是由圆球面围合而成，圆球表面可看作由一条圆母线绕其直径旋转而成。

1) 圆球体的投影

圆球的三个投影均为大小相等的圆，其直径等于圆球的直径。正面投影圆是前后半球的分界圆，也是球面上最大的正平圆；水平投影圆是上下半球的分界圆，也是球面上最大的水平圆；侧面投影圆是左右半球的分界圆，也是球面上最大的侧平圆。三投影图中的三个圆分别是球面对 V 面、H 面、W 面的转向轮廓线。

2) 圆球表面取点和取线

球面的三个投影均无积聚性。求表面上一点，只能用纬圆法，即作平行于投影面的纬圆作为辅助纬圆。

[例 6-6] 如图 6-10（b）所示，已知球面上点 M 的正面投影 m'，求其另两面投影。

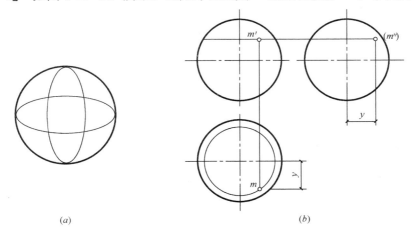

图 6-10 圆球体的空间示意及圆球面上取点
(a) 空间示意；(b) 投影图

(1) 分析

根据 m' 的位置和可见性，可判断 M 点在上半球的右前部，因此 M 点的水平投影 m 可见，侧面投影 m'' 不可见。

(2) 作图

过 m' 作一水平纬圆，作出水平纬圆的 H 面、W 面投影，从而求得 m、m''。

由于过球面上一点可作正平纬圆、水平纬圆或侧平纬圆，因此也可采用过 m' 作正平纬圆或侧平纬圆的方法来解决。

6.3 立体的截交线

在建筑设计中经常会遇到基本形体被切割成各种各样建筑形体的情况。如图 6-11 所示，截割立体的平面称为截平面；截平面与立体表面的交线称为截交线；由截交线所围成的平面图形称为截面（断面）。

根据截平面的位置以及立体形状的不同，所得截交线的形状也不同，但任何截交线都具有以下基本性质：

(1) 封闭性。立体表面上的截交线总是封闭的平面图形（平面折线、平面曲线或两者组合）。

(2) 共有性。截交线既属于截平面，又属于立体的表面。

从以上性质可知：求作截交线实质上就是要求作出截平面与立体表面一系列共有点的问题。

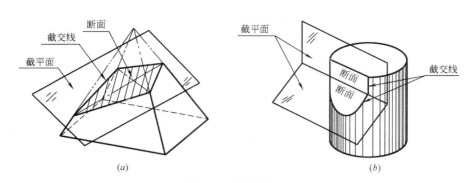

图 6-11 截交线概念
(a) 平面体的截交线；(b) 曲面体的截交线

6.3.1 平面立体截交

1) 截交线分析

平面截切平面体所得的截交线，是由直线段组成的封闭平面多边形。平面多边形的每一个折点是平面体棱线与截平面的交点。

2) 求截交线

求截交线实质就是求出平面体的棱线与截平面的交点，即求出截平面上的每个折点，连成截交线。

当立体被多个截平面所截时，除了需要求出折点以外，还应该求出两个截平面交线的两个端点，然后将共面相邻的两点相连，连成截交线。连线时注意截交线的可见性。最后还要把线条整理完整。注意：无论求折点或端点，都是求立体表面上的点。

下面举例说明作截交线的步骤：

[例 6-7] 如图 6-12 所示，求四棱锥被正垂面 P 截割后，截交线的投影。

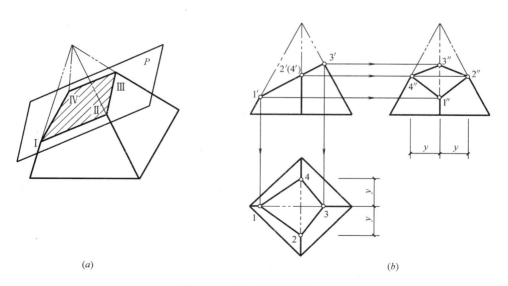

图 6-12 平面截割四棱锥
(a) 立体图；(b) 投影图

(1) 分析

如图 6-12 (a) 所示，一个截平面 P 与四棱锥的四个侧面都相交，所以截交线为四边形。截平面的四个折点是四棱锥的四条棱线与截平面的交点。由于截平面 P 为正垂面，故截交线的 V 面投影积聚为直线，可直接确定，然后再由 V 面投影求出 H 面和 W 面投影。

(2) 作图（图 6-12b）

① 根据截交线投影的积聚性，在 V 面投影中直接求出截平面 P 与四棱锥四条棱线交点的 V 面投影 $1'$、$2'$、$3'$、$4'$。

② 根据从属性，在四棱锥各条棱线的 H 面、W 面投影上，求出交点的相应投影 1、2、3、4 和 $1''$、$2''$、$3''$、$4''$。

③ 将各点的同面投影依次相连（注意同一侧面上的两点才能相连），即得截交线的各投影。由于四棱锥去掉了被截平面切去的部分，所以截交线的三个投影均为可见。

④ 线条整理。由于 W 面投影右边棱线不可见，因此 $1''3''$ 线段为虚线，其他轮廓线画粗线。

[例 6-8] 如图 6-13 (a) 所示，已知正四棱锥及其上缺口的 V 面投影，求 H 面和 W 面投影。

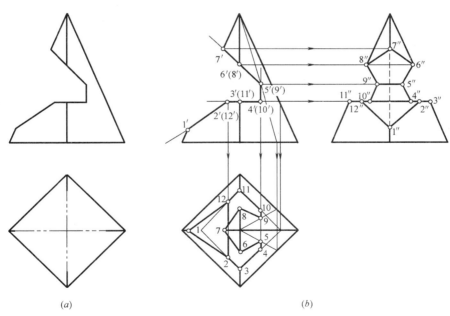

图 6-13 求缺口四棱锥的投影
(a) 已知；(b) 作图

(1) 分析

四棱锥被 4 个截平面截切，因此有 3 条截平面交线，共 6 个端点。另外还有 6 个折点，一共 12 个点。

(2) 作图（图 6-13b）

① 由于 V 面投影积聚，因此在正面投影上先找出 12 个点，分别进行标注。

② 求出这些点的另外两个投影。对于无法利用积聚投影直接得到的点，则分析是哪个表面上的点，再利用求面上的点用面上的线作图法求出点的投影。

③ 连线时要看着正面的积聚投影，相邻共面的点连线，注意连线的可见性。

④ 线条整理。即将切去的线条擦去；看不见的轮廓线画成虚线；保留的轮廓线加粗。

6.3.2 曲面立体截交

1）截交线分析

平面与曲面立体相交，其截交线一般为封闭的平面曲线，特殊情况为直线或直线和曲线的结合。其形状取决于曲面体的几何特征，以及截平面与曲面体的相对位置。截交线是截平面与曲面立体表面的共有线，求截交线时只需求出若干共有点，然后按顺序光滑连接成封闭的平面图形即可。因此，求曲面体的截交线实质上就是在曲面体表面上取点。

2）作截交线的具体步骤

（1）根据截平面积聚投影找出截交线上一般点和特殊点。如果是两个以上截平面，还要找出两个截平面交线的两个端点。

（2）求出截交线上一般点、特殊点和端点的其他两面投影。

（3）连接相邻两点。

（4）判别可见性。可见表面上的交线可见，否则不可见，不可见的交线用虚线表示。

（5）整理线条。

3）平面截切圆柱

平面截切圆柱时，根据截平面与圆柱轴线相对位置的不同，截交线有三种不同的形状，见表 6-1。

平面与圆柱相交　　　　　　　　表 6-1

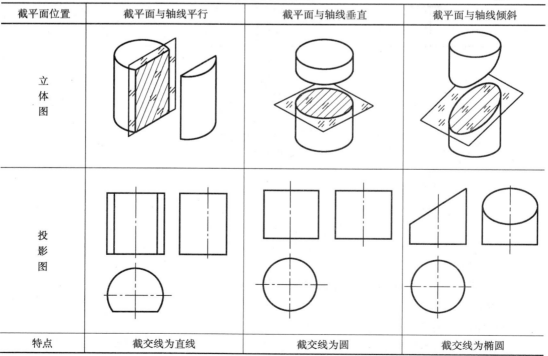

[**例 6-9**] 如图 6-14 所示，求正垂面 P 截切圆柱所得截交线的投影。

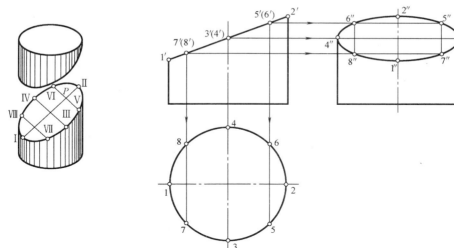

图 6-14 平面截切圆柱

(1) 分析

正垂面 P 倾斜于圆柱轴线，截交线的形状为椭圆。平面 P 垂直于 V 面，所以截交线的 V 面投影和平面 P 的 V 面投影重合，积聚为一段直线。由于圆柱面的水平投影具有积聚性，所以截交线的水平投影也有积聚性，与圆柱面 H 面投影的圆周重合。截交线的侧面投影仍是一个椭圆，需作图求出。

(2) 作图

① 求特殊点。要确定椭圆的形状，需找出椭圆的长轴和短轴。截交线侧面投影椭圆短轴为ⅠⅡ，长轴为ⅢⅣ，其投影分别为 $1'2'$、$3'(4')$。Ⅰ、Ⅱ、Ⅲ、Ⅳ 分别为椭圆投影的最低、最高、最前、最后点，由 V 面投影 $1'$、$2'$、$3'(4')$ 可直接求出 H 面投影 1、2、3、4 和 W 面投影 $1''$、$2''$、$3''$、$4''$。

② 求一般点。为作图方便，在 V 面投影上对称性地取 $5'(6')$、$7'(8')$ 点，H 面投影 5、6、7、8 一定在柱面的积聚投影上，由 H 面、V 面投影再求出其 W 面投影 $5''$、$6''$、$7''$、$8''$。取点的多少一般可根据作图准确程度的要求而定。

③ 依次光滑连接 $1''$、$8''$、$4''$、$6''$、$2''$、$5''$、$3''$、$7''$、$1''$ 即得截交线的侧面投影，将不到位的轮廓线延长到 $3''$ 和 $4''$。

④ 线条整理。侧面投影轮廓线（最前、最后素线）$3''$、$4''$ 上方被截切，因此 $3''$、$4''$ 下方画粗实线。

4) 平面截切圆锥

平面截切圆锥时，根据截平面与圆锥相对位置的不同，其截交线有五种不同的情况，见表 6-2。

[**例 6-10**] 如图 6-15 所示，求正平面 P 截切圆锥所得截交线的投影。

(1) 分析

由图 6-15 可看出，截平面 P 为平行于圆锥轴线的正平面，截切圆锥所得的截交线为双曲线，双曲线的 H 面投影和 W 面投影与正平面 P 的积聚投影重合，为一直线段，双曲线的 V 面投影不反映实形。

平面与圆锥相交　　表 6-2

截平面位置	截平面垂直于轴线	截平面倾斜于轴线	截平面平行于一条素线	截平面平行于轴线（平行于两条素线）	截平面通过锥顶
立体图					
投影图					
特点	截交线为圆	截交线为椭圆	截交线为抛物线	截交线为双曲线	截交线为两素线

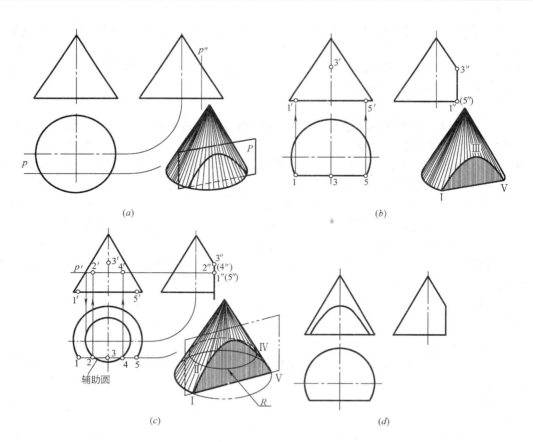

图 6-15 平面截切圆锥
(a) 已知条件；(b) 画出特殊点；(c) 画出一般点；(d) 完成全图

(2) 作图

① 求特殊点。确定双曲线的顶点和端点，图 6-15（b）中点Ⅰ和Ⅴ为双曲线的端点，位于圆锥底面圆周上；点Ⅲ为双曲线的顶点（最高点）；这三点均可直接求出三面投影。

② 求一般点。再找出两个一般位置的点Ⅱ和Ⅳ，作辅助圆与截平面 P 相交于 2、4 两点，用纬圆法求出其余两面投影，如图 6-15（c）所示。

③ 依次光滑连接 $1'$、$2'$、$3'$、$4'$、$5'$，即得截交线的 V 面投影。

④ 线条整理。把截切掉的线擦除，加粗轮廓线。

5）平面截切圆球

平面与球面相交，不管截平面的位置如何，其截交线均为圆。而截交线的投影可分为三种情况，见表 6-3。

平面与圆球相交　　　　　　　　　　表 6-3

截平面位置	与 V 平行	与 H 平行	与 V 垂直
轴测图	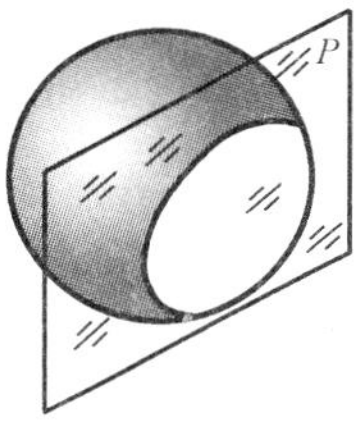	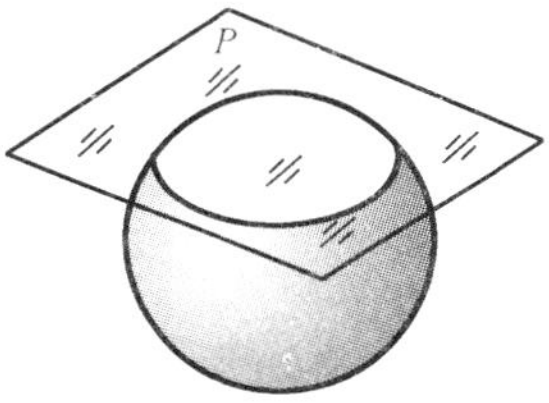	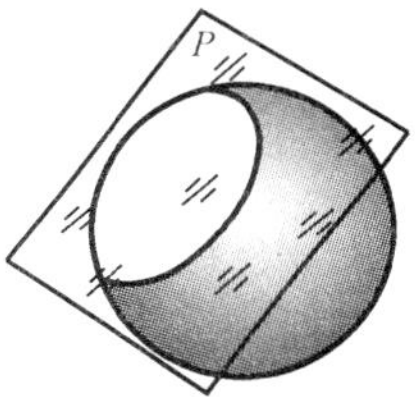
投影图	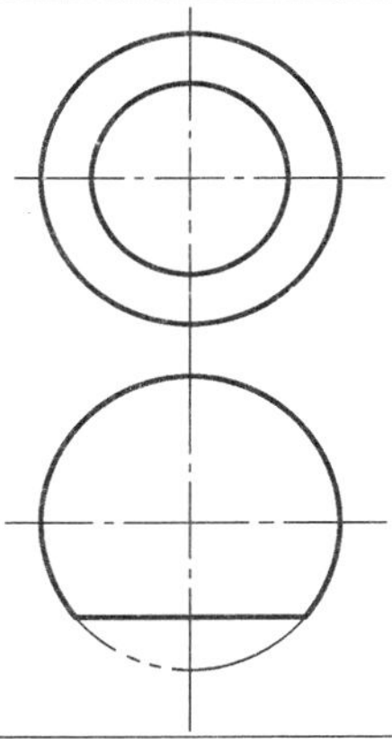	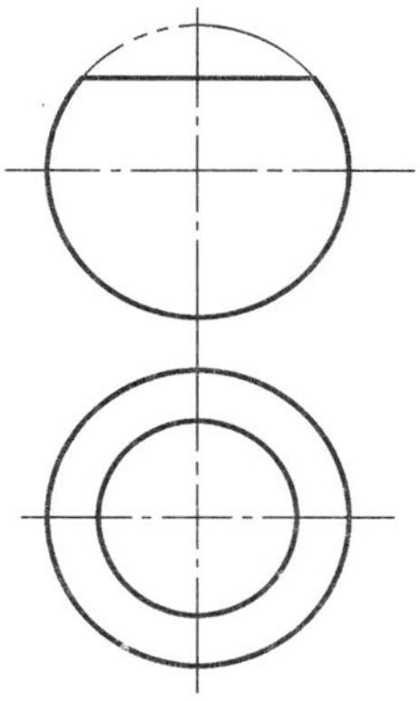	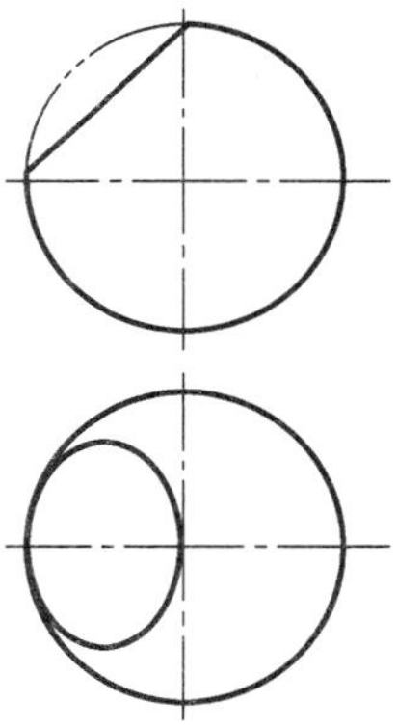
特点	V 面投影是反映实形的圆 H 面投影是反映圆的直径	H 面投影是反映实形的圆 V 面投影是反映圆的直径	V 面投影是反映圆的直径 H 面投影是椭圆

[例 6-11]　如图 6-16 所示，求平面截切圆球所得截交线的投影。

(1) 分析

该半球体被一个水平面和两个侧平面截切，水平面截切圆球所得截交线 H 面投影为圆，W 面投影积聚为直线。侧平面截切圆球所得截交线 W 面投影为圆，H 面投影积聚为直线。

(2) 作图

① 画水平面圆。在 V 面投影上，水平切割面与半球体的交线是水平圆的直径，圆规量取该直径在 H 投影面上画圆，如图 6-16（b）所示。

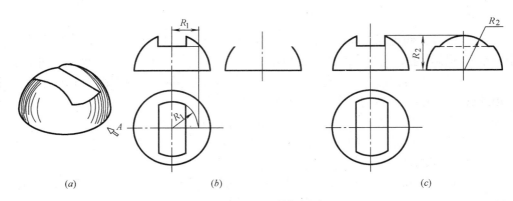

图 6-16 平面截切圆球

(a) 立体图；(b) 画水平圆；(c) 画侧平圆

② 画侧面圆。在 W 面投影上，侧平切割面与半球体的交线是侧平圆的半径，圆规量取该半径在 W 投影面上画圆，如图 6-16（c）所示。

③ 线条整理。水平圆在 W 投影面上有部分被遮挡，画成虚线。将轮廓线加粗。

6.4 立体的相贯线

工程形体常常由两个或更多的基本几何形体组合而成，如图 6-17 所示。两立体相交又称两立体相贯，两相交的立体称为相贯体，相贯体表面的交线称为相贯线。其相贯线是两立体表面的共有线，相贯线上的点为两立体表面的共有点。立体相贯分为两平面体相贯、平面体与曲面体相贯、两曲面体相贯三种情况。

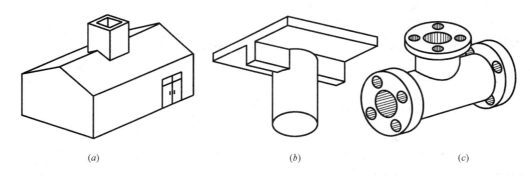

图 6-17 立体与立体相交

(a) 坡顶屋（两平面立体相贯）；(b) 柱头（平面立体与曲面立体相贯）；(c) 三通管（两曲面立体相贯）

两立体相贯时，由于相贯线是两立体表面的共有线，因此，当其中有一个立体是柱体时，相贯线的一个积聚投影已知，则对另一个立体进行表面上求点；当两个立体都是柱体时，相贯线的两个积聚投影已知，则对相贯线进行知两面投影补第三面投影（知二补三法）。当两个立体都不是柱体时，则要利用辅助平面法求相贯线。

6.4.1 两平面立体相贯

1）相贯线分析

两平面体相贯时,相贯线为封闭的空间折线或平面多边形,每一段折线都是两平面立体某两侧面的交线,每一个转折点为一平面体的某棱线与另一平面体某侧面的交点。因此,求两平面立体相贯线,实质上就是求直线与平面的交点或求两平面交线的问题。

2) 例题分析

[**例 6-12**] 如图 6-18(a)所示,已知屋面上老虎窗的正面和侧面投影,求作老虎窗与坡屋面的交线以及它们的水平投影。

(1) 分析

从图 6-18(a)中看出,两个立体都是柱体,用知二补三方法。老虎窗可看作棱线垂直于正面的五棱柱与坡屋面相交,交线的正面投影与老虎窗的正面投影(五边形)重合。坡屋面是侧垂面,侧面投影积聚成斜线,交线的侧面投影也在此斜线上。因此,根据已知交线的正面和侧面投影,便可作出水平投影。

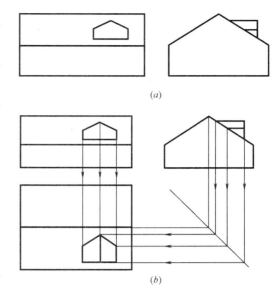

图 6-18 老虎窗与屋面相交
(a) 已知条件;(b) 作图

(2) 作图 (图 6-18b)

[**例 6-13**] 求作高低房屋相交的表面交线,如图 6-19(a)所示。

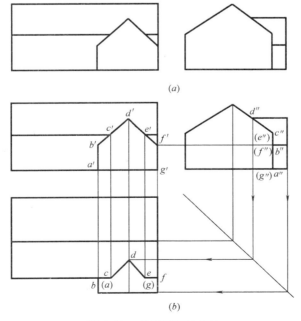

图 6-19 高低屋面的交线
(a) 已知条件;(b) 作图

(1) 分析

两个立体都是柱体，应采用知二补三的方法。高低房屋相交，可看成两个五棱柱相贯，由于两个五棱柱的底面（相当于地面）在同一平面上，所以相贯线是不封闭的空间折线。两个五棱柱中，一个五棱柱的棱面都垂直于侧面，另一个五棱柱的棱面都垂直于正面，所以交线的正面、侧面投影为已知，根据正面、侧面投影求作交线的水平投影。

(2) 作图（图 6-19b）

3）作相贯线的具体步骤

(1) 分析相贯两立体表面特征及与投影面的相对位置。

(2) 确定相贯线的形状及特点，找出相贯线上转折点的一面投影，即求出一平面体棱线与另一平面体侧面的交点。

(3) 求出相贯线上转折点的其他两面投影。

(4) 将位于两立体同一侧面上的相邻两点相连。

(5) 判别可见性。每条相贯线段，只有当所在两立体的两个侧面同时可见时，它才是可见的；否则，若其中的一个侧面不可见或两个侧面均不可见，则该相贯线段是不可见的。

(6) 整理线条。

6.4.2 平面立体和曲面立体相交

1）相贯线分析

平面立体与曲面立体相交，相贯线一般情况下为若干段平面曲线所组成，特殊情况下，如平面立体的表面与曲面立体的底面或顶面相交，或恰巧交于曲面体的直素线时，相贯线有直线部分。每一段平面曲线或直线均是平面立体上各侧面截切曲面体所得的截交线，每一段曲线或直线的转折点均是平面立体上的棱线与曲面立体表面的贯穿点。因此，求平面立体和曲面立体的相贯线可归结为求平面立体的侧面与曲面立体的截交线，或求平面立体的棱线与曲面立体表面的交点。

2）例题分析

[例 6-14]　如图 6-20（a）所示，求四棱柱与圆锥的相贯线。

(1) 分析

四棱柱与圆锥相贯，其中四棱柱是柱体，相贯线的一个积聚投影已知，则对圆锥进行表面上求点。其相贯线是四棱柱四个侧面截切圆锥所得的截交线，截交线为四段双曲线，四段双曲线的转折点就是四棱柱的四条棱线与圆锥表面的贯穿点。由于四棱柱四个侧面垂直于 H 面，所以相贯线的 H 面投影与四棱柱的 H 面投影重合，只需作图求相贯线的 V 面、W 面投影。从立体图可看出，相贯线前后、左右对称，作图时，只需作出四棱柱的前侧面、左侧面与圆锥截交线的投影即可，并且 V 面、W 面投影均反映双曲线实形。

(2) 作图（图 6-20b）

① 根据三等规律画出四棱柱和圆锥的 W 面投影。由于相贯体是一个实心的整体，在相贯体内部对实际上不存在的圆锥 W 投影轮廓线及未确定长度的四棱柱棱线的投影，暂时画成用细双点画线表示的假想投影线或细实线。

② 求特殊点。先求相贯线的转折点，即四条双曲线的连接点 A、B、G、H，也是双

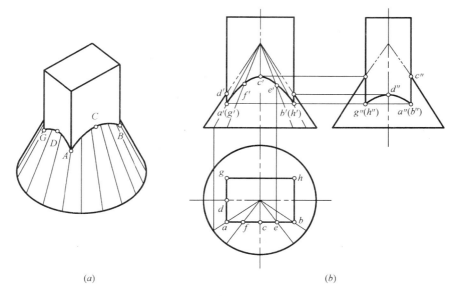

图 6-20 四棱柱与圆锥相贯
(a) 立体图；(b) 投影图

曲线的最低点。可根据已知的 H 面投影，用素线法求出 V 面、W 面投影。再求前面和左面双曲线的最高点 C、D。

③ 同理，用素线法求出两对称的一般点 E、F 的 V 面投影 e'、f'。

④ 连点。V 面投影连接 $a' \rightarrow f' \rightarrow c' \rightarrow e' \rightarrow b'$，W 面投影连接 $a'' \rightarrow d'' \rightarrow g''$。

⑤ 判别可见性。相贯线的 V 面、W 面投影都可见，相贯线的后面和右面部分的投影，与前面和左面部分重合。

⑥ 整理线条。补全相贯体的 V 面、W 面投影。圆锥的最左、最右素线，最前、最后素线均应画到与四棱柱的贯穿点为止。四棱柱四条棱线的 V 面、W 面投影，也均应画到与圆锥面的贯穿点为止。

3) 作相贯线的具体步骤

(1) 分析两立体表面特征及与投影面的相对位置。

(2) 确定相贯线的形状及特点，找出相贯线每段平面曲线上特殊点的一面投影。

① 极限点：如最高、最低点，最前、最后点，最左、最右点等。

② 转向点：位于转向轮廓线上的点。

(3) 找出一般点：为能较准确地作出相贯线的投影，还应在特殊点之间作出一定数量的一般点。

(4) 求出相贯线上特殊点和一般点的其他两面投影。

(5) 顺次将各点光滑连接。

(6) 判别其可见性。每条相贯线段，只有当其所在两立体的两个侧面同时可见时，它才是可见的；否则，若其中的一个侧面不可见或两个侧面均不可见，则该相贯线段不可见。

(7) 整理线条。

6.4.3 两曲面立体相交

1) 相贯线分析

两曲面立体的相贯线一般是封闭的空间曲线,特殊情况下为平面曲线或直线段(当两同轴回转体相贯时,相贯线是垂直于轴线的平面纬圆;当两个轴线平行的圆柱相贯时,其相贯线为直线——圆柱面上的素线。

相贯线是两曲面立体表面的共有线,相贯线上每一点都是相交两曲面立体表面的共有点。求相贯线实质上就是求两曲面立体表面的共有点(在曲面体表面上取点),将这些点光滑地连接起来即得相贯线。

2) 例题分析

[例 6-15] 如图 6-21 所示,求作轴线垂直相交的两圆柱的相贯线。

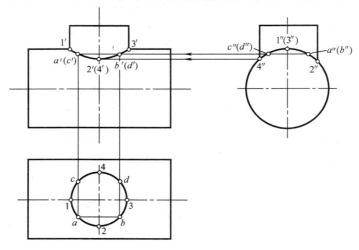

图 6-21 正交两圆柱相贯

(1) 分析

当两个圆柱正交且轴线分别垂直于投影面时,则圆柱在该投影面上的投影积聚为圆,相贯线的投影重合在圆上,由此我们可利用已知点的两个投影求第三个投影的方法求出相贯线的投影。

小圆柱与大圆柱的轴线正交,相贯线是前后、左右对称的一条封闭空间曲线。根据两圆柱轴线的位置,大圆柱面的侧面投影及小圆柱面的水平投影具有积聚性,因此,相贯线的水平投影和小圆柱面的水平投影重合,是一个圆;相贯线的侧面投影和大圆柱的侧面投影重合,是一段圆弧。因此通过分析,我们知道要求的只是相贯线的正面投影。

(2) 作图

① 求特殊点。

由于已知相贯线的水平投影和侧面投影,故可直接求出相贯线上的特殊点。由 W 面投影和 H 面投影可看出,相贯线的最高点为 Ⅰ、Ⅲ,Ⅰ、Ⅲ 同时也是最左、最右点;最低点为 Ⅱ、Ⅳ,Ⅱ、Ⅳ 也是最前、最后点。由 $1''$、$3''$、$2''$、$4''$ 可直接求出 H 面投影 1、3、2、4;再求出 V 面投影 $1'$、$3'$、$2'$、$4'$。

② 求一般点。

由于相贯线水平投影为已知，所以可直接取 a、b、c、d 四点，求出它们的侧面投影 $a''(b'')$、$c''(d'')$，再由 H 面投影、W 面投影求出 V 面投影 $a'(c')$、$b'(d')$。

③ 判别可见性，光滑连接各点。

相贯线前后对称，后半部与前半部重合，只画前半部相贯线的投影即可，依次光滑连接 $1'$、a'、$2'$、b'、$3'$ 各点，即为所求。

3) 作相贯线的具体步骤

(1) 分析两立体表面特征及与投影面的相对位置。

(2) 确定相贯线的形状及特点，找出相贯线上特殊点的一面投影。

① 极限点：如最高、最低点，最前、最后点，最左、最右点等。

② 转向点：位于转向轮廓线上的点。

(3) 找出一般点：为能较准确地作出相贯线的投影，还应在特殊点之间作出一定数量的一般点。

(4) 求出相贯线上特殊点和一般点的其他两面投影。

(5) 顺次将各点光滑连接。

(6) 判别其可见性。每条相贯线段，只有当所在两立体的两个曲面同时可见时，它才是可见的；否则，若其中的一个曲面不可见或两个曲面均不可见，则该相贯线段不可见。

(7) 整理线条。

4) 特殊相贯线

在特殊情况下，相贯线是直线、圆或椭圆，见表 6-4。

相贯线的特殊情况 表 6-4

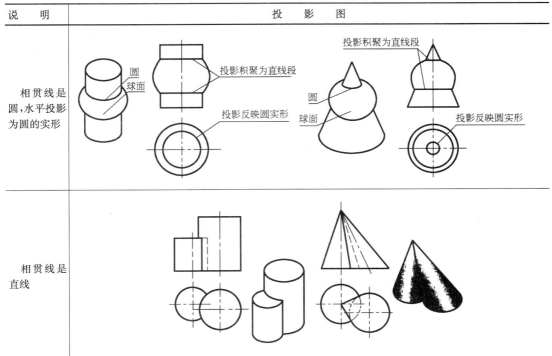

5）圆柱、圆锥相贯线的变化规律

当圆柱、圆锥相贯时，其相贯线空间形状和投影形状的变化，取决于其尺寸大小的变化和相对位置的变化。下面分别以圆柱与圆柱相贯、圆柱与圆锥相贯为例说明尺寸大小变化和相对位置变化对相贯线的影响。

（1）两圆柱轴线正交，见表 6-5。

两圆柱正交相贯线变化情况　　　　　　　表 6-5

	$d_1 < d_2$	$d_1 = d_2$	$d_1 > d_2$
立体图			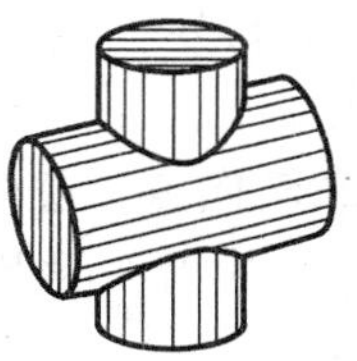
投影图	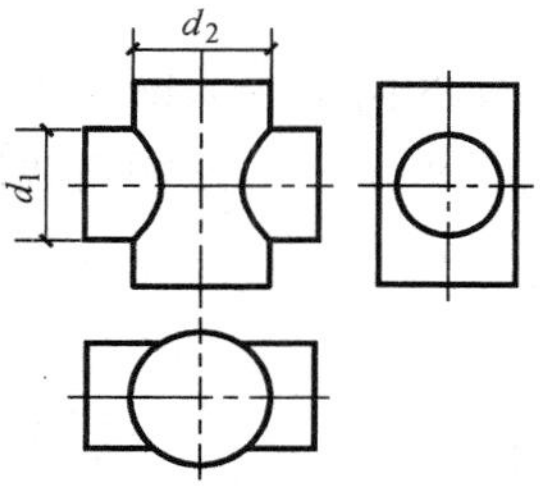	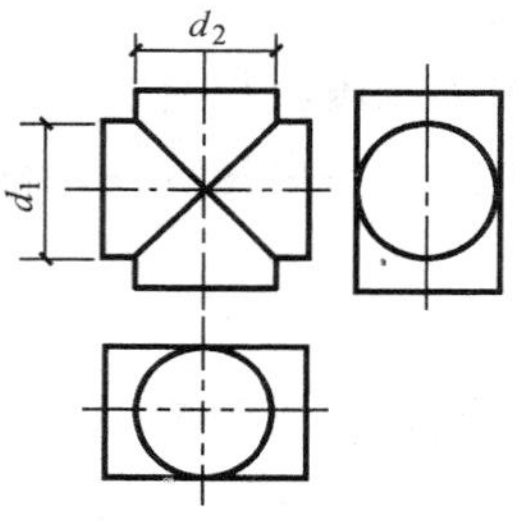	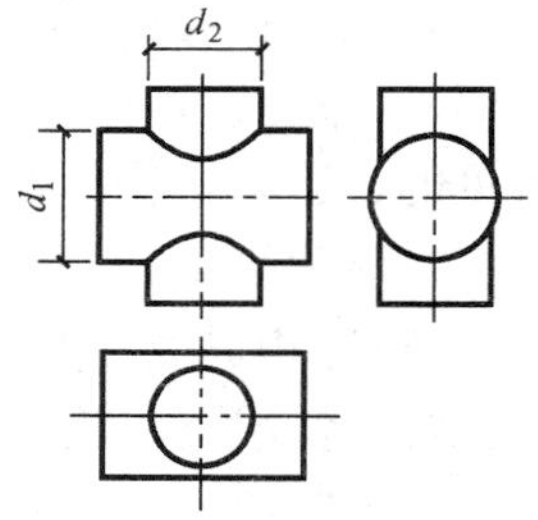
相贯线弯曲趋势	其相贯线的弯曲趋势总是向大圆柱里弯曲，为左右两条封闭的空间曲线	相贯线从两条空间曲线变成两条平面曲线——椭圆，其正面投影为两条相交直线，水平投影和侧面投影均积聚为圆	相贯线为上下两条封闭的空间曲线

（2）圆柱与圆锥轴线正交。当圆锥的大小和其轴线的相对位置不变，而圆柱的直径变化时，相贯线的变化情况见表 6-6。

圆柱与圆锥相交相贯线的三种情况　　　　　　　表 6-6

圆柱穿过圆锥	圆柱与圆锥公切于一球	圆锥穿过圆柱
立体图  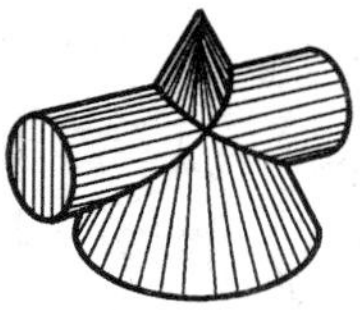 		

续表

	圆柱穿过圆锥	圆柱与圆锥公切于一球	圆锥穿过圆柱
投影图			
弯曲趋势	相贯线的弯曲趋势总是向大圆锥里弯曲,相贯线为左右两条封闭的空间曲线	相贯线从两条空间曲线变成平面曲线——椭圆,其正面投影为两相交直线,水平投影和侧面投影均积聚为椭圆和圆	相贯线为上下两条空间曲线

6.5 曲面立体截交和相贯轴测图画法举例

[例 6-16] 如图 6-22 所示,已知带斜截面圆柱的正投影图,求作它的正等轴测图。

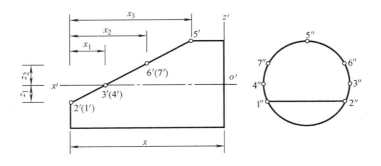

图 6-22 已知正投影图

该圆柱带斜截面,作图时应先画出未截之前的圆柱,然后再画斜截面。由于斜截面的轮廓线是非圆曲线,所以应用坐标法(利用形体上各点相对于坐标系的坐标值求作轴测投影的方法)求出截面轮廓上一系列的点,用圆滑曲线依次连接各点即可。

作图步骤如图 6-23 所示:

(1) 利用四心法画出圆柱左端面的正等测投影,沿 O_1X_1 方向向右后量取 x,画右

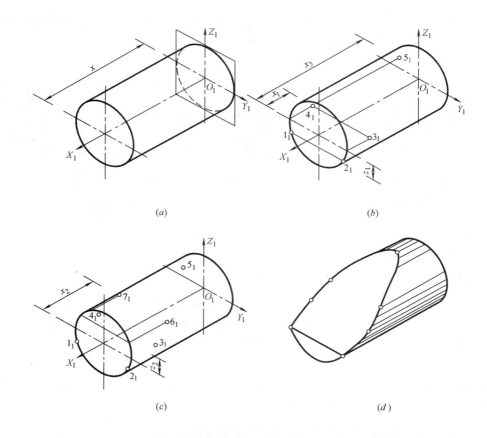

图 6-23 带斜截面圆柱的正等轴测图
(a) 画左端面与右端面，完成圆柱；(b) 作点 1、2、3、4、5；(c) 作点 6、7；(d) 完成作图

端面，作平行于 O_1X_1 轴的直线与两端面相切，得圆柱的正等测图，如图 6-23 (a) 所示。

(2) 用坐标法作出斜截面轮廓上的 1、2、3、4、5 点，如图 6-23 (b) 所示。在左端面上沿 O_1Z_1 轴自 O_1 向下量取 z_1，作平行于 O_1Y_1 轴的直线交椭圆于 1_1、2_1。分别过左端面的中心线与椭圆的交点作平行于 O_1X_1 轴的直线，并在直线上截取 x_1 和 x_3，得 3_1、4_1、5_1。

(3) 用坐标法作出斜截面轮廓上的 6、7 点，如图 6-23 (c) 所示。在左端面上沿 O_1Z_1 轴自 O_1 向上量取 z_2，作平行于 O_1Y_1 轴的直线与椭圆相交，过交点分别作平行于 O_1X_1 轴的直线，并在直线上截取 x_2，得 6_1、7_1。

(4) 用直线连接 1_1、2_1，用光滑曲线连接 2_1、3_1、6_1、5_1、7_1、4_1、1_1，即为所求。

[例 6-17] 如图 6-24 (a) 所示，已知形体的正投影图，求作它的正等轴测图。

形体是由圆柱与圆锥相贯而形成的，作图的关键在于按照坐标法求出两个形体相贯线上的点。因此，确定圆柱与圆锥的轴测投影后，应根据相贯线投影图中所标记的点，在轴测投影中依次确定这些点的空间位置，最后用光滑曲线连接即为所求，作图过程如图 6-24 所示。

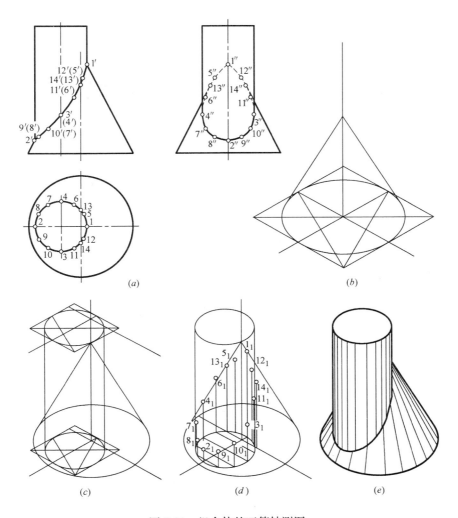

图 6-24 组合体的正等轴测图
(a) 已知正投影图；(b) 画出圆锥；(c) 画出圆柱；(d) 依次作出各点；(e) 完成作图

第 7 章 建筑形体表达方法

本章主要依据国家标准介绍组合体投影图作法和读法,以及建筑形体基本视图和剖面图等与建筑制图表达有关的内容。

7.1 组合体的投影图

由基本形体按一定组合方式组合而成的立体称为组合体。

7.1.1 组合体的组合方式

组合体的组合方式有两种:叠加式和截割式。

1)叠加式

由基本形体叠加而成的组合方式称为叠加式。基本形体叠加时其表面结合有三种方式:平齐(共面)、相切、相交,如图 7-1 所示。

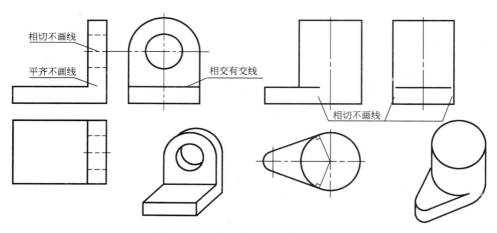

图 7-1 组合体两结合表面的结合处理

平齐(共面)是指两基本形体的表面位于同一平面上,两表面间不画线。

相切分为平面与曲面相切和曲面与曲面相切,不论哪一种都是两表面的光滑过渡,不应画线。

相交是指面与面相交时,在相交处表面形成交线,需要画交线的投影。

2)截割式

基本形体被平面切割后,在基本形体的表面会产生交线,用画截交线的方法作出交线的投影。

7.1.2 组合体的画法

将组合体看作由若干简单的基本形体经叠加或切割所形成的分析方法,称为形体分析法。在画组合体的投影图时,应首先进行形体分析,确定组合体的组成部分,并分析它们之间的结合形式和相对位置,然后画投影图。

1) 组合体的形体分析

工程中比较复杂的形体,一般都可看作是由基本几何体(如棱柱、棱锥、圆柱、圆锥、球等)通过叠加、切割、相交或相切而形成的。图 7-2(a)所示的肋式杯形基础的形体,可以看成由四棱柱底板、中间四棱柱(其中挖去一楔形块)和 6 块梯形肋板叠加组成(图 7-2b)。

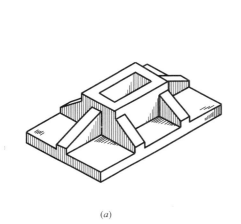
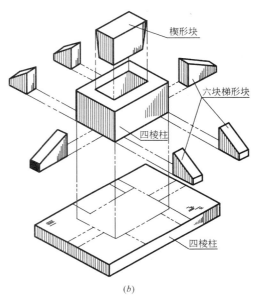

图 7-2 肋式杯形基础形体分析
(a)肋式杯形基础;(b)形体分析

2) 画组合体投影图

现以肋式杯形基础(图 7-2a)为例,说明画建筑形体投影图的具体步骤:

(1) 形体分析

肋式杯形基础的形体分析如图 7-2(b)所示,可分解为四部分:四棱柱底板、四棱柱、梯形块和楔形块。

(2) 确定安放位置

一般取形体的自然放置位置。因此,将形体平放,使 H 面平行于底板底面。

(3) 画投影图

根据形体大小和注写尺寸所占的位置,选择适宜的图幅和比例;布置投影图;作投影图底稿;检查、加深图线。作图步骤如图 7-3 所示。

(4) 标注尺寸

标注方法和步骤详见 7.1.3 组合体的尺寸标注。

(5) 最后填写标题栏内各项内容,完成全图。

7.1.3 组合体的尺寸标注

建筑形体必须注明尺寸,才能明确形体的实际大小和各部分的相对位置。

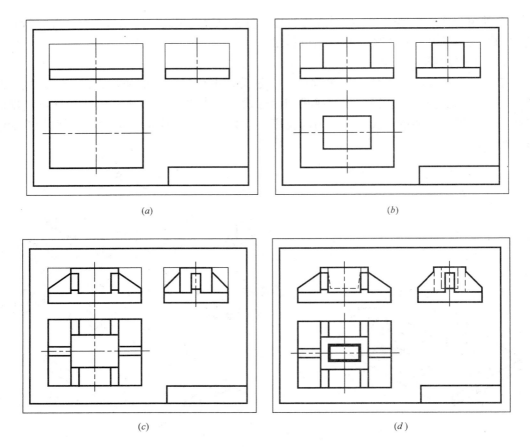

图 7-3 肋式杯形基础作图步骤
(a) 布图、基底板；(b) 画中间四棱柱；(c) 画出基本体；(d) 整理并加深图线

1) 尺寸标注的基本要求

图上所注的尺寸要完整，不能有遗漏；要准确无误且符合制图标准的规定；尺寸布置要清晰，便于读图；标注要合理。

2) 尺寸标注的种类

(1) 定形尺寸：确定组成建筑形体的各基本形体大小的尺寸。

(2) 定位尺寸：确定各基本形体在建筑形体中相对位置的尺寸。

(3) 总体尺寸：确定建筑形体外形总长、总宽、总高的尺寸。

3) 基本立体的尺寸标注

组合体是由基本形体组成的，熟悉基本体的尺寸标注法是组合体尺寸标注的基础。图 7-4 所示为常见的几种基本体（定形）尺寸的标注法。

4) 组合体的尺寸标注

下面以图 7-5 所示的肋式杯形基础为例，介绍标注尺寸的步骤：

(1) 标注定形尺寸

肋式杯形基础各基本形体的定形尺寸是：四棱柱底板长 3000、宽 2000、高 250；中间四棱柱长 1500、宽 1000、高 750；前后肋板长 500、宽 250、高 600 和 100；左右肋板

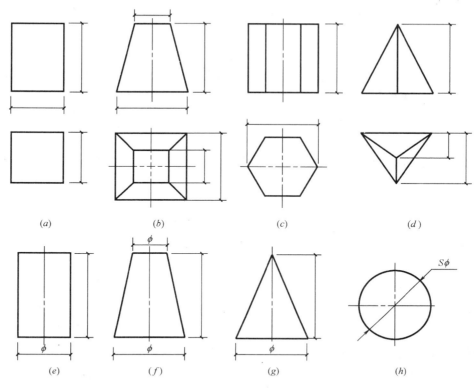

图 7-4 基本体的尺寸标注法
(a) 四棱柱；(b) 四棱锥台；(c) 六棱柱；(d) 三棱锥；(e) 圆柱；(f) 圆锥台；(g) 圆锥；(h) 圆球

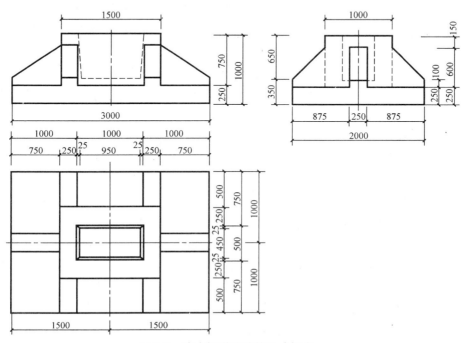

图 7-5 肋式杯形基础的尺寸标注

长750、宽250、高600和100；楔形杯口上底1000×500、下底950×450、高650、杯口厚度250等。

(2) 标注定位尺寸

先要选择一个或几个标注尺寸的起点（即尺寸标注的基准）。长度方向一般可选择以左侧面或右侧面为起点，宽度方向可选择以前侧面或后侧面为起点，高度方向一般以底面或顶面为起点。若物体是对称形，可选择以对称中心线作为标注长度和宽度尺寸的起点。

图7-2基础的中间四棱柱的长、宽、高定位尺寸是750、500、250；杯口距离四棱柱的左右侧面250，距离四棱柱的前后侧面250。杯口底面距离四棱柱顶面650，左右肋板的定位尺寸是宽度方向的875，高度方向的250，长度方向因肋板的左右端面与底板的左右端面对齐，不用标注。同理，前后肋板的定位尺寸是750、250。

对于基础，还应标注杯口中线的定位尺寸，以便于施工，如图7-5中水平投影中所标注的1500和1000。

(3) 标注总尺寸

基础的总长和总宽即底板的长度3000与宽度2000，不用另加标注，总高尺寸为1000。

7.1.4 阅读组合体的投影图

阅读建筑形体的投影图，就是根据投影图和所注尺寸，想像出建筑形体的空间形状、大小、组成方式和构造特点。

1) 读图的基本方法

(1) 形体分析法：即分析建筑形体是由哪些基本形体组成的，再根据基本形体的投影特点，在投影图上分析建筑形体各个组成部分的形状和相对位置，然后综合起来确定建筑形体总的形状。

(2) 线面分析法：即从形体分析中获得该形体的大致整体形象之后，如有局部投影仍弄不清楚时，可对该部分投影的线段和平面线框加以分析，运用线、面的投影规律，分析组成形体线、面的空间关系和形状，从而把握形体的细部。

2) 读图步骤

读图步骤常常是先对形体作粗略分析大概肯定，再作细致分析；先用形体分析法，后用线面分析法；先外部后内部；先整体后局部，再由局部回到整体，有时借助尺寸分析，也可用画轴测图的方法来帮助读图。

[例7-1] 运用形体分析法想像出图7-6中组合体的整体形状。

从三面投影可以确定该形体是平面立体，由五部分叠加组成。读图过程如下：

(1) 将 H 面投影中的五个线框1、2、3、4、5，看作是组成该形体的五个基本形体 Ⅰ、Ⅱ、Ⅲ、Ⅳ、Ⅴ 的 H 面投影。其中2线框又包含了三个矩形，1线框的 V 面投影不可见，4线框的 W 面投影不可见，如图7-6 (a) 所示。

(2) 根据各线框的三面投影，想像出各组成部分的形状，如图7-6 (b) 所示。

由1、(1′)、1″三个投影可想像出Ⅰ部分形体为一个四棱柱，位于后方；由2、2′、2″

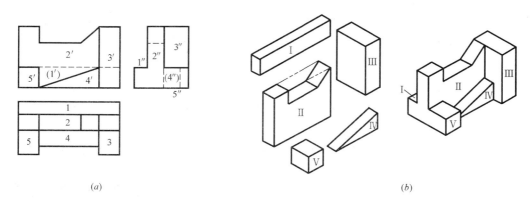

图 7-6 组合体的形体分析

三个投影可想像出Ⅱ部分形体为一个四棱柱，上部挖去一个四棱柱；由 3、3′、3″三个投影可想像出Ⅲ部分形体为一个四棱柱；由 4、4′、(4″)三个投影可想像出Ⅳ部分形体为一个三棱柱；由 5、5′、5″三个投影可想像出Ⅴ部分形体也为一个四棱柱。

（3）将各部分形体按图 7-6（a）组合成一整体，从而可想像出组合体的整体形状。

[例 7-2] 运用线面分析法想像出图 7-7（a）中组合体的整体形状。

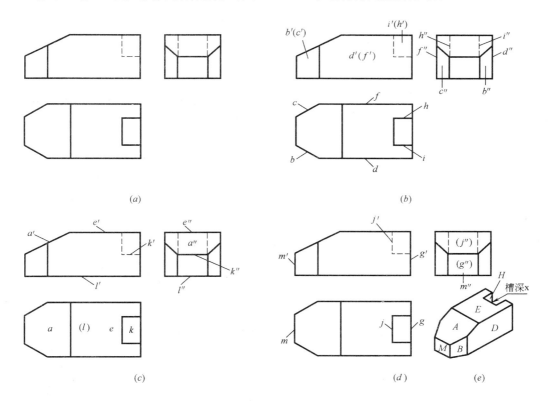

图 7-7 组合体的线面分析

从三面投影可以确定该形体是平面立体，由一个基本几何体切割而成。读图过程如下：

（1）将该组合体的 V 面投影划出线框 b'（c'）、d'（f'）、i'（h'），根据"长对正"，在 H 面投影中找不到 b'（c'）的对应类似形，根据"无类似形必积聚"，找到对应的积聚投影 b、c，根据"高平齐"，在 W 面投影图中找到 b'（c'）的对应类似形 b''、c''，可以看出 B、C 为铅垂面；同理，可找出 d'（f'）的其他两投影 d、f 和 d''、f''，D、F 为正平面；找出 i'（h'）的其他两投影 i、h 和 i''、h''，I、H 为正平面，如图 7-7（b）所示。

（2）将该组合体的 H 面投影中划出线框 a、e、（l）、k，分别找到对应的其他两投影，A 为正垂面，E、K、L 分别为上、中、下三个水平面，如图 7-7（c）所示。

（3）将该组合体的 W 面投影划出线框（j''）、（g''）、m''，分别找到对应的其他两投影，J、G、M 均为侧平面，如图 7-7（d）所示。

（4）将各线框综合，想像出组合体的整体形状，如图 7-7（e）所示。

3）根据两面投影图补画第三面投影图

由于形体的任意两个投影就能表达出形体长、宽、高三方面的尺寸，因此根据形体的两面投影可以补画出第三面投影。

由两投影补画第三面投影的步骤为：

（1）通过粗略读图，想像出形体的大致形状。

（2）运用形体分析法或线面分析法，想像出各部分的确切形状，根据"长对正、高平齐、宽相等"补画出各部分的第三面投影，并由相互位置关系确定它们相邻表面间有无交线。

（3）整理投影，加深图线。

[例 7-3] 如图 7-8（a）所示，已知组合体的 V 面投影和 W 面投影，补画 H 面投影。

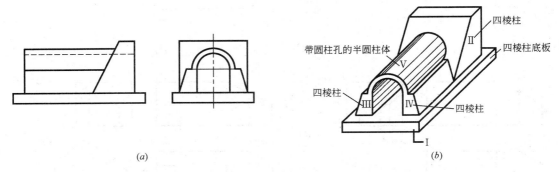

图 7-8 已知组合体的 V 面和 W 面投影和由分析得出的立体图

图 7-8（a）所示的组合体，可以看作是由五部分组成。下部结构是一四棱柱底板 I，底板上右侧是一四棱柱 II，底板上部为两个相同的四棱柱 III 和 IV，之上还有一个带圆柱孔的半圆柱体 V，如图 7-8（b）所示。作图过程如下：

（1）画出底板 I 的 H 面投影，底板上右侧四棱柱 II 的 H 面投影，均为一矩形，如图 7-9（a）所示。

（2）画底板上相同的四棱柱 III 和 IV 的 H 面投影，求 III、IV 与 II 的表面交线，如图

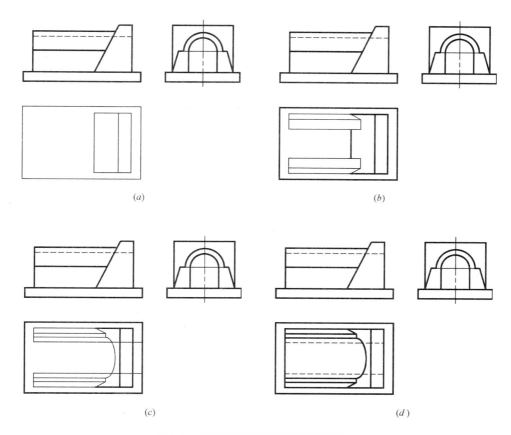

图 7-9 根据两面投影补画第三面投影

7-9（b）所示。

（3）画带圆柱孔的半圆柱体Ⅴ的 H 面投影，求出Ⅴ与Ⅱ的表面交线，如图 7-9（c）所示。

（4）检查图稿，加深图线，完成作图，如图 7-9（d）所示。

7.2 建筑形体表达方法

7.2.1 建筑形体视图

1）多面正投影图

对于形状简单的物体，一般用三面投影即三个视图就可以表达清楚。但房屋建筑形体比较复杂，各个方向的外形变化很大，采用三面投影难以表达清楚，需要四个、五个，甚至更多的视图才能完整表达其形状结构。如图 7-10 所示的房屋形体，可由不同方向投射，从而得到多面正投影图。

自前方投射的 A 向视图为正立面图，自上方投射的 B 向视图为平面图，自左方投射的 C 向视图为左侧立面图，自右方投射的 D 向视图为右侧立面图，自后方投射的正向视图为背立面图。由于房屋形体庞大，如果一张图纸内画不下所有的投影图时，可

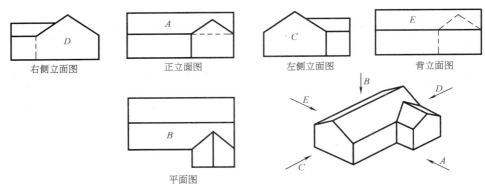

图 7-10 多面正投影图

以把各投影图分别画在几张图纸上,但应在投影图下方标注图名。

2) 展开投影图

建(构)筑物的某些部分,如果与投影面不平行(如圆形、折线形、曲线形等),在画立面图时,可以将该部分展开到与基本投影面平行的位置后,再以正投影法绘制,并应在图名后注写"展开"字样,如图 7-11 所示。

3) 镜像投影图

对于图 7-12 (a) 所示的梁、板、柱构造节点,其平面图会出现太多虚线,给看图

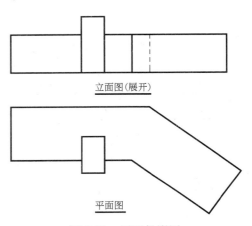

图 7-11 展开投影图

带来不便,如图 7-12 (b) 上图所示。如果假想将一镜面放在物体的下面来替代水平投影面,对物体在镜面中产生的反射图像所作出的正投影,称为镜像视图,如图 7-12 (b) 下图所示。镜像投影应在图名后加注"镜像"二字或按图 7-12 (c) 画出镜像视图识别符号。在房屋建筑中,常用镜像视图来表达室内顶棚等的装修构造。

7.2.2 剖面图

在作形体的正投影图时,虽然能表达清楚形体的外部形状和大小,但形体内部的孔洞以及被外部遮挡的轮廓线则需要用虚线来表示。当形体内部的形状较复杂时,在投影中就会出现很多虚线,且虚线相互重叠或交叉,既不便读图,又不利于标注尺寸,而且难于表达出形体的材料。因此,我们采用剖面图来表示形体的内部形状,解决投影中虚线的问题。

1) 剖面图的形成

假想用平面将形体剖开,拿掉人与剖切平面之间部分,使形体不可见的部分变成可见,然后用实线画出剖到的及看到的轮廓线投影图,称为剖面图。剖切平面一般为平行面。

图 7-13 (a) 是水槽的三面投影图,其三画投影均出现了许多虚线,使图样不清晰。假想用一个通过水槽排水孔轴线且平行于 V 面的剖切面 P,将水槽剖开,移走前半部分,

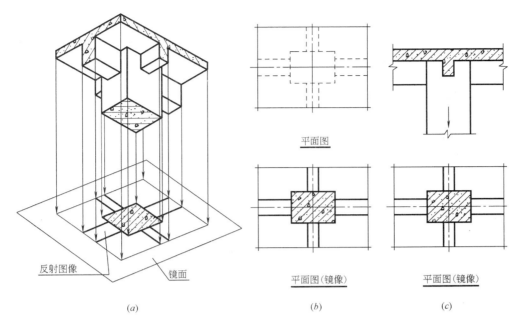

图 7-12 镜像投影图

将剩余的部分向 V 面投射，然后在水槽的断面内画上通用材料图例（如需指明材料，则画上表 7-1 所示的具体材料图例），即得水槽的正视方向剖面图（图 7-13c）。这时，水槽的槽壁厚度、槽深、排水孔大小等均被表示得很清楚，又便于标注尺寸。同理，可用一个通过水槽排水孔轴线且平行于 W 面的剖切面 Q 剖开水槽，移去 Q 面的左边部分，然后将形体剩余的部分向 W 面投射，得到另一个方向的剖面图（图 7-13d）。由于水槽下的支座在两个剖面图中已表达清楚，故在平面图中省去了表达支座的虚线。图 7-13（b）为水槽的剖面图。

2）剖面图的画法

（1）确定剖切平面的位置

剖切平面应平行于投影面，且尽量通过物体孔、洞、槽的中心线和形体的对称线。

（2）剖面图的图线及图例

物体被剖切后所形成的断面轮廓线，用粗实线画出；物体未剖到部分的投影轮廓线用细实线画出；看不见的虚线，一般省略不画。

为使物体被剖到的部分与未剖到的部分区别开来，使图形清晰可辨，应在断面轮廓范围内画上表示其材料种类的图例。常用建筑材料图例见表 7-1。

当不清楚材料种类时，应在断面轮廓范围内用细实线画上 45° 的剖面线。同一物体的剖面线应方向一致，间距相等。

3）剖面图的标注

为了看图时便于了解剖切位置和投影方向，寻找投影的对应关系，还应对剖面图进行以下标注：

（1）剖切符号

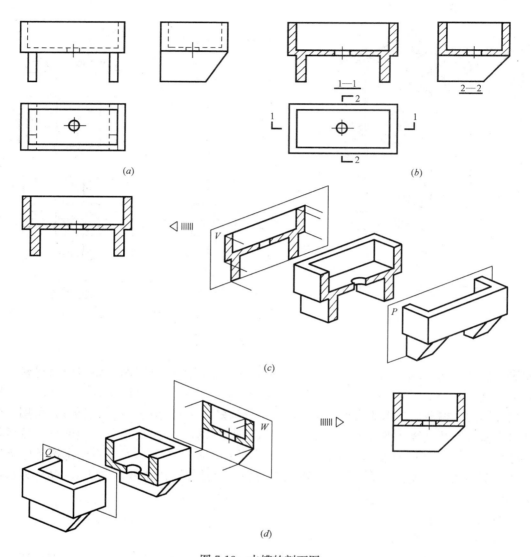

图 7-13 水槽的剖面图
(a) 视图；(b) 剖面图；(c) 正视方向剖面图的形成；(d) 左侧剖面图的形成

常用建筑材料图例　　　　　　　　　　　　　　　　　　表 7-1

图　例	名称与说明	图　例	名称与说明
	自然土壤		多孔材料 包括水泥珍珠岩、沥青珍珠岩、泡沫混凝土、非承重加气混凝土、软木、蛭石制品等
	素土夯实		木材 左图为垫木、木砖或木龙骨 右图为横断面

续表

图例	名称与说明	图例	名称与说明
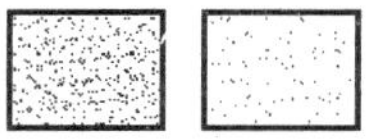	左图为砂、灰土，靠近轮廓线绘较密的点 右图为粉刷材料，采用较稀的点	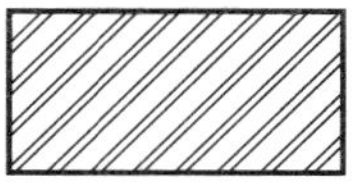	金属
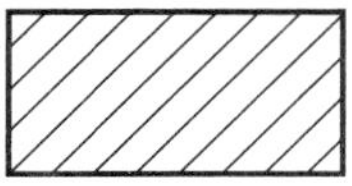	普通砖 包括实心砖、多孔砖、砌块等砌体；断面较窄，不易画出图例线时，可涂红		防水材料 构造层次多或比例大时，采用上面的图例
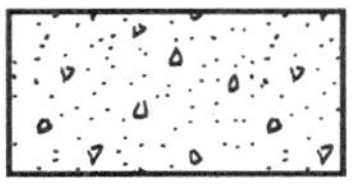	混凝土	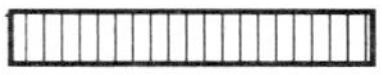	饰面砖 包括铺地砖、陶瓷锦砖、人造大理石等
	钢筋混凝土	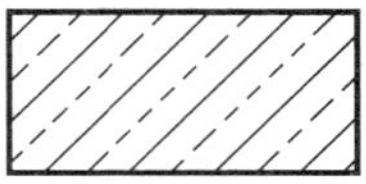	石材

剖面的剖切符号，应由剖切位置线及剖视方向线组成，均应以粗实线绘制。剖切位置线的长度为 6～10mm；剖视方向线应垂直于剖切位置线，长度为 4～6mm。绘图时，剖面剖切符号不宜与图面上的图线接触。

(2) 剖面编号

在剖视方向线的端部宜按顺序由左至右、由下至上用阿拉伯数字编排注写剖面编号 1—1、2—2、3—3……，数字应水平书写。

(3) 图名

在剖面图的下方正中分别注写与剖面编号相对应的 1—1 剖面图、2—2 剖面图、3—3 剖面图……以表示图名。图名下方还应画上粗实线，粗实线的长度与图名字体的长度相等。

必须指出：剖切平面是假想的，其目的是为了表达出物体内部形状，故除了剖面图和断面图外，其他各投影图均按原来未剖时画出。

4) 剖面图的分类

按照剖切平面形式及剖切位置不同，剖面图分为以下几种：

(1) 全剖面图

用一个平行于基本投影面的剖切平面，将形体全部剖开后画出的图形称为全剖面图。全剖面图适用于外形简单、内部结构复杂且不对称的形体。

图 7-14 (c) 为一座房屋的表达方案图。为了表达它的内部布置情况，假想用一个稍高于窗台位置的水平剖切面将房屋全部剖切开，移去剖切面及以上部分（图 7-14a），将以下部分投射到水平面上，于是得到房屋的水平全剖面图，这种剖面图在建筑施工图中称为平面图。图 7-14 (b) 为侧立全剖面图形成过程的示意图。

按国家标准的规定，当房屋的剖面图用小于 1∶50 的比例绘制时，砖一律不画材料图例，钢筋混凝土采用涂黑的方法。

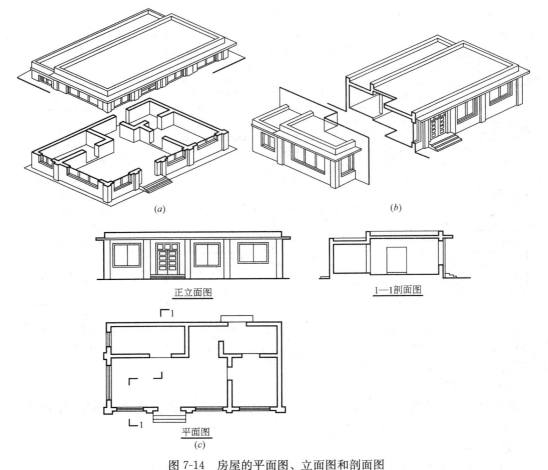

图 7-14 房屋的平面图、立面图和剖面图
(a) 平面图形成过程示意图；(b) 剖面图形成过程示意图；(c) 完整的表达方案图

全剖面图一般应标注出剖切位置线、投射方向线和剖面编号，如图 7-14 所示。对于建筑平面图，由于剖切位置及投射方向都是国家标准统一规定的，所以可省略不标注。

(2) 半剖面图

当形体具有对称平面时，以对称中心线为界，在垂直于该对称平面的投影面上投射所得到的图形，一半画成剖面图，另一半画成外形视图，这样组合而成的图形称为半剖面图。显然，半剖面图适用于内外结构都需要表达的对称形体。

图 7-15 (a) 所示的形体左右、前后均对称，如果采用全剖面图，则不能充分地表达外形，故采用正面投影和水平投影都用半剖面图的表达方法。保留一半外形，再配上半个剖面图表达内部构造，如图 7-15 (b) 所示。由于半剖将虚线变为实线，因此半剖面图一般不再画虚线。如有孔和洞，仍需将孔、洞的轴线画出。

在半剖面图中，规定以形体的对称中心线作为剖面图与外形视图的分界线。一般情况下不需要标注，如需标注，则与全剖面图标注相同，如图 7-15 所示。

(3) 局部剖面图

将形体局部剖开后投影所得的图形称为局部剖面图。局部剖面图适用于内外结构都需

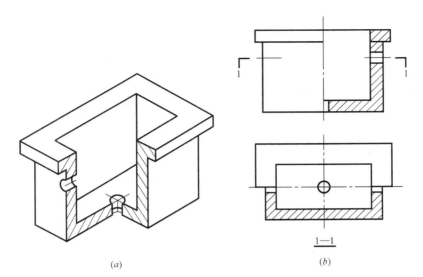

图 7-15 半剖面图

要表达,且又不具备对称条件或仅局部需要剖切的形体。局部剖面图一般不需标注。

在局部剖面图中,外形与剖面以及剖面部分相互之间应以波浪线分隔。波浪线只能画在形体的实体部分上,且既不能超出轮廓线,也不能与图上其他图线重合。

图 7-16 为杯形基础的局部剖面图。该图在平面图中保留了基础的大部分外形,仅将其一个角画成剖面图,表达基础内部钢筋的配筋情况。从图中还可看出,正立剖面图为全剖面图,按照国标规定,为了突出钢筋,将钢筋混凝土看作透明,只画出钢筋的布置,不再画钢筋混凝土的材料图例。平行于投影面的钢筋用粗实线画出实形,垂直于投影面的钢筋用小黑圆点画出它们的断面。

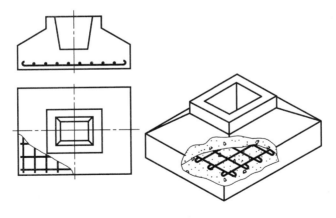

图 7-16 杯形基础的局部剖面图

对建筑物结构层的多层构造可用一组平行的剖切面按构造层次逐层局部剖开。这种方法常用来表达房屋地面、墙面、屋面等处的构造。分层局部剖面图应按层次以波浪线将各层隔开,波浪线不应与任何图线重合。图 7-17 为用分层局部剖面图表达墙面和楼面多层构造的例子。

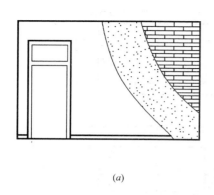
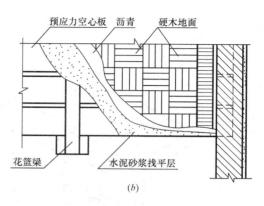

图 7-17 分层局部剖面图
(a) 墙面；(b) 楼面

(4) 阶梯剖面图

如果一个剖切平面不能将形体上需要表达的内部构造一齐剖开时，可以将剖切平面转折成两个或两个以上互相平行的平面，将形体沿着需要表达的地方剖开，然后画出剖面图，称为阶梯剖面图。同半剖面图一样，在转折处不应画出两剖切平面的交线，图 7-18 是采用阶梯剖面表达组合体内部不同深度凹槽和通孔的例子。

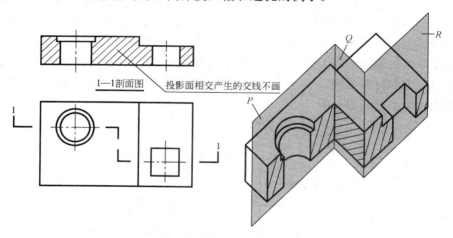

图 7-18 阶梯剖面图剖切凹槽和通孔

作阶梯剖面图时，在剖切平面的起始及转折处，均要用粗短线表示剖切位置和投影方向，同时注上剖面名称。如不与其他图线混淆时，直角转折处可以不注写编号。另外，由于剖切面是假想的，因此，两个剖切面的转折处不应画分界线。

(5) 旋转剖面图

采用两个或两个以上相交的剖切面将形体剖开，并将倾斜于投影面的断面及其所关联部分的形体绕剖切面的交线（投影面垂直线）旋转至与投影面平行后再进行投射，这样得到剖面图的方法称为旋转剖切方法，如图 7-19 中的 2—2 剖面图所示。旋转剖面图适用于内外主要结构具有理想回转轴线的形体，而轴线恰好又是两剖切面的交线，且两剖切面一个是剖面图所在投影面的平行面，另一个是投影面的垂直面。

作旋转剖面图时，应在剖切平面的起始处及相交处，用粗短线标示剖切位置，用垂直于剖切线的粗短线标示投影方向。

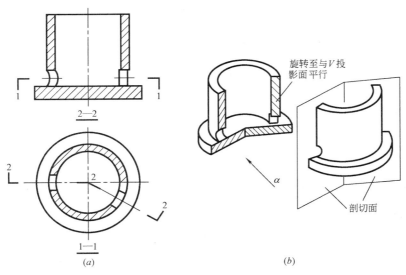

图 7-19　旋转剖面图

7.2.3　断面图

1）断面图的概念与画法

用一个剖切平面将形体剖开之后，形体产生一个断面，如果只把这个断面投影到与它平行的投影面上，所得的投影图称为断面图（图7-20）。

断面图的画法与剖面图的画法有以下区别：

（1）断面图是形体被剖开后产生的断面的投影，如图 7-20（d）所示，它是面的投影；剖面图是形体被剖开后产生的断面连同剩余形体的投影，如图 7-20（c）所示，它是体的投影。剖面图包含断面图在内。

（2）断面图不画剖视方向线，但要将编号写在剖切位置线的一侧，编号所在的一侧即为该断面的投影方向。

（3）剖面图中的剖切平面可以转折；断面图中的剖切平面不能转折。

2）断面图的几种类型

（1）移出断面

当一个形体有多个断面图时，可以整齐地排列在投影图的四周，并可以采用较大的比例画出，如图 7-20（d）所示，这种断面图称为移出断面图，简称移出断面。移出断面适用于断面变化较多的构件，主要是在钢筋混凝土屋架、钢结构及吊车梁中应用较多。

（2）重合断面

断面图直接画在投影图轮廓线内，即将断面先按形成基本投影图的方向旋转90°，再重合到基本投影图上，如图 7-21 所示，这种断面称为重合断面图，简称重合断面。重合断面的轮廓线应用细实线画出，以表示与建筑形体投影轮廓线的区别。

重合断面常用来表示整体墙面的装饰、屋面形状与坡度等。当重合断面不画成封闭图

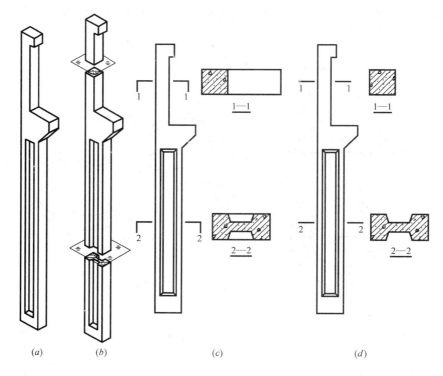

图 7-20 断面图的画法
（a）工字柱；（b）剖开后；（c）剖面图；（d）断面图

形时，应沿断面的轮廓线画出一部分剖面线（图 7-22）。

（3）中断断面

将杆件的断面图画在杆件投影图的中断处，如图 7-23 所示，这种断面图称为中断断面图，简称为中断断面。中断断面常用来表示较长而横断面形状不发生变化的杆件，如型钢。中断断面不需要加任何说明。

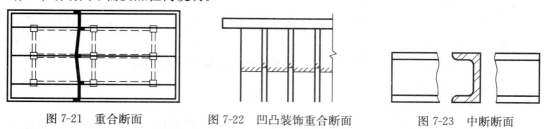

图 7-21 重合断面　　图 7-22 凹凸装饰重合断面　　图 7-23 中断断面

7.3 组合体和形体剖切轴测图画法举例

7.3.1 组合体正等轴测图画法举例

组合体是由若干个基本形体以叠加、切割、相切或相贯等连接形式组合而成的。因此在画正等轴测图时，应先用形体分析法，分析组合体的组成部分、连接形式和相对位置，然后逐个画出各组成部分的正等轴测图，最后按照它们的连接形式完成全图。

[**例7-4**] 画出图7-24（a）所示组合体的正等轴测图。

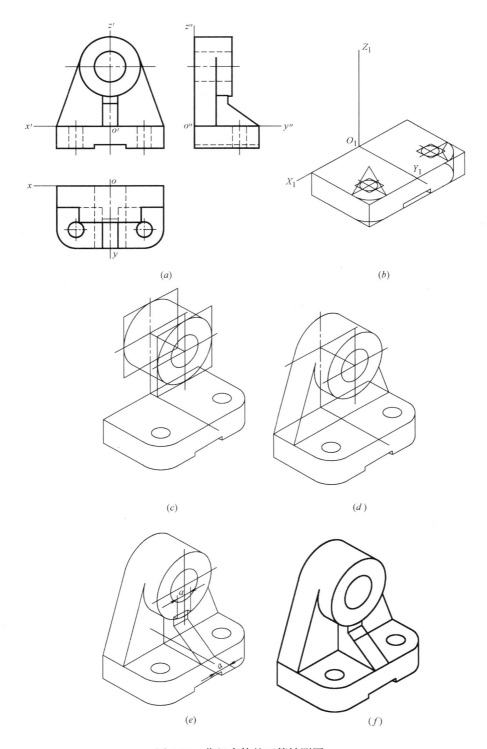

图 7-24 作组合体的正等轴测图

图 7-24（a）所示的组合体，可以看作由六部分组成。下部结构是一四棱柱底板被两圆弧切去两角；底板上左右对称挖去两个小圆柱孔；底板下部挖去较薄的四棱柱；上方有一圆筒；圆筒下方有两块筋板支撑。作图过程如下：

（1）画出下方底板，用椭圆画法画出前方上下两面四分之一圆弧，挖去较薄的四棱柱，如图 7-24（b）所示。

（2）画出上方圆筒，如图 7-24（c）所示。

（3）画出圆筒下方相切支撑筋板，如图 7-24（d）所示。

（4）画出圆筒下方相交支撑筋板，如图 7-24（e）所示。

（5）检查图稿，加深图线，擦掉作图线，完成作图，如图 7-24（f）所示。

7.3.2 形体剖切轴测图画法举例

如图 7-25（a）所示，已知形体的正投影图，求作它的正等轴测图。

该形体显然具有比较复杂的内部构造，因此轴测图的类型选用剖切轴测图。形体被剖切去的那一部分大小，应依据剖面图的种类确定，剖切面应与坐标面相平行。该形体属左右、前后均对称形体，因此将该形体剖去 1/4。作图步骤如图 7-25 所示。

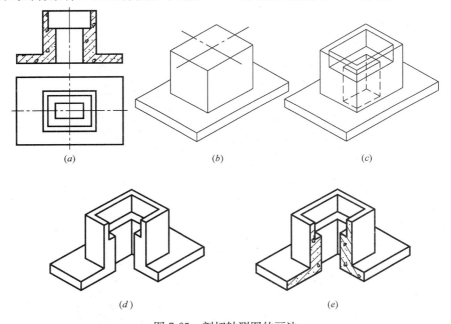

图 7-25 剖切轴测图的画法
(a) 已知投影图；(b) 画形体的外形轮廓；(c) 画内部构造；
(d) 切去形体的 1/4；(e) 画断面材料图例，完成作图

第 8 章 建筑透视图画法

建筑透视图是用中心投影法将建筑形体投射到投影面上，从而获得比较接近人眼视觉观察效果且具有近大远小特征的一种单面投影图。

8.1 透视图的基本概念

8.1.1 透视图的形成

如图 8-1 所示，空间有一铅垂面 $ABCD$，将铅垂面置于水平的地平面上，这个水平的地平面称为基面 G；人的眼睛（即投影中心）称为视点 S；在人的眼睛和铅垂面之间设立一个铅垂的投影面称为画面 P。视点 S 与铅垂面上各点的连线（SA、SB、SC、SD）称为视线，各视线与画面 P 的交点（A^0、B^0、C^0、D^0），就是铅垂面上各点的透视。依次连接各点的透视，即为铅垂面的透视图。

由图 8-1 可见，透视图的形成与物体在人眼视网膜上成像的过程是相似的。从投影法来说，透视图就是以人眼为投影中心的中心投影。形成透视图的三个要素是视点、画面和物体，三者的排列顺序如为：视点→画面→物体，这样得到的透视图为缩小的透视；如为：视点→物体→画面，这样得到的透视图为放大的透视。

8.1.2 透视作图中常用的术语

在透视图的作图中，常用到一些专门的术语，下面以图 8-1 为例介绍透视图中的几个基本术语。

（1）基面：放置建筑物的水平面，用字母 G 表示，也可将绘有建筑平面图的 H 投影面理解为基面。

（2）画面：透视图所在的平面，用字母 P 表示，画面可以垂直于基面，也可以倾斜于基面。

（3）基线：基面与画面的交线，在画面上用字母 g-g 表示。在平面图上用字母 p-p 表示画面的位置。

（4）视点：相当于人眼所在的位置，也就是投影中心 S。

（5）站点：视点 S 在基面 G 上的正投影 s，相当于人的站立点。

（6）视线：视点 S 与建筑物上某一点的连线，它与画面相交于一点，而形成空间点在画面上的透视。

（7）心点：视点 S 在画面 P 上的正投影 s^0。

（8）视平面：过视点 S 所作的水平面。

（9）视平线：视平面与画面的交线，用 h-h 表示。当画面 P 为铅垂面时，心点 s^0 位

于视平线 h-h 上。

(10) 视高：视点 S 到基面 G 的距离，相当于人眼的高度。当画面为铅垂面时，视平线 h-h 与基线 g-g 的距离反映视高。

(11) 视距：视点 S 对画面的距离，即中心视线 Ss^0 的长度。当画面为铅垂面时，站点与基线的距离反映视距。

8.1.3 点的透视与点的基透视

在图 8-2 中，自视点 S 向空间任意一点 A 引视线 SA，SA 与画面 P 的交点 A^0，即为空间点 A 的透视；点 a 是空间点 A 在基面上的正投影（相当于 H 面投影），称为点 A 的基点；基点 a 的透视 a^0，称为点 A 的基透视。

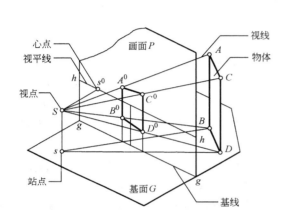

图 8-1 透视图的形成

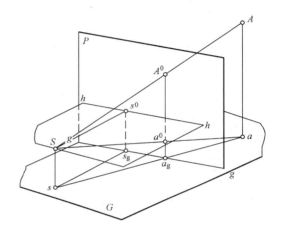

图 8-2 空间一点的透视与基透视

由图中可以看出：点的透视与点的基透视在一条铅垂线上。

8.1.4 求点透视的基本作图方法

如图 8-3（a）所示，已知空间点 A 的水平正投影为 a，A 点和 a 点的正面投影为 a' 和 a_x，站点为 s，视点为 S，求作空间点 A 在画面 P 上的透视，作图步骤如下：

(1) 在画面上连接 s^0a'、s^0a_x（a'、a_x 是 A、a 两点在画面上的正面投影），即得视线 SA、Sa 在画面上的正面投影；在基面上连接 sa，即得视线在基面上的投影。

(2) 过 sa 与基线 g-g 的交点 a_g 作铅垂线，与 s^0a'、s^0a_x 交于点 A^0、a^0，即为 A、a 两点的透视，连接 A^0a^0，即为相当于铅垂线 Aa 的透视，如图 8-3（b）所示。

这里应注意：a_g 是画面在基面上的积聚投影与视线的同面投影的交点，对于确定 A^0、a^0 在画面上的位置有着重要的作用。

将图 8-3（b）中各投影面展开，将基面放置于下方，画面放置于上方（通常将基面放置于上方，画面放置于下方），如图 8-3（c）所示。基面与画面的间距没有要求，但应注意两面左右对齐，即点在两面上的投影应符合正投影规律。实际作图时，经常把各投影面的边框线去掉。这样，画面在基面上的积聚投影 p-p、基面在画面上的积聚投影 g-g 和视平线 h-h 必须互相平行，如图 8-3（d）所示。

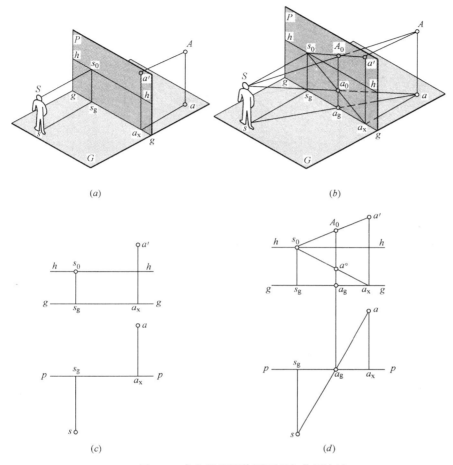

图 8-3 求点的透视作图原理与作图方法

8.2 点和直线的透视规律

8.2.1 点的透视规律

(1) 一点的透视仍为一点,画面上点的透视与其自身重合。

(2) 一点的透视与基透视位于同一条铅垂线上。

如图 8-2 所示,由于 $Aa \perp$ 基面 G,则过视点 S 连接 Aa 上各点的视线所形成的视线平面 SAa 也垂直于基面 G。所以,SAa 与画面 P 的交线 A^0a^0 位于同一条铅垂线上。A^0a^0 的长度称为点 A 的透视高度,它是点 A 的实际高 Aa 的透视,由于 Aa 不在画面上,故 $A^0a^0 \neq Aa$。

8.2.2 直线的透视规律

(1) 直线的透视及其基透视一般仍为直线,特殊时为一点。

如图 8-4 所示，由视点 S 连接直线 AB 上各点的视线平面，与画面必然相交于一条直线 A^0B^0；由视点 S 连接直线 AB 的基面投影 ab 上各点的视线平面，与画面也必然相交于一条直线 a^0b^0。

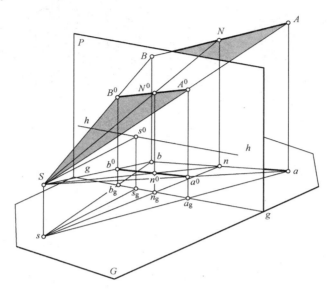

图 8-4　直线的透视及其基透视仍为直线举例

图 8-5 所示的直线 AB 在延长后通过视点 S，则其透视 A^0B^0 重合为一点，其基透视 a^0b^0 仍为一直线段，且与基线垂直；直线 AC 是一条铅垂线，它在基面上的正投影 ac 积聚为一点，故直线 AC 的基透视 a^0c^0 必定为一点，直线 AC 的透视仍然是一条铅垂线 A^0C^0。

（2）铅垂线的透视仍为铅垂线，垂直于画面直线的透视通过心点。

铅垂线的透视，如图 8-5 中的 AC。垂直于画面的直线，如图 8-6 所示，它们的透视 A^0B^0、C^0D^0、E^0F^0、通过心点 s^0，它们的基透视 a^0b^0、c^0d^0、e^0f^0 也通过心点 s^0。

（3）与画面相交的直线，其透视通过交点，即直线的画面迹点。

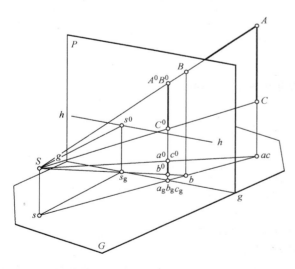

图 8-5　直线基透视为一点的举例

图 8-7 中直线 AB 在延长后与画面 P 相交于点 T，点 T 就是直线 AB 的画面迹点。由于点 T 位于画面上，所以，迹点的透视即为其自身，它的基透视则在基线上。直线 AB 的透视 A^0B^0 必然通过其画面迹点 T，直线 AB 的基透视 a^0b^0 必然通过该迹点 T 在基面上的正投影 t。

（4）与画面相交的直线，其上距画面无限远处点的透视，称为直线的灭点。

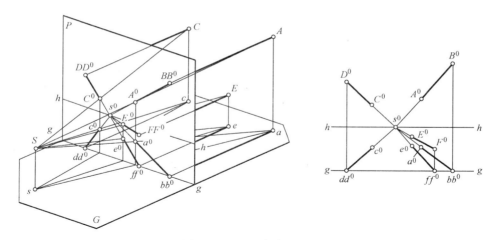

图 8-6 画面垂直线的透视

图 8-8 中直线 AB 与画面 P 相交于点 A。当延长 AB 至无限远后,过视点 S 引向 AB 上无限远点的视线 SF_∞,视线 SF_∞ 与原直线 AB 必然是互相平行的。SF_∞ 与画面的交点 F 就是直线 AB 的灭点。直线 AB 的透视 A^0B^0 延长后一定通过灭点 F。

同理,可求得直线的基面投影 a^0b^0 上无限远点的透视 f,称为基灭点。基灭点一定位于视平线 $h\text{-}h$ 上,这是因为平行于 ab 的视线一定位于视平面上,必然与画面相交于视平线上的一点。直线 AB 的基透视延长后,一定通过基灭点 f。灭点 F 与基灭点 f 的连线 Ff 垂直于视平线。

(5) 一组平行画面相交线的透视与基透视,分别相交于它们的灭点和基灭点。

在图 8-9 中,过视点作与一组平行画面相交线的视线 SF,它与画面的交点 F 是这一组平行画面相交线的灭点;

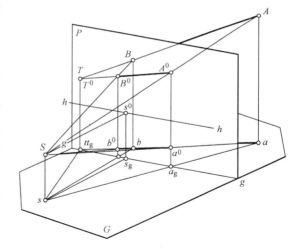

图 8-7 画面相交直线的画面迹点

同样,过视点作与一组平行画面相交线基面投影的视线 Sf,它与画面的交点 f 是这一组平行画面相交线的基灭点。因此,一组平行画面相交线的透视在画面上延长后相交于同一个灭点 F;一组平行的画面相交线的基透视在画面上延长后相交于同一个基灭点 f。

(6) 与画面相平行的直线没有灭点,其上的一点分割成的线段长度之比,等于透视分割之比。画面相交线上一点所分直线段的长度之比,不等于透视分割之比。

图 8-10 中的直线 AB 平行于画面。直线 AB 与画面没有交点,同时,过视点 S 所作的平行于 AB 的视线与画面也是平行的,也没有交点。因此,画面平行线的透视没有灭点,其透视与自身平行,并且 A^0B^0 与基线 $g\text{-}g$ 的夹角能够反映 AB 对基面的倾角 α。由于 $AB/\!/P$,$ab/\!/g\text{-}g$,因此其基透视 $a^0b^0/\!/g\text{-}g$,是一条水平线。由于 $A^0B^0/\!/AB$,若一点 M 在直线 AB 上分割线段的长度之比为 $AM:MB$,则其透视分割之比 $A^0M^0:M^0B^0=AM:BM$。

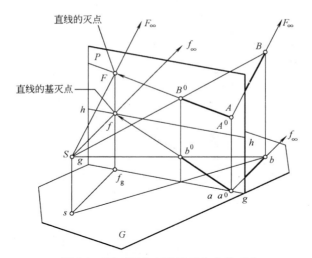

图 8-8　画面相交直线的灭点和基灭点

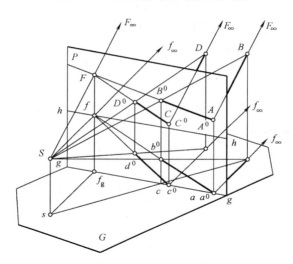

图 8-9　与画面相交的一组平行直线的灭点和基灭点

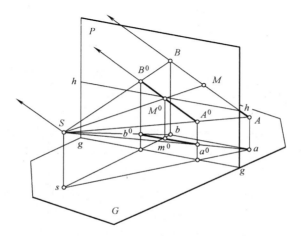

图 8-10　画面平行线的透视和基透视

如果有一组互相平行的画面平行线，则其透视互相平行，基透视也互相平行，且基透视平行于视平线和基线。

8.2.3 透视图中高度的确定

由前述已知，距离画面不同远近的同样高度的直线，其透视高度不同。位于画面上的铅垂线称为真高线。距画面不同远近的铅垂线的高度，可由真高线来确定其透视高度。

已知实高为 H 的铅垂线的基透视 C^0，求作其透视。作图有以下两种方法，如图 8-11 所示。

(1) 在画面上作一条实高为 H 的铅垂线 $(D)(C)$，连接 C^0、(C)，延长后与视平线交于点 F。连接 F、(D)，则 $F(D)$ 与 $F(C)$ 是两条平行直线的透视。过 C^0 作铅垂线，与 $F(D)$ 交于点 D^0，则 D^0C^0 即为所求实高为 H 的铅垂线的透视，如图 8-11 (a) 所示。

(2) 先在视平线上任意确定一点 F，作为灭点。连接 F、C^0，并延长与基线交于点 (C)，过 (C) 作竖直线并使其高度为 H，得点 (D)。连接 F、(D)，与过 C^0 所作的竖直线交于点 D^0，则 D^0C^0 即为所求实高为 H 的铅垂线的透视，如图 8-11 (b) 所示。

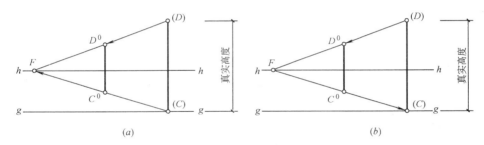

图 8-11 真高线的应用

如有若干条高度相同而离画面远近不同的铅垂线，可利用集中真高线作图。如图 8-12 (a) 所示，D^0d^0、C^0c^0 是两条铅垂线的透视，它们的基透视 d^0 和 c^0 对基线的距离相等，也就是说 Dd、Cc 到画面的距离是相等的。又知 $D^0C^0 // d^0c^0$，所以 Dd 和 Cc 在空间中高度是相等的。如知其真实高度，则可先在画面上作出一条真高线 T^0t^0，然后在视平线上找任意一点 F，分别连接 FT^0、Ft^0，过 d^0 作水平线交 Ft^0 于 c^0，过 c^0 作铅垂线交 FT^0 于 C^0，则 C^0c^0 就是 Dd 的透视高度。其余作图步骤如图 8-12 (a) 所示。图 8-12 (b) 是利用一条真高线来确定 C^0c^0、B^0b^0、A^0a^0 的作图过程。

8.2.4 建筑透视图的分类

由于建筑物与画面间相对位置的变化，它的长、宽、高三组重要方向（OX 轴、OY 轴、OZ 轴）的轮廓线与画面可能平行，也可能不平行。与画面不平行的轮廓线，在透视图中就会形成灭点，该灭点称为主向灭点。与画面平行的轮廓线，在透视图中不会形成灭点。因此，可按主向灭点的多少进行透视图的分类（也可按三条主向坐标轴与画面的相对位置进行分类）。

1) 一点透视

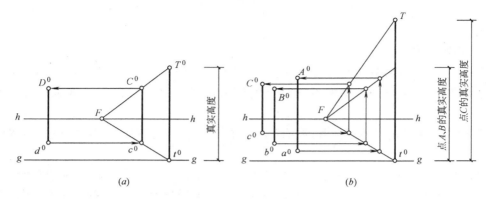

图 8-12 集中真高线的应用

如图 8-13 所示,形体的主要面与画面平行,其上的 OX、OY、OZ 三个主向中,只有 OY 主向与画面垂直,另两个主向(OX、OZ)与画面平行。在所作形体的透视图中,与三个主向平行的直线,只有 OY 主向直线的透视有灭点,其灭点为心点 s^0。这样画出的透视,视为一点透视。在该情况下,建筑物只有一个主向的立面平行于画面,所以又称为正面透视。

2) 两点透视

如图 8-14 所示,形体仅有铅垂轮廓线(OZ 轴)与画面平行,其上的另两组主向轮廓线(OX 轴、OY 轴),均与画面相交,于是在画面上会形成两个灭点 F_x 及 F_y,这两个灭点都在视平线 h-h 上。这样画出的透视,称为两点透视。在该情况下,建筑物的两个主向立面均与画面成倾斜角度,所以又称为成角透视。

3) 三点透视

如图 8-15 所示,如果画面倾斜于基面,即与建筑物三个主要轮廓线相交,于是在画面上会形成三个灭点 F_x、F_y 和 F_z。这样画出的透视,称为三点透视。在该情况下,画面是倾斜的,所以又称为斜透视。

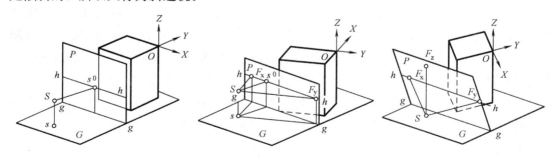

图 8-13 一点透视的形成图　　图 8-14 两点透视的形成　　图 8-15 三点透视的形成

8.2.5 建筑透视图作图步骤

作建筑形体的透视图,一般分两步进行。首先作建筑形体的基透视,即建筑平面图的透视。也就是求平面图上点和直线的基透视;再利用真高线求出点和直线的透视高度,进行形体高度的透视作图。

当直线与画面相交时，就产生了直线的迹点和灭点，对于与画面相交的直线，其直线的全透视就是直线的迹点和直线的灭点相连；其直线的全基透视就是直线的迹点和直线的基灭点相连。因此，当直线的全透视及全基透视作出后，就需要确定直线上某点的透视。在本章中将讨论两种求点的透视作图方法：视线法和量点法。

8.3 透视图的作图方法——视线法

空间视线在基面上的水平投影为站点和基点的连线，该连线与基线的交点（即 a_g、b_g 等）就确定了点的透视与基透视在画面上的位置。求作一条水平线的透视，先要求出水平线的迹点、灭点和透视方向，然后用视线的投影，在全长透视上求出其点的透视。此方法称为视线法。

8.3.1 用视线法求水平线的透视

1) 求水平线的迹点和灭点

由于建筑形体上具有大量的水平线，这些水平线又是组成建筑形体主向轮廓线的元素，所以，如何求作水平线的灭点与迹点便成为了作透视图的首要问题。

如图 8-16（a）所示，求作水平线 AB 的灭点 F，过视点 S 作视线 $SF /\!/ AB$，SF 与画面的交点 F，即为水平线的灭点。由于 $SF /\!/ sf_g /\!/ AB /\!/ ab$，所以，水平线的灭点 F 一定位于视平线 h-h 上。水平线 AB 及其基面投影 ab 具有公共的灭点。水平线 AB 的透视 A^0B^0 两个方向的延长线，必通过灭点 F 和迹点 T，a^0b^0 的延长线通过灭点 F 和迹点的基面投影 t。

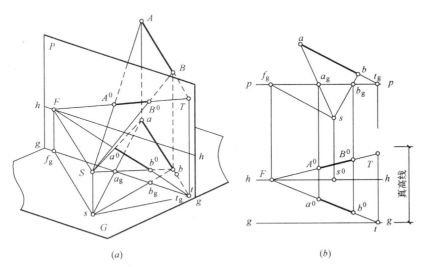

图 8-16 水平线的灭点和迹点

在投影图上求迹点和灭点的步骤是：

（1）延长 ab，交 p-p 于 t_g，过 t_g 作竖直线，交基线 g-g 于 t 点，即得水平线 AB 的迹点；

（2）过 s 作 $sf_g /\!/ ab$，交 p-p 于 f_g，过 f_g 作竖直线 $f_g F \perp h$-h，与视平线 h-h 交于点 F，即得水平线 AB 的灭点。作图过程如图 8-16（b）所示。

2)求水平线的透视

如图 8-16（b）所示，在求出直线的灭点和迹点后，分别连接 sb、sa，与 p-p 相交于 b_g、a_g；过 a_g、b_g 作竖直线，分别与 FT、Ft 相交于 A^0、a^0、B^0、b^0，FT、Ft 是直线 AB 的全长透视和基透视，即 AB 和 ab 的透视方向。A^0B^0 和 a^0b^0 即为所求水平线 AB 的透视和基透视。

图 8-17 是位于基面上直线 AB 的透视作图，可以看出，由于直线 AB 位于基面上，故 AB 与其基面投影重合，此时直线 AB 的透视和基透视便重合于一条透视线 A^0B^0，作图过程如图 8-17（b）所示。

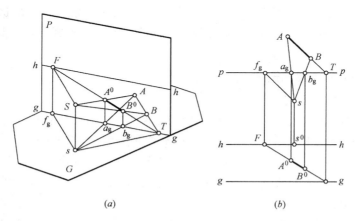

图 8-17 基面上直线 AB 的透视

8.3.2 用视线法作透视图实例

［例 8-1］ 如图 8-18（a）所示，已知一长方体的正投影图、视高 H，求作该长方体的透视图。

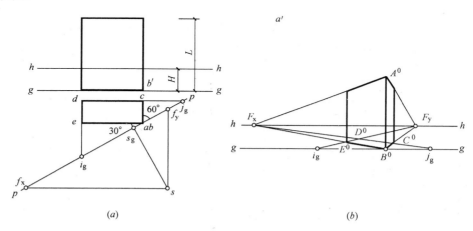

图 8-18 视线法作长方体的透视

为便于作图，可使画面经过长方体的一条棱线 AB，并使其正面和侧面与画面的夹角为 30°和 60°，作图步骤如下：

（1）延长 de 与画面交于 i_g，延长 dc 与画面交于 j_g，如图 8-18（a）所示。

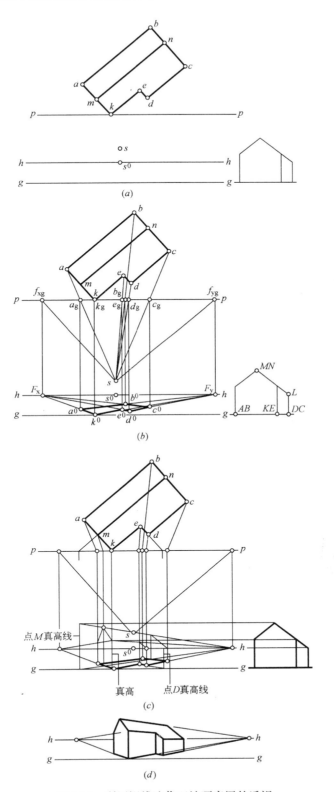

图 8-19 利用视线法作双坡顶房屋的透视

(2) 过 s 作 sf_y∥cb，与 p-p 交于 f_y；作 sf_x∥eb，与 p-p 相交于 f_x；作 $ss_g⊥p$-p，与 p-p 相交于 s_g。

(3) 根据视高确定基线 g-g、视平线 h-h 由图 8-18（a）中确定 p-p 上各点的相对位置，确定 F_x、F_y，以及三个迹点的位置 i_g、B^0、j_g，如图 8-18（b）所示。

(4) 分别连接 i_gF_y、B^0F_x、B^0F_y 和 j_gF_x，得长方体的底面透视（也可理解为基透视）。过 A^0 作高度为 L 的真高线 A^0B^0，如图 8-18（b）所示。

(5) 连接 A^0F_x、A^0F_y，与过 E^0 和 C^0 的竖直线相交，即得长方体的透视。

[**例 8-2**] 如图 8-19（a）所示，已知双坡顶房屋的平面图、立面图、站点 s、基线 g-g、视平线 h-h、画面位置 p-p，求作该房屋的透视图。

作图步骤如下：

(1) 自站点 s 引出平面图中两组主要轮廓线的平行线，与 p-p 交于 f_{xg} 和 f_{yg} 两点，由此作铅垂线，交视平线 h-h 于 F_x 和 F_y 两点，即为两组水平轮廓线的灭点，如图 8-19（b）所示。

(2) 自站点 s 向平面图中各顶点引直线，即各条视线的基面投影，与 p-p 相交于 a_g、k_g、e_g 等点。由于点 k 位于 p-p 上，表明过点 k 的墙角位于画面上，其透视即为其自身。

过 k 作铅垂线，交 g-g 于 k^0，连接 k^0F_x，与过 a_g 所作的铅垂线交于 a^0。连接 k^0F_y 与过 e_g 所作的铅垂线交于 e^0，连接 e^0F_x，其反向延长线与过 d_g 所作的铅垂线交于 d^0。以此方法作下去，直至求得 c、b、a 的透视 c^0、b^0、a^0，得各墙角棱线的透视位置，如图 8-19（b）所示。

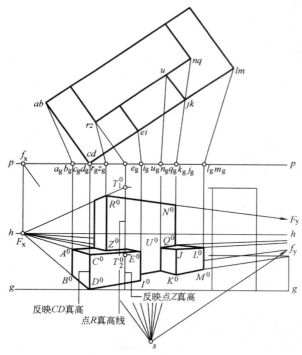

(3) 利用真高线，求得屋脊及矮檐的透视，如图 8-19（c）所示。

(4) 擦去多余图线，完成双坡顶房屋的透视图，如图 8-19（d）所示。

图 8-20 所示为一纪念碑的透视作图，读者可自行分析其作图步骤。

图 8-21 所示为一室内一点透视作图。从平面图可以看出，画面位置与正墙面重合，在画面前的门、柱等，其透视变大；在画面后的部分，透视变小。

图 8-20　纪念碑的透视作图

图 8-22 是一台阶和门洞的透视作图。图中只标出 A、B、C、D 四点的透视 A^0、B^0、C^0、D^0，其余点的求作方法如该图所示。

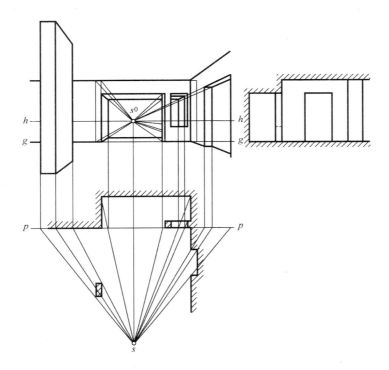

图 8-21 室内的一点透视作图

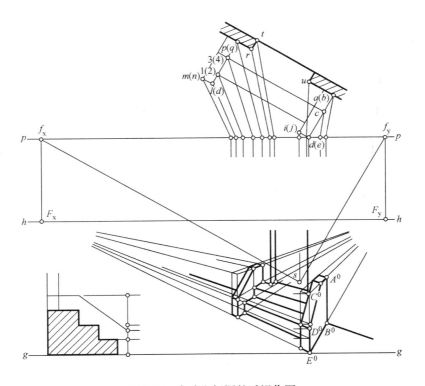

图 8-22 台阶和门洞的透视作图

8.4 透视图的作图方法——量点法

前面介绍了用视线法求建筑形体的透视。该方法直观性好，比较容易掌握，但作图麻烦，所求透视图大小受建筑平面图大小的约束。下面介绍一种更简便的透视图作图方法——量点法。

8.4.1 量点的基本概念和作法

在图 8-23 中，基面上有一直线，作出其灭点 F，则线段 AB 的透视应在 A 与 F 的连线上。为了确定 B 点的透视，作辅助线 BB_1，使直线 BB_1 与直线 AB 的夹角和与基

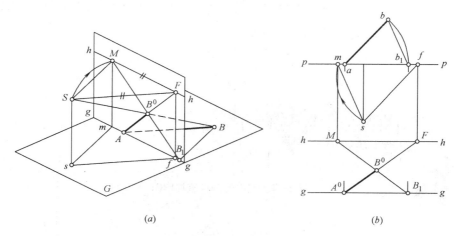

图 8-23 量点法

线 g-g 的夹角相等，即使 $AB=AB_1$。作出辅助线的灭点 M，那么，B_1M 与 AF 的交点就是点 B 的透视。

由于 $\triangle AB_1B$ 为等腰三角形，故 $\triangle AB_1B^0$ 是等腰三角形的透视，即 AB^0 的实际长度等于 AB_1。点 M 为与直线 AB 和基线 g-g 交等角的直线 BB_1 及其平行线的灭点，称为直线 AB 的量点。利用量点直接根据平面图中的已知尺寸来求作透视图的方法，称为量点法。

由图 8-23（a）可看出，$\triangle fsm \backsim \triangle ABB_1$，而 $\triangle fsm \cong \triangle FSM$，所以 $\triangle FSM$ 也是等腰三角形，$SF=FM$。因此，由视点至某一直线灭点的距离等于该直线的灭点至量点的距离。

下面以图 8-24 中的直线 AB 为例，说明用量点法求作透视的作图方法。

图中直线 AB 为一水平线，距 G 面的高度为 L，其基面投影为 ab。作图过程如下：

(1) 延长 ba，与 p-p 交于点 n，过 s 作 sf ∥ ab，交 p-p 于点 f。

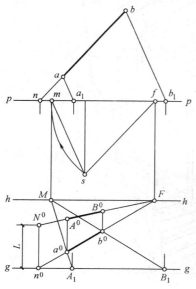

图 8-24 用量点法求作水平线的透视

(2) 根据给定视平线 h-h、基线 g-g，求得 n^0、F，过 n^0 向上作铅垂线，高度为 L，得点 N^0，连接 n^0F、N^0F。

(3) 以 f 为圆心，以 sf 为半径作圆弧，交 p-p 于点 m，过 m 向下作铅垂线与 h-h 交于点 M。

(4) 在 g-g 上截取 $n^0B_1 = nb$，连接 MB_1，交 n^0F 于点 B^0；在 g-g 上截取 $n^0A_1 = na$，连接 MA_1，交 n^0F 于 a^0，a^0B^0 即为直线 AB 的基透视。

(5) 过 a^0 向上作铅垂线，交 N^0F 于点 A^0；过 B^0 向上作铅垂线，交 N^0F 于点 B^0，A^0B^0 即为直线 AB 的透视。

[**例 8-3**] 用量点法作出图 8-25 所示房屋的透视图。

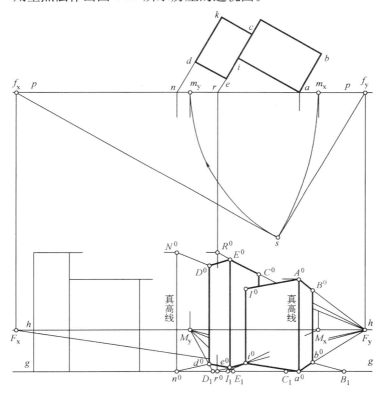

图 8-25 用量点法作房屋的透视

作图过程如下：

(1) 确定 f_x、f_y、m_x、m_y、F_x、F_y、M_x、M_y。

(2) Aa 位于画面上，故其透视 A^0a^0 与自身重合。求出 B_1，连接 B_1M_y，与 a^0F_y 相交于 b^0，过 b^0 向上作铅垂线，与 A^0F_y 相交于 B^0。

(3) 求出 I_1，连接 I_1M_x，与 a^0F_x 相交于 i^0，过 i^0 向上作铅垂线，与 A^0F_x 相交于 I^0。

(4) 延长 kd，与 p-p 交于 n，过 n 向下作铅垂线，与 g-g 交于 n^0，过 n^0 向上作铅垂线 n^0N^0，n^0N^0 反映左侧房屋的真实高度；延长 ce，与 p-p 相交于 r，过 r 向下作铅垂线与 g-g 相交于 r^0，过 r^0 向上作铅垂线 r^0R^0，$r^0R^0 = n^0N^0$。

(5) 求出 D_1，连接 D_1M_y，与 n^0F_y 交于 d^0，过 d^0 向上作铅垂线，与 N^0F_y 交于 D^0；求出 E_1，连接 E_1M_y，与 r^0F_y 相交于 e^0，过 e^0 向上作铅垂线，与 R^0F_y 交于 E^0；同理，可求得 C^0。

(6) 依次连接所求各点，即为所求房屋的透视。

8.4.2 距点的基本概念与作法

当求建筑形体的一点透视时，画面垂直线的量点称为距点，用 D 表示。

在一点透视的作图中，建筑物只有一组主向轮廓线与画面垂直产生灭点 s^0。如图 8-26 所示，基面上有一垂直于画面的直线 AB，其透视方向为 As^0，为了确定 B 点的透视，可设想在基面上，过点 B 作 $45°$ 方向辅助线 BB_1，与基线 $g\text{-}g$ 交于点 B_1。求 BB_1 的灭点，可过 S 作 $SD /\!/ BB_1$，与视平线 $h\text{-}h$ 交于点 D。连接 B_1D，与 As^0 相交于 B^0，AB^0 即为所求直线 AB 的一点透视。图 8-26（b）是该直线 AB 的透视作图，从图中可看出，$ab_1 = ab$，在实际作图时，只需按点 B 到画面的距离，直接在基线 $g\text{-}g$ 上量得点 B_1 即可；sd 与 $p\text{-}p$ 的夹角为 $45°$，点 D 到心点 s^0 的距离，应等于视点 s 到 $p\text{-}p$ 的距离，因此，点 D 称为距点。距点可取在心点的左侧，也可取在心点的右侧。

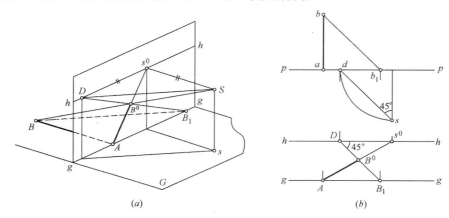

图 8-26 距点的基本概念与作法

图 8-27 是用距点法求作建筑形体透视的实例。图中在求得距点 D 后，只求出了 A_1、B_1，分别与距点 D 连接，得 A^0、B^0。其余各点的透视，可以利用直线的透视特点求作。

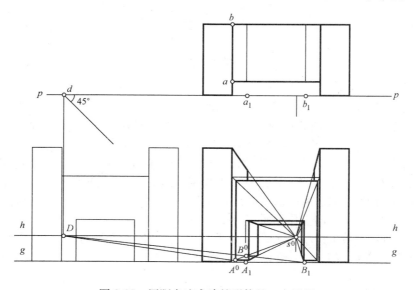

图 8-27 用距点法求建筑形体的一点透视

8.5 斜线灭点和平面灭线

8.5.1 斜线灭点的概念和作法

如图 8-28（a）所示，多边形 ABC 的主向灭点是 F，在多边形上有两条与基面倾斜的直线 AB、BC。根据直线灭点的特点，过视点 S 作 $SF_1 /\!/ AB$，则 SF_1 与画面的交点，即为直线 AB 及其平行线的灭点。同理，可求得 BC 的灭点 F_2，F_2 位于视平线 h-h 的下方。由图可知，SF_1 与基面的倾角反映了 AB 与基面的倾角 α，SF_2 与基面的倾角反映了 BC 与基面的倾角 β；$\triangle SF_1F$ 和 $\triangle SF_2F$ 为铅垂面，$F_1F_2 \perp h$-h，且 F_1F_2 的连线通过 F。将 S 旋转到 h-h 上，得量点 M，MF_1 与视平线的夹角仍为 α，MF_2 与视平线的夹角仍为 β。由此得出求作斜线灭点的方法：

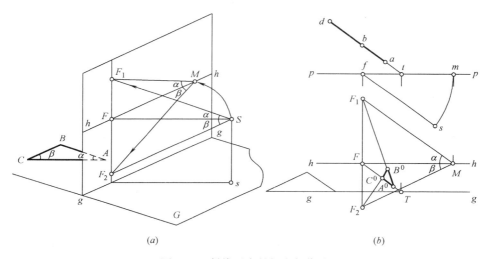

图 8-28　斜线灭点的概念与作法

（1）由 F 求得量点 M，过 M 作直线与 h-h 夹角为 α，该直线与过 F 的铅垂线相交于 F_1，F_1 即为所求的斜线 AB 的灭点。

（2）同理，求得斜线 BC 的灭点 F_2。

图 8-28（b）所示为通过斜线 AB、BC 的灭点求得 $\triangle ABC$ 的透视，作图过程如下：

（1）求斜线 AB 的灭点 F_1、斜线 BC 的灭点 F_2。

（2）求出直线 AC 的透视 A^0C^0。

（3）连接 A^0F_1、C^0F_2，交于 B^0，$\triangle A^0B^0C^0$ 即为所求。

由以上作图过程可看出，作 A^0C^0 的透视图与前述视线法相同，只是在求作斜线 AB、BC 的透视时，利用了斜线的灭点，这样可以省去量取点 B 的真高。这种作图方法，在建筑形体上相互平行的斜线较多时，才能显现出其方便性。

8.5.2 平面灭线的概念和作法

平面的灭线是由平面上无数个无限远点的透视集合而成的，或者说是由平面上各个方向的直线灭点集合而成的。为了求平面的灭线，从视点引向平面上各无限远点的视线，都平行于该平面,这些视线会形成一个与该平面相平行的视线平面。这个视线平面与画面的交线,即为灭线,它必然是一条直线。可以通过求得平面上任意两个方向的灭点,相连后即得该平面的灭线。

平面上任何一条不平行于画面的直线,其灭点一定是在该平面的灭线上;与该平面平行但不与画面平行的直线,其灭点也一定在该平面的灭线上;一组平行的平面有唯一的、共同的灭线。

图 8-29 是一房屋的透视图,F_x、F_y,以及山墙斜线灭点 F_1、F_2 的求法同前。显然,在图中两坡面 $ABCD$ 和 $BCEI$ 的檐口线和屋脊的灭点是 F_x。坡面 $ABCD$ 上斜线 AB、DC 灭点是 F_1,坡面 $BCEI$ 上斜线 BI、CE 的灭点是 F_2。连接 F_1F_x,即得坡面 $ABCD$ 的灭线;连接 F_2F_x,即得 $BCEI$ 的灭线。

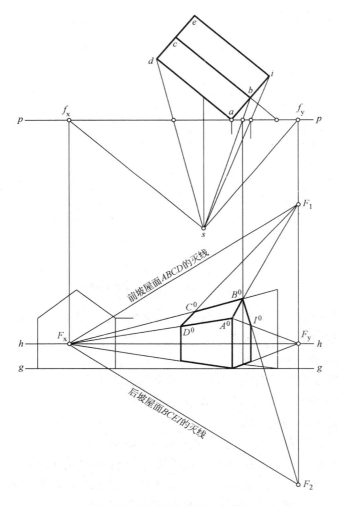

图 8-29 平面灭线的概念与作法

平面灭线的特征如下:
(1) 倾斜于基面,又倾斜于画面的平面,灭线是一条倾斜直线;
(2) 水平面(含基面)的灭线就是视平线 h-h;

(3) 铅垂面的灭线是一条铅垂线，且连线通过某主向灭点；
(4) 基线垂直面的灭线是一条通过心点 s^0 的铅垂线；
(5) 画面平行面没有灭线。

8.6 透视图的作图方法——网格法

当建筑物的平面形状复杂或具有曲线、曲面形状时，采用网络法绘制透视图较为方便，作图时，先将建筑物平面图或总平面图置于一个由正方形组成的网格内，再作出网格的透视，然后，凭目测把建筑物平面图上各角点确定在透视网格的相应格线上。最后，过建筑物各角点的透视作铅垂线，并作出相应的透视高度，即得建筑物或建筑群的透视。

8.6.1 一点透视网格

当房屋轮廓线不规则或一组建筑物总平面图的房屋方向、道路布置不规则时，一般采用一点透视网格，即一组方向的网格线平行于画面，另一组方向的网格线垂直于画面。作图过程如下（图 8-30）：

(1) 在建筑平面图上选定位置适当的画面 p-p，画上方格网，在方格网的两组方向上分别定出 0、1、2、3、4、5、6、7、8、9、10 点。

(2) 在画面上，按选定的视高，画出基线 g-g 和视平线 h-h，在 h-h 上定出心点 s^0。在 g-g 上，按已选定的方格网的宽度确定 0、1、2、3、4、5、6、7、8、9、10 点（即与画面垂直格线的迹点）。

(3) 根据选定的视距，在心点的一侧，定出距点 D，D 是正方形网格对角线的灭点，连接 $0D$ 是对角线的透视。连接 $0s^0$、$1s^0$、$2s^0$……$10s^0$，这些连线就是垂直于画面的一组网格线的透视。

(4) 分别过 $0D$ 与 $1s^0$、$2s^0$……的交点作基线 g-g 的平行线，即为另一组网格线（平行画面）的透视，至此完成方格网的一点透视。

(5) 根据建筑平面图中建筑物在方格网上的位置，凭目测确定其在透视网格上的位置，即得建筑物的透视平面图。

(6) 过建筑物透视平面各个角点向上竖高度。竖高度时可沿长网格线到 g-g 上，例如过 B^0 点网格线为 $1s^0$。过点 1 作建筑物的真高线 $1T^0$，连接 T^0s^0，与过 b^0 的铅垂线交于 B^0，B^0b^0 即为所求墙角线的透视。同理，可作出其他墙角线的透视。

两条单位长的线段与画面平行且与画面等距，在透视图中这两条线段的变形程度相同。根据这个原理，为确定建筑物上各墙角线的透视高度，还可以采用如下方法：如果墙角线 B^0b^0 的真实高度相当于 8 格宽度，则过 b^0 向上截取 8 倍 $b^0b^0_1$ 的长度，即 B^0b^0，同理定出其他墙角线的透视高度。

8.6.2 两点透视网格

当房屋轮廓线比较规则或一组建筑物总平面的房屋方向、道路布置比较规则时，一般采用两点透视网格，即两组方向的网格线都与画面倾斜相交。作图过程如图 8-31 所示：

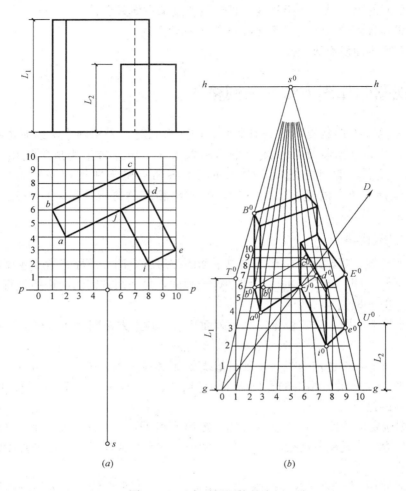

图 8-30 一点透视网格的应用

（1）在建筑物平面图上画出方格网，并进行编号，使正方形网格的网格线与建筑物方向平行。

（2）画出方格网的两点透视，并在透视图上定出建筑物各墙角的角点位置，完成建筑物平面图的透视。

（3）竖高度，作出建筑物的透视图。竖高度的方法有网格线迹点法和集中真高线法两种。

8.6.3 利用网格法绘制鸟瞰图

鸟瞰图是指视点高于建筑物的透视图，它符合人们居高临下观看建筑物时所获得的视觉印象。鸟瞰图主要用于表现某一区域的建筑群或一些平面布局相当复杂的建筑物。

作鸟瞰图时，通常利用网格法绘制，同上所述。作图时，首先在建筑总平面图或规划总平面图中，画上正方形方格，并作方格网的透视。再按平面图中各个建筑物在网格上的位置，作出各个建筑物的透视图，最后画上道路、树木等配景，完成鸟瞰图的作图。图 8-32 是鸟瞰图的两个应用实例。

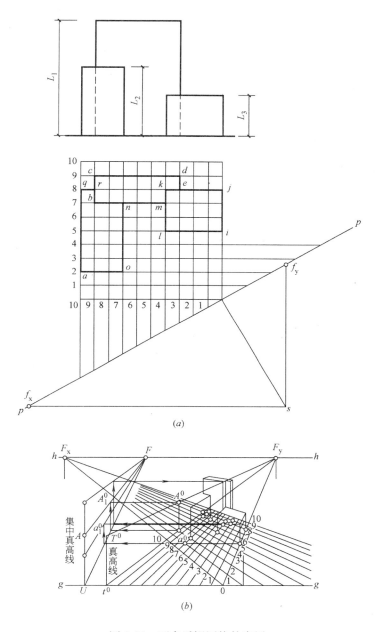

图 8-31 两点透视网格的应用

在鸟瞰图的作图中，视平线高度 H 与视距 D、俯视角 θ 有以下关系，如图 8-33 所示：
因 $\tan\theta=H/D$，故 $H=D\times\tan\theta$。
当 $\theta=35°$ 时，$H=0.58D$；
$\theta=45°$ 时，$H=D$；
$\theta=60°$ 时，$H=1.73D$。
因此，H 值一般取 $0.58\sim1.73D$，通常取 $H=0.6D$。

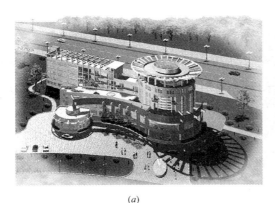

图 8-32 鸟瞰图实例

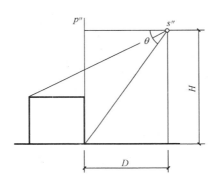

图 8-33 鸟瞰图的视高 H、视距 D 和俯视角 θ 的关系

8.7 透视图的选择

在学习透视图作图时，不仅要掌握各种画法，合理选择透视图的类型，而且还必须安排好视点、画面与建筑物三者之间的相对位置。如果三者的相对位置处理不当，透视图会产生畸形、失真，因而不能准确地反映我们的设计意图。

8.7.1 人眼的视觉范围

根据测定，人的一只眼睛观看前方的环境和物体时，其可见的范围接近于椭圆锥。锥顶的夹角，称为视角。在绘制透视图时，常将视角控制在 60°以内，以 28°～37°为最佳。视角大于 60°时，图形将产生较大的变形。最佳视距宜为画面宽度的 1.5～2.0 倍。

8.7.2 视点的选择

1）选定视角

图 8-34 所示为站点分别位于 s_1 和 s_2 位置处的透视图，由图可看出，视角的变化将直接影响到人的视觉感受。站点 s_1 与建筑物距离较近，站点 s_2 与建筑物距离较远。视角较大的透视图，由于两灭点距离较近，故建筑物上水平轮廓线的透视，收敛得过于急剧，墙

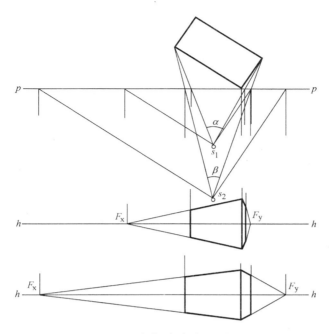

图 8-34 不同视角大小的透视图

面显得狭窄，视觉感受不佳；视角较小的透视图，由于两灭点距离较远，故建筑物上水平轮廓的透视显得平缓，墙面也比较开阔、舒展。

2）选定站点

在选定站点时，为使绘制的透视图能充分体现出建筑物的形体特点，反映出设计者的主要意图，应使站点位于画面宽度内。图 8-35（a）中所选站点较好地表达了建筑形体的特点，而图 8-35（b）中所选定站点则没有表达出建筑形体的特点。

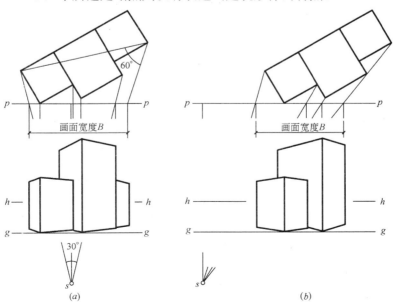

图 8-35 不同站点的透视图

3) 选定视高

视高是视点与站点间的距离,即视平线与基线间的距离,一般可取人眼高 1.5～1.8m,这样可使透视图的形象更切合实际。有时为了使透视图取得特殊效果,可将视点按需要升高或者降低。将视点升高可获得俯视效果,使地面在透视图中比较开阔,给人以舒展、开阔、居高临下的视觉效果;将视点降低可获得仰视效果,建筑形体在透视图中能给人以高耸、雄伟、挺拔之感觉。图 8-36 是采用三种不同的视高所作出的同一建筑形体的透视图。

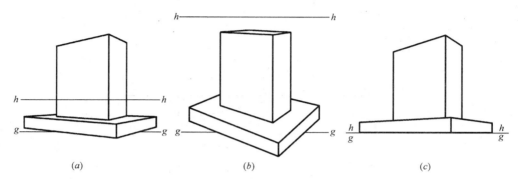

图 8-36 不同视高的透视效果
(a) 视高为一般人高度;(b) 抬高视平线,俯视形体;(c) 降低视平线,与基线重合

8.7.3 画面与建筑物相对位置的选择

画面与建筑物的相对位置主要是指画面与建筑物立面的偏角大小、画面与建筑物的前后位置关系。

1) 画面与建筑物立面的夹角大小

如图 8-37 所示,θ 角越小,则该立面上水平线的灭点越远,该立面的透视越宽阔。随着 θ 角的增大,立面上水平线的灭点趋近,立面的透视就逐渐变窄。在 θ 角不为 0°的各个角度中,总是有一适当的 θ 角,使两立面的透视非常接近两立面的实际高、宽之比。有时为了要突出表现某个立面,要选择特殊的 θ 角。

2) 画面与建筑物的前后位置

在视点与建筑物的相对位置及建筑物立面与画面的夹角确定后,建筑物与画面的前后位置可按需要确定。由于画面是作前后平行的移动,所以,得到的透视都是相似图形,如图 8-38 所示。

8.7.4 在平面图中确定视点、画面的步骤

综合考虑视点、画面、物体三者之间的关系,作透视图前可按下述步骤确定视点和画面:

1) 先确定视点,再确定画面

如图 8-39(a)所示,首先确定站点,使站点 s 的两条边缘视线间的夹角为 30°～40°,在该夹角中间三分之一的范围内作主视线的投影 ss_g,然后作画面线 p-p 垂直于 ss_g,画面线最好通过建筑平面图的一角。

2) 先确定画面,再确定视点

如图 8-39(b)所示,首先过建筑平面图的某转角按需要的 θ 角确定画面线 p-p,然后过建筑物的两最外侧墙角作画面线 p-p 的垂线,得到透视图的近似宽度 B,在近似宽度内选定心点的投影 ss_g,使 ss_g 位于画面宽度中部的 $B/3$ 范围内,过 s_g 作画面线 p-p 的垂线,在垂线上截取 $ss_g=1.5$～$2.0B$,即确定站点的位置。

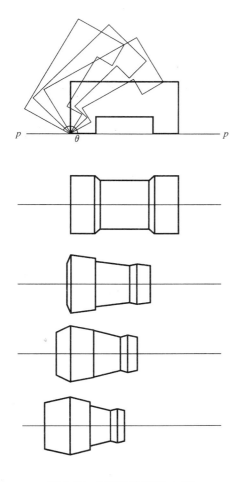

图 8-37 画面与建筑物立面
夹角大小对其透视的影响

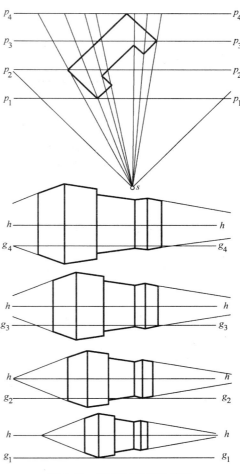

图 8-38 画面与建筑物前后
位置对其透视的影响

确定视点和画面后，还需要确定心点和视平线的高度，最后还应检查整个建筑物是否位于以视点为顶点，中心视线为轴线，顶角为 60°的圆锥内。

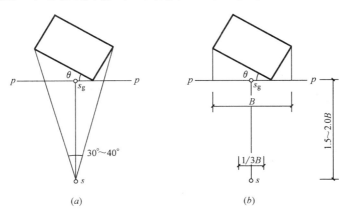

图 8-39 视点与画面的确定

第 9 章 透视图辅助画法及曲面体透视

绘制建筑形体的透视图，有时会因形体较大，视点离画面远，两个灭点相距较远，甚至与画面夹角小的主向灭点会落在图板外，使作通向该灭点的透视直线遇到困难；有时，也会遇到在形体上进行分割建筑细部的透视作图。本章将介绍一些比较实用的方法来解决这些问题，同时介绍曲面立体的透视。

9.1 灭点在画面外的透视画法

灭点在图板外的透视画法主要采用辅助灭点法。如图 9-1 所示，当一个主向灭点 F_x 落在画面之外时，为了求该主向墙面的透视，可过墙角 a 作一条辅助直线。

9.1.1 利用心点 s^0 作为辅助灭点

如图 9-1（a）所示，过 A 作画面铅垂线 AD，则 AD 的透视指向心点。由于点 D 位于画面上，所以 $D^0 d^0$ 反映墙角 Aa 的真高，连接 $D^0 s^0$、$d^0 s^0$。sa 与 p-p 连接交于 a_g，过 a_g 向下作铅垂线，与 $D^0 s^0$ 相交于 A^0，与 $d^0 s^0$ 相交于 a^0，$A^0 a^0$ 即为所求墙角线 Aa 的透视。

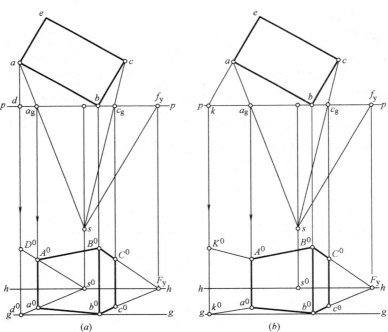

图 9-1 辅助灭点法
(a) 利用心点 s^0；(b) 利用另一个主向灭点 F_y

9.1.2 利用另一个主向灭点作为辅助灭点

如图 9-1（b）所示，延长 ea 与画面交于 k，则 K 为直线 EA 的画面迹点。过 k 向下作铅垂线与基线 g-g 交于 k^0，根据形体真高，在该铅垂线上量得 K^0，连接 K^0F_y、k^0F_y，则点 A、a 的透视 A^0、a^0 必然在 K^0F_y、k^0F_y 上。连接 sa 与 p-p 交于 a_g，过 a_g 向下作铅垂线与 K^0F_y 相交于 A^0，与 k^0F_y 相交于 a^0，A^0a^0 即为所求墙角线 Aa 的透视。

图 9-2 所示为利用心点 s^0 作为辅助灭点，作建筑形体的两点透视。图 9-3 所示为利用 F_y 作为辅助灭点，作建筑形体的两点透视。注意屋脊线两端点 C 和 E 的透视，都是用它们的画面迹点求出的，K^0 是过点 C 且与 AD 平行的直线的画面迹点，M^0 是屋脊线 CE 的画面迹点。求出 C^0M^0 后，连接 se 与 p-p 相交于 e_g，过 e_g 向下作铅垂线与 C^0M^0 交于 E^0，即为所求。

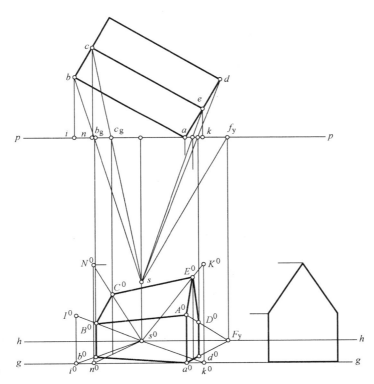

图 9-2 利用心点 s^0 作为辅助灭点

9.2 建筑细部的简捷画法

用前述各种方法画出建筑形体的透视轮廓线之后，可利用平行线、矩形的透视特性等知识画出建筑细部的透视，此举能够简化作图，提高效率。

9.2.1 直线的分割

由平面几何原理可知，一组平行线可将任意两真线分割成比例相等的线段，如图 9-4 所示，AB：BC：CD＝EF：FG：GH。

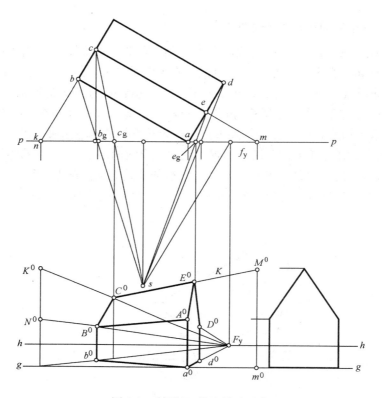

图 9-3 利用 F_y 作为辅助灭点

在透视图中,当直线不平行于画面时,直线上各线段长度之比,在透视中将发生变化,不等于实际分段之比。但是,可以根据画面平行线各线段长度之比在透视图中不发生改变的透视特性,来求作画面相交线各分点的透视。

1) 在基面平行线上截取成比例的线段

如图 9-5 所示,已知基面平行线 AB 的透视 A^0B^0,现将 AB 分为三段,使三段长度之比为 $3:1:2$,求作分点的透视。首先过 A^0B^0 上任意一点如 A^0,作一水平线,在该水平线上截取 $A^0C_1:C_1D_1:D_1B_1=3:1:2$,连接 B_1B^0 并延长,与视平线相交于点 M(量点),然后连接 MD_1、MC_1,分别与 A^0B^0 相交于 D^0、C^0,D^0、C^0 即为所求。

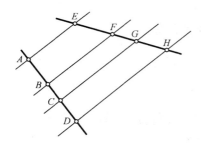

图 9-4 线段的分割图

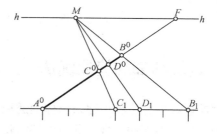

图 9-5 在基面平行线上截取成比例的线段

2) 在基面平行线上截取等长的线段

如图 9-6 所示,已知基面平行线 AB 的透视 A^0B^0,现将 AF 分为五段等长的线段,求作各分点的透视。首先过 A^0 作一水平线，在该水平线上截取 $A^0C_1 = C_1D_1 = D_1E_1 = E_1K_1 = K_1B_1 =$ 任意长度，连接 B_1B^0 并延长，与视平线 $h\text{-}h$ 交于点 M（量点），连接 MC_1、MD_1、ME_1、MK_1，分别与 A^0B^0 交于 C^0、D^0、E^0、K^0，C^0、D^0、E^0、K^0 即为所求。

3) 在基面平行线上截取若干连续等长的线段

如图 9-7 所示，已知基面平行线 AF 的透视 A^0F，现在 AF 上截取若干等长的线段，并使每段实长等于 A^0B^0 的实长，求作各分点的透视。首先，在视平线 $h\text{-}h$ 上找任意一点 M，然后过 A^0 作一水平线。连接 MB^0，并延长与过 A^0 的水平线交于 B_1，以 A^0B_1 为单位长度，在水平线上截取若干相等的线段，如 B_1C_1、C_1D_1……。分别连接 MC_1、MD_1……MH_1，与 A^0F 交于 C^0、D^0……H^0。若自 H_1 继续向右截取单位长度线段，会扩大作图范围，不方便，因此，过 H^0 再作一水平线，在其上应以 H^0H_2 为单位长度截取线段，将 M 和各分点连接，进而求得各等分点的透视。

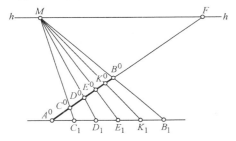
图 9-6 在基面平行线上截取等长的线段

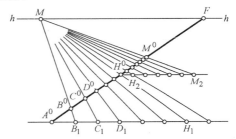
图 9-7 在基面平行线上截取若干连续等长的线段

9.2.2 矩形的分割

1) 将矩形分割为全等的矩形

图 9-8（a）是将矩形竖向分割为两个全等的矩形，首先作出矩形透视图的两条对角线 B^0C^0 和 A^0D^0 交于 E^0，过 E^0 作 A^0B^0 的平行线即可。

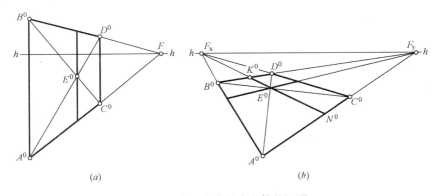
图 9-8 将矩形分割为全等的矩形

图 9-8（b）是将矩形分割为四个全等的矩形，首先作出矩形透视图的两条对角线 B^0C^0 和 A^0D^0 交于 E^0，连接 F_xE^0、F_yE^0 并且延长，即得四个全等的矩形。利用此种方法，可将矩形无限分割下去。

2) 铅垂矩形的分割

图 9-9（a）是利用一条对角线和一组平行线，将铅垂矩形竖向分割为四个全等的矩形。首先，以适当长度为单位，在铅垂边 A^0B^0 上，自点 A^0 截取 4 个分点 1、2、3、4；连接 1F、2F、3F、4F 与矩形 $4A^0C^0 8$ 的对角线 $4C^0$ 相交于 5、6、7，过 5、6、7 分别作铅垂线，即将矩形分割为四个全等的矩形。

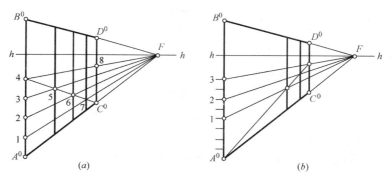

图 9-9　铅垂矩形的分割

图 9-9（b）是将铅垂矩形竖向分割成宽度比为 2∶1∶1 的三个矩形。在铅垂边 A^0B^0 上，自点 A^0 截取三段长度之比为 2∶1∶1，其余作图步骤同图 9-9（a）所示。

9.2.3　矩形的延续

1）等大矩形的延续

根据一个矩形的透视，延续地作出一系列等大的矩形，可以利用这些矩形的对角线相互平行在透视图中必有灭点的特性来求作。

如图 9-10（a）所示，要作与铅垂矩形 $A^0B^0C^0D^0$ 等大的连续矩形，首先应确定矩形两条水平线的灭点 F_x 和对角线的灭点 F_1，在画第二个矩形时，连接 C^0F_1，与 A^0F_x 相交于 E^0，过 E^0 作铅垂线交 B^0F_x 于 J^0，$C^0D^0E^0J^0$ 即为所求第二个矩形的透视。同理，可作出其他等大的矩形。

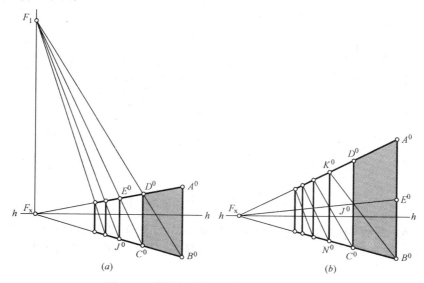

图 9-10　等大矩形的延续——利用对角线

如果灭点 F_1 不可达，可按图 9-10（b）所示的方法进行作图。首先，找出 A^0B^0 的中点 E^0 和矩形两条水平线的灭点 F_x，连接 E^0F_x，与 C^0D^0 相交于 J^0，连接 B^0J^0 并且延长，与 A^0F_x 交于 K^0，过 K^0 作铅垂线与 B^0F_x 相交于 N^0，$C^0D^0K^0N^0$ 即为所求第二个矩形的透视。同理，可作出其他等大的矩形。

图 9-11 所示为利用矩形 $A^0B^0C^0D^0$ 的对角线及其两个主向灭点 F_x、F_y，向两个方向作出延续等大的 15 个矩形，作图过程如此图所示。

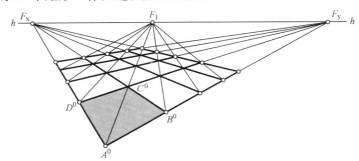

图 9-11　等大矩形的延续——利用主向灭点

2）两不等大矩形的延续

图 9-12（a）所示为宽窄相间的矩形平面，可以看出这些矩形的对角线存在着一定的规律性。作图时，可利用这种规律对已知矩形进行宽窄相间的延续。如图 9-12（b）所示，先求出两已知透视矩形对角线的交点 1^0、2^0，连接 1^02^0，与 E^0I^0 交于 3^0。连接 B^02^0，与 A^0E^0 的延长线交于 K^0，过 K^0 作铅垂线得 G^0，$E^0I^0G^0K^0$ 即为与矩形 $ABCD$ 等大的透视矩形；延长 1^02^0，与 K^0G^0 相交于 4^0，连接 B^03^0，与 A^0K^0 的延长线交于 L^0，过 L^0 作铅垂线得 M^0，由此可得 $K^0G^0M^0L^0$，即与矩形 $DCIE$ 等大的矩形透视；同理，可求出更多宽窄相间矩形的透视。

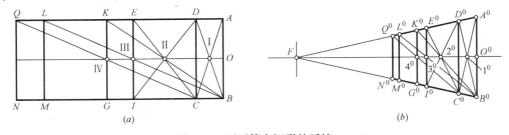

图 9-12　两不等大矩形的延续

在图 9-13 中，已知矩形透视 $A^0B^0C^0D^0$ 和 $C^0D^0J^0E^0$，求作矩形 $E^0J^0K^0M^0$，与 $A^0B^0C^0D^0$ 对称于 $C^0D^0J^0E^0$。作图过程如下：求透视矩形 $C^0D^0J^0E^0$ 的中心 N^0，连接 A^0N^0，并延长，与 B^0E^0 的延长线交于 M^0，过 M^0 作铅垂线，与 A^0J^0 交于 K^0，则 $E^0J^0K^0M^0$ 即为所求。

图 9-14 为根据房屋的立面图，在已作出的房屋主要轮廓的透视图上画出门窗的透视。读者可自行分析，本书不再详述。

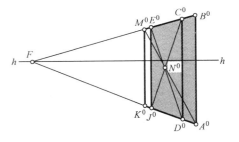

图 9-13　作对称于已知矩形的透视

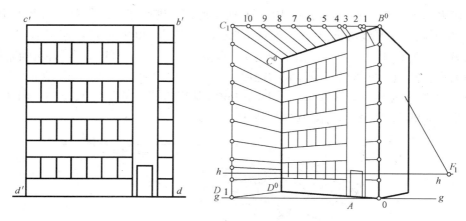

图 9-14 在透视图上确定门窗位置

9.3 透视图的放大

在实际作图时，往往会遇到一些较大的建筑形体，不可能直接画出较大的透视图。比较简便的方法是先用较小比例的设计图作出透视图，再将小透视图放大为理想大小的透视图。放大透视图的方法有以下几种：利用复印机复印放大；利用绘图软件处理（适用于计算机绘制透视图）；利用作图放大。这里主要介绍两种利用作图进行透视图放大的方法。

图 9-15 是利用心点 s^0 作为投射中心，把画面靠向近前放大，放大倍数根据需要确定。把原图上的 AB 作为控制线，如使 $A^0B^0=1.5AB$，则放大后的透视图上各部分尺寸都为原尺寸的 1.5 倍。

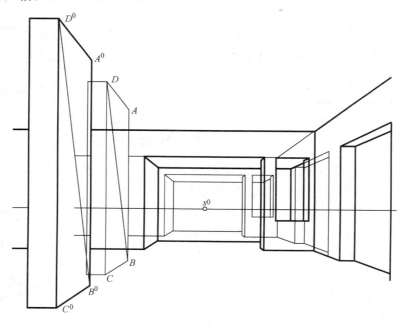

图 9-15 利用心点 s^0 为投射中心放大小透视图

图 9-16 是以视平线 h-h 与建筑形体某棱线的交点 O 作为投射中心，由中心 O 向建筑物原透视图上各主要点作投射线，如连接 OA、OR、OC 等并延长，按放大比例（2 倍）截取 A^0、R^0、C^0……，连接相关各点后即可作出较大的透视图。放大后，透视图上的各轮廓线与原透视图上相对应的轮廓线是相互平行的。

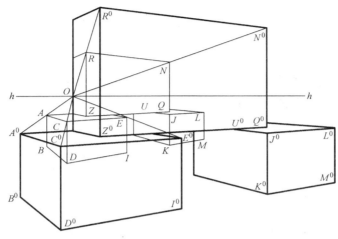

图 9-16　利用 O 点为投射中心放大透视图

9.4　配景透视高度的确定

当建筑物的主轮廓确定以后，一般还需要经过配景、润饰等工序，效果图才算完成。配景在效果图中的人物，其作用除了点缀环境，使画面更加生动、活泼之外，更重要的是，设计者可以借助这些人物的高低来烘托这些建筑物的大小。

9.4.1　利用真高线

已知透视主轮廓，如图 9-17（a）所示。在 a 点处形体的高度为 Aa，作出在 b 点和 c 点两处与 Aa 高度相同形体的透视高度。

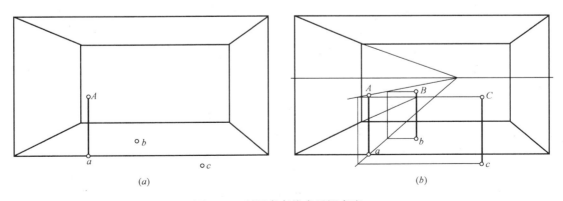

图 9-17　利用真高线求透视高度

如图 9-17（b）所示。首先找出视平线，将 a 点所在线看作为基线，则 Aa 相当于人体高度的真高线，可利用集中真高线作出 b 点和 c 点处高度相等的人的透视高度 Bb

和 Cc。

9.4.2 利用定比原理

由于建筑物主轮廓是进行构思和造型设计的主体，因此在进行建筑设计透视图作图时，设计师希望在事先不具体确定视高、基线、视平线、站点的情况下，根据设计构思先画出对象的主要透视轮廓（即透视框架），再画出建筑细部和配景，但是如果建筑主轮廓设计先确定后，基线和视平线就无法确定具体位置，因此建筑细部和配景的透视高度就不能准确确定。

为了解决在主轮廓画出后不用视平线和等高线来解决形体的透视高度问题，可以根据透视图的几何原理，在建筑主轮廓确定后，采用定比原理来确定形体的透视高度。

如图 9-18 所示，由设计要求首先确定 Mm、Nn、Ee、Ff，组成一点透视的主轮廓。

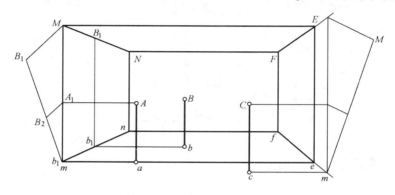

图 9-18 利用定比求透视高度

由于建筑主轮廓中 Mm、Nn、Ee、Ff 均为铅垂线，需要确定的形体的透视高度也都是垂直于基面，在空间中与 Mm、Nn、Ee、Ff 平行，即都与画面平行，因此符合画法几何中定比原理的几何条件。作图如下：

将 b 点水平移动到主轮廓上 b_1 处，在主轮廓上作铅垂线 b_1B_1，则 b_1B_1 为在 b_1 处与 Mm、Nn 等高铅垂线的透视高度。过 m 点任作一直线，长度为 B_1b_1，连接 MB_1，过 A_1 作 A_1B_2 平行于 MB_1，得出 B_2b_1 为 b 点处与 Aa 等高铅垂线的透视高度。用同样方法，作出 c 点与 Aa 等高铅垂线的透视高度 Cc。

作图过程中不需要视平线、视高和真高线，只需要利用主轮廓上的任意一条铅垂线作参考，应用定比的原理，即可快速得出任意位置的透亮高度。此方法对常用的一点透视和两点透视都可以适用。

[例 9-1] 如图 9-19 所示，已知室内透视主轮廓，a 点处有一柱子，且柱子高度与室内高度比是 2∶5，求作 a 点处柱子的透视高度。

利用前面的定比方法则很容易求出 a 点柱子的透视高度。作图过程如图 9-19 所示。

定比方法是利用画法几何中的定比原理来解决如何确定透视高度这样一个比较复杂的问题。因为透视主轮廓比较容易和直观地确定，所以此方法可以在建筑设计中用来确定所有形体的透视高度。

在配景中，对于人、车、树等所有配饰的透视高度都可以采用此方法。另外还可以在辅助作图时应用。

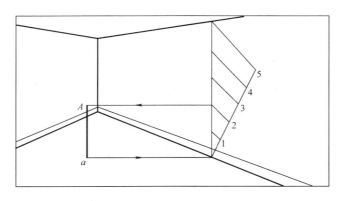

图 9-19 利用定比原理求透视高度举例

9.5 三点透视的辅助画法

9.5.1 两点透视缩成三点透视

如图 9-20 所示,在作好的两点透视真高线 Aa 上,根据需要任取 A^0,并将 Aa 与视平线的交点作为 M_z,连接 F_xA^0、M_zB,F_xA^0 与 M_zB 相交于 B^0;连接 F_yA^0、M_zC,F_yA^0 与 M_zC 交于 C^0,同理,可求得 D^0、E^0,则 $B^0b^0ac^0d^0e^0E^0D^0C^0A^0B^0$ 即为长方体的三点透视。

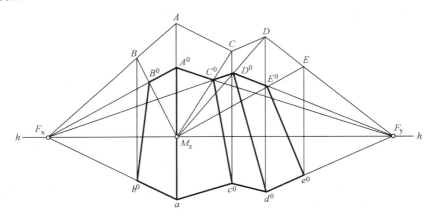

图 9-20 两点透视缩成三点透视

9.5.2 三点透视中的分割

在三点透视图中进行立面的分割,包括水平分割和竖向分割。如图 9-21 所示,若将 $A^0B^0b^0a^0$ 沿高度方向六等分,则首先过 b^0 作 $B_1b^0/\!/a^0A^0$,连接 a^0B^0 与 b^0B_1 相交于 B_1,将 b^0B_1 六等分,得各分点 1、2、3、4、5,连接 a^01、a^02……a^05,分别与 b^0B^0 相交于 1^0、2^0、3^0、4^0、5^0;分别连接 F_x1^0、F_x2^0、F_x3^0、F_x4^0、F_x5^0,并延长与 A^0a^0 相交,即得 $A^0B^0b^0a^0$ 面上沿高度方向的分层线。

若将 $D^0d^0e^0E^0$ 沿 D^0E^0 方向四等分,过 D^0 作辅助线 $D^0E_1/\!/d^0e^0$,连接 d^0E^0,与

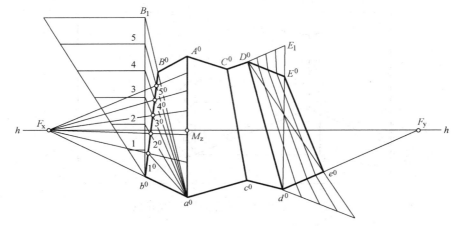

图 9-21　三点透视图中的分割

D^0E_1 相交于 E_1，把 D^0E_1 四等分，连接 d^0 与各等分点，分别与 D^0E^0 相交，同理，可求得 d^0e^0 上各等分点，分别连接 D^0E^0、d^0e^0 上的各对应等分点，即将 $D^0d^0e^0E^0$ 沿 D^0E^0 方向四等分。

9.6　曲面体的透视

在现代建筑设计中，曲线（曲面）形建筑日益增多，这些形式的建筑对于丰富城市的景观具有重要的作用。因此，读者在学习平面建筑形体透视图画法的同时，也必须学习曲线（曲面）建筑形体的透视。图 9-22 是曲面体在建筑设计中的几个应用实例。

9.6.1　圆的透视

圆的透视根据圆平面与画面的相对位置不同，一般情况下可以得到圆或椭圆。

1）平行于画面的圆的透视

当圆平行于画面时，其透视仍然是一个圆。圆的透视大小依据圆距画面的远近而定。如图 9-23 所示，图中的圆 O_1、O_2、O_3 直径相等，且圆心的连线垂直于画面 P。圆 O_1 位于画面上，其透视与自身重合。圆 O_2、O_3 平行于画面 P，故它们的透视仍为圆，但是由于 O_2、O_3 与画面都有一定的距离，所以，它们的透视都是直径缩小的圆。求作圆 O_2、O_3 的透视时，首先要求出两圆圆心 O_2、O_3 的透视 O_2^0、O_3^0，再分别连接 sb、sc 与 p-p 交于 b_g、c_g 两点，最后，分别以 O_2^0、O_3^0 为圆心，以 $O_{2g}b_g$、$O_{3g}c_g$ 为半径画圆，即为所求。

图 9-24 所示的是一个圆管的透视。圆管的前口圆周位于画面上，其透视就是它本身。后口圆周在画面后，且与画面平行，所以其透视是半径缩小的圆周。作图时，先求出后口圆心 O_2 的透视 O_2^0，再求出后口两同心圆水平半径的透视 $A_2^0O_2^0$ 和 $O_2^0B_2^0$，分别以 $A_2^0O_2^0$ 和 $O_2^0B_2^0$ 为半径画圆，就得到后口内外圆周的透视。最后，作出圆管前后外圆周的切线，完成作图。

2）不平行于画面的圆的透视

当圆所在平面不平行于画面时，其透视一般为椭圆。为了画出圆的透视，通常利用圆周外切正方形的四边中点及对角线与圆周的四个交点，求出该八个点的透视，然后光滑地

图 9-22 曲面建筑形体透视实例

连接即可。

图 9-25 所示为水平圆及侧平圆的透视。作圆的外切正方形时，通常使正方形的某一对边平行于画面，圆周与正方形的切点为 A、B、C、D，圆周与外切正方形两条对角线的交点为 Ⅰ、Ⅱ、Ⅲ、Ⅳ。作出外切正方形的透视后，连接其对角线，交点为圆心 O 的透视 O^0，两平行画面对边中点的透视为 B^0、D^0。以 B^0 为圆心，以圆周的半径为半径画半圆，求得 5^0、6^0、7^0、8^0（Ⅴ、Ⅵ 是过 Ⅰ、Ⅳ 且平行于另两对边的直线的画面迹点）。连接 $s^0 5^0$、$s^0 6^0$，分别与正方形透视的对角线相交于 1^0、2^0、3^0、4^0。连接 $s^0 7^0$、$s^0 8^0$，与过 O^0 的水平线交于 A^0、C^0，连接 $A^0 2^0 B^0 3^0 C^0 4^0 D^0 1^0 A^0$，即得水平圆的透视，如图 9-25（a）所示。同理，可求得侧平面的透视，如图 9-25（b）所示。

9.6.2 圆柱和圆锥的透视

1）圆柱的透视

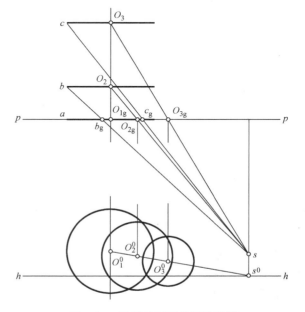

图 9-23 平行于画面的圆的透视

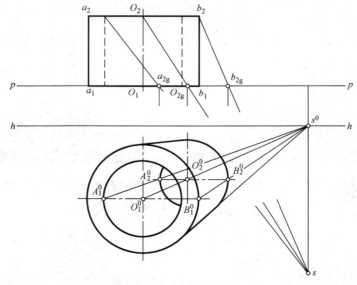

图 9-24 圆管的透视

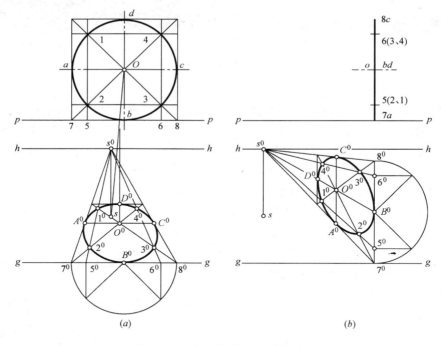

图 9-25 水平圆及侧平面的透视
(a) 水平圆的透视;(b) 侧平面透视

作圆柱的透视,应首先画出两端底圆的透视,再作出两透视底圆——椭圆的公切线,即得圆柱的透视。

如图 9-26 所示,按给定的直径 D 和柱高 H 画出了两个铅垂正圆柱的透视。图 9-26 (a) 中的心点 s^0 位于铅垂圆柱透视的轴线上,图 9-26 (b) 中的心点 s^0 偏离轴线较远。比

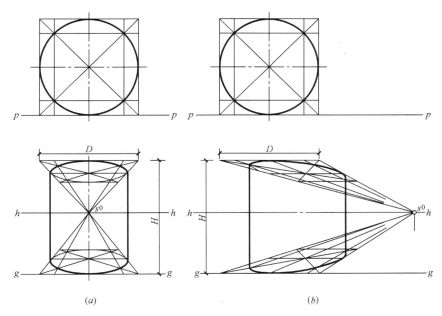

图 9-26 圆柱的透视作法

较这两个圆柱的透视,图 9-26(b)显然不如图 9-26(a)的效果好。

2)圆锥体的透视

图 9-27 所示为正圆锥的透视作法。由于轴线铅垂,可按水平圆的透视作法作出其透视。在视平线 h-h 上任取一点 F 作为灭点,连接 FO^0,延长后与基线 g-g 相交于 n^0,过 n^0 作真高线 $n^0N^0 = H$(H 为正圆锥的高度)。连接 N^0F,与过 O^0 铅垂轴线相交于 A^0,即得锥顶的透视,过 A^0 作透视椭圆的切线,即得正圆锥的透视。

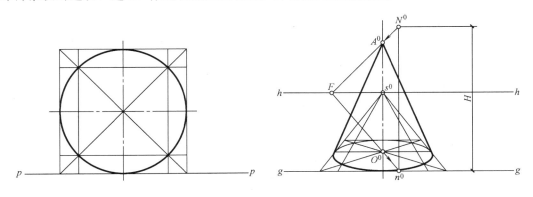

图 9-27 圆锥的透视作法

3)圆拱的透视

求作圆拱的透视与圆柱一样,主要在于求作圆拱的前、后口圆弧的透视。

图 9-28 所示为圆拱门的透视作图,先作前口半圆弧的外切正方形,作出其透视后,即可得到透视圆弧上的三个点 1^0、3^0、5^0;再作出正方形的两条对角线,与半圆弧交点的透视为 2^0、4^0,连接 $1^02^03^04^05^0$ 即为所求前口半圆弧的透视。后口半圆弧的透视为

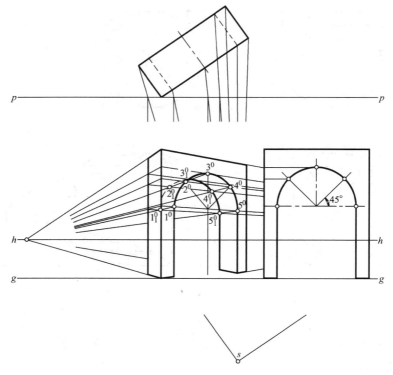

图 9-28 圆拱门的透视作图

$1_1^0 2_1^0 3_1^0 4_1^0 5_1^0$。拱门前、后口圆弧的透视没有作公切的轮廓素线。

图 9-29 所示为圆拱大厅一点透视的作图。从图 9-29（a）中可看出，圆拱大厅内的各

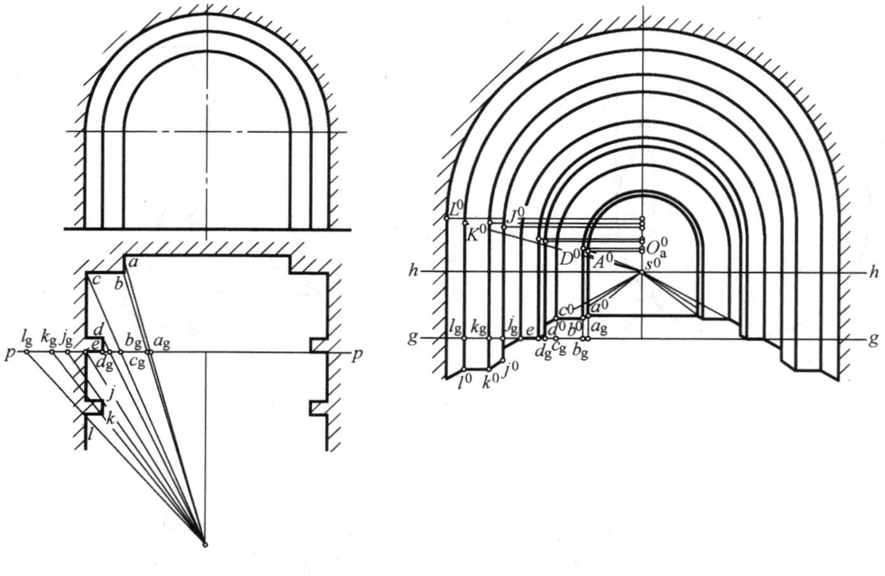

(a)　　　　　　　　　　　(b)

图 9-29　圆拱大厅的透视作图

个半圆弧所在平面均平行于画面 P，各半圆弧距离画面远近不同。作图时，把画面置于第二排柱子的前侧面，可以使画面前的透视增大，画面后的透视缩小，从而产生深远、高大的感觉。首先在平面图上，根据站点 s、画面线 p-p，确定厅内各墙角的视线迹点，如：a_g、b_g、c_g……l_g，且过视线迹点分别作铅垂线。连接 s^0 与各墙角线的顶点和底点，与各铅垂线相交于 A^0、B^0、C^0、D^0……L^0 和 a^0、b^0、c^0、d^0……l^0，即为所求各墙角线上、下两端点的透视。过 A^0 作水平线，与轴线相交于 O_a^0，过 O_a^0 作半径为 $O_a^0 A^0$ 的半圆，即得过 A 点半圆的透视，按此法完成其他半圆的透视，即得圆拱大厅的透视，如图 9-29 (b) 所示。

第 10 章　建筑阴影基本知识

10.1　建筑阴影概述

10.1.1　阴影的形成和作用

在光线 L 的照射下，物体表面上直接被照射的部分，显得明亮，称为阳面。没有被光线照射到的部分，显得阴暗，称为阴面。阳面和阴面的分界线，称为阴线。由于物体的遮挡，致使该物体自身或其他物体原来迎光的表面（即阳面）上出现了阴暗部分，称为影，如图 10-1 所示。影所在的阳面，称为承影面。影的轮廓线称为影线（即阴线在承影面上的落影）。影线上的点称为影点（即通过阴线上各点的光线与承影面的交点），阴与影合称为阴影。

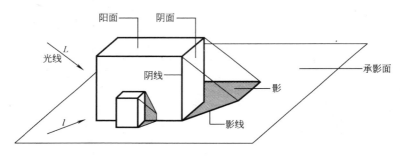

图 10-1　阴影的形成

图 10-2（b）是带有阴影效果的某房屋正立面图。与图 10-2（a）相比，该图可以明显地反映出房屋的凹凸、深浅、明暗，使图面生动逼真，富有立体感，加强并丰富了立面图的表现能力。此外在房屋立面图上画出阴影，对研究建筑物造型是否优美、立面是否美观、比例是否恰当，都有很大的帮助。因此，在建筑设计的表现图中，往往借助于阴影来反映建筑物的体形组合，并以此权衡空间造型的处理和评价立面装修的艺术效果。

应该注意，在正投影图中加绘物体的阴影，实际上是画出阴和影的正投影。在书中关于建筑阴影的作图中，着重绘出了阴影的几何轮廓，没有去表现阴影明暗强弱的变化。

10.1.2　常用光线

为了作图简捷和度量方便，经常采用一种特定方向的平行光线，称为常用光线。常用光线在空间的方向是和表面平行于各投影面的立方体的体对角线方向相一致的，它与三个投影面的倾角均相等（$\alpha=\beta=\gamma=35°$），如图 10-3（a）所示。常用光线 L 的 V 面、H 面、W 面投影 l'、l、l'' 分别与相应投影轴成 $45°$ 角，如图 10-3（b）所示。

图 10-2　阴影在建筑表现图中的效果

(a) 未画阴影，图面单调呆板；(b) 加绘阴影，图面美观、增加立体感

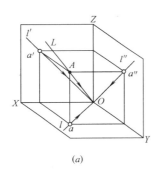
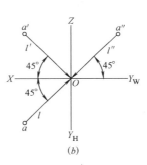

图 10-3　常用光线

10.2　点和直线的落影

10.2.1　点的落影

空间一点在某承影面上的落影，实际上就是过该点的光线与承影面的交点。如图 10-4 所示，要作出 B 点在承影面 P 上的落影，可过点 B 作一直线与光线平行，则该直线与承影面 P 的交点，即为 B 点的落影 B_P。如果空间一点位于承影面上，如图 10-4 中 A 点，则 A 点在该承影面上的落影 A_P 与该点自身重合。

点的落影在空间用相同于该点的字母加脚注来标记，脚注应为与承影面相同的大写字母，如 A_P、B_P、C_P……；如果承影面不是以一个字母表示，脚注应以数字 0、1、2……标记。

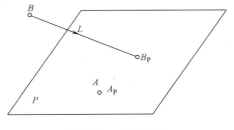

图 10-4　点的落影

10.2.2 点在投影面上的落影

投影面一般是指正立投影面 V 面和水平投影面 H 面,而 V 面和 H 面相当于空间的正平面和水平面,X 轴是两平面交线。因此,求点在投影面上的落影相当于求点在空间正平面和水平面上的落影。

当以投影面为承影面时,点的落影就是通过该点的光线与投影面的交点(即光线的迹点)。一般来说,在两面投影体系中,空间一点距哪个投影面较近,即过点的光线首先与哪个投影面相交,则该空间点的落影就落在该投影面上。如图 10-5(a)所示,A 点距 V 面较近,过 A 点的光线首先与 V 面相交,则迹点 A_V 即为 A 点的落影。如果假想 V 面是透明的,则 A 点的投影会落在 H 面上,即 (A_H)。在今后的作图中,我们把 A_V 称为点的真影,把 (A_H) 称为点的虚影。点的虚影由于是假想产生的,故解题时一般可不画出,但如有作图需要,则应画出。

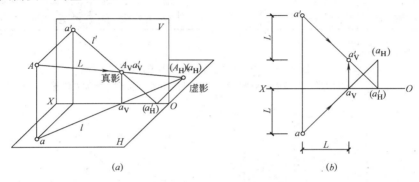

图 10-5 点在投影面上的落影

由图 10-5(a)可看出,落影 A_V 的 V 面投影 a'_V 与 A_V 自身重合,它的 H 面投影 a_V 位于 OX 轴上;a'_V、a_V 又分别位于光线 L 的投影 l'、l 上。因此,在图 10-5(b)所示投影图中,求作点 A 的落影 A_V(实际上是求影 A_V 的 V 面投影和 H 面投影),可分别过 a'、a 引光线的 V 面投影 l'、H 面投影 l。图中 l 首先与 OX 轴相交,说明 A 点落影在 V 面上,l 与 OX 轴的交点即为 a_V,过 a_V 作 OX 轴的垂线,与 l' 交于 a'_V。

要求作 A 点的虚影,则先将 l' 与 OX 轴相交,得交点 (a'_H),过 (a'_H) 再作 OX 轴的垂线,与 l 交于 (a_H),即为所求。从图中可以看出 (a_H) 与 (A_H) 也是重合的。

从图 10-5(b)中可得出点在投影面上的落影规律:空间点在某投影面上的落影,与其同面投影间的水平距离和垂直距离,都等于空间点到该投影面的距离。如图 10-5(b)中 a'_V 与 a' 之间的水平距离和垂直距离都等于 A 点到 V 面的距离,即 a 到 OX 轴的距离。

10.2.3 点在一般位置平面上的落影

当承影面为一般位置平面时,如图 10-6(a)中的 $\triangle BCD$ 平面,要求空间中一点 A 在 $\triangle BCD$ 平面上的落影,可过 A 点作光线 L,光线 L 与 $\triangle BCD$ 平面的交点即为 A 点的落影。可利用求直线与平面交点的方法进行作图,如图 10-6(b)所示。

由于 A 点在 $\triangle BCD$ 平面上影的两个投影都不在投影轴上,所以都应该标注投影名称。

10.2.4 点在投影面垂直面上的落影

求作点在投影面垂直面上的落影,可利用投影面垂直面的积聚性作图。如图 10-7 所

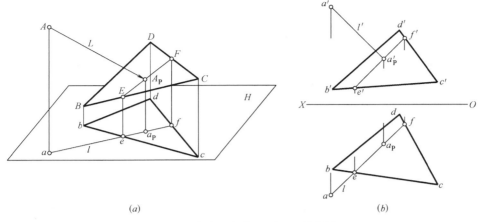

图 10-6 点在一般位置平面上的落影

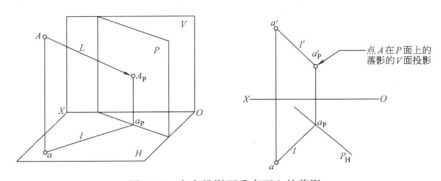

图 10-7 点在投影面垂直面上的落影

示,首先过 a'、a 分别作光线投影 l'、l,因铅垂面有积聚性,所以 l 与 P_H 的交点 a_P 即为影 A_P 的水平投影,由 a_P 作铅垂线与 l' 相交,即得落影 A_P 的 V 面投影 a'_P。

10.2.5 直线的落影

1) 直线在投影面上的落影

直线的落影是通过直线上各点的光线所组成的光平面与承影面的交线。一般情况下,求作直线线段在一个承影面上的落影,只需作出线段两端点在该承影面上的落影,然后连接所求两点的落影即可,如图 10-8 所示。

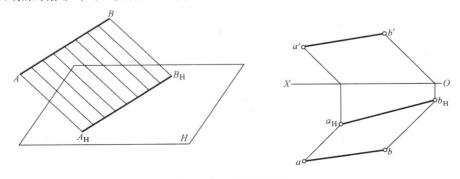

图 10-8 直线的落影

在特殊情况下，如果直线线段两端点的落影不在同一个承影面上，则不能直接连接两端点的落影，而是要首先求出转折点，再相连。转折点的求作可通过以下三种方法：

（1）求出一点在某一投影面上的虚影，把同一投影面上的真影与虚影相连，与 OX 轴的交点即为转折点，如图 10-9 所示。

（2）在直线上任选一点，求出该点在投影面上的真影，与位于同一投影面上一端点的真影相连，延长后与 OX 轴的交点即为转折点，如图 10-10 所示。

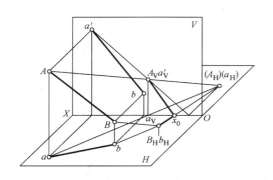
图 10-9 利用直线线段端点的虚影求转折点

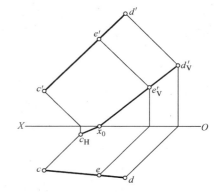
图 10-10 利用直线上一点和一端点求转折点

（3）当直线线段平行于某一投影面时，可用平行特性求得转折点。

［例 10-1］ 如图 10-11（a）所示，已知直线 CD 的 V 面、H 面投影，利用虚影求其在投影面上的落影。

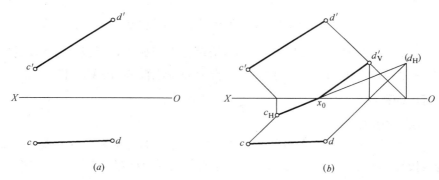

图 10-11 利用虚影求直线 CD 在投影面上的落影
(a) 已知条件；(b) 作图

由已知直线 CD 两端点的投影可看出，c' 到 OX 轴的距离要比 c 到 OX 轴的距离短，d' 到 OX 轴的距离要比 d 到 OX 轴的距离长，故可判断出，C 点的落影在 H 面上，D 点的落影在 V 面上，直线 CD 的落影必有转折点。作图时，可在求出 c_H 的基础上，再求出 (d_H)，连接 $c_H(d_H)$ 与 OX 轴交于 x_0 点，x_0 点即为转折点。再连接 $x_0 d'_V$、$c_H x_0$ 即为所求。作图过程如图 10-11（b）所示。

2）直线在投影面垂直面上的落影

如图 10-12 所示，当承影面为铅垂面 P 时，其水平投影 P_H 积聚为一条直线。利用积聚性，可分别求出直线上两端点 A、B 的落影 A_P（a_P、a'_P）和 B_P（b_P、b'_P）。连接 a'_P、b'_P 即为

直线在 P 面上的落影 A_P、B_P 的 V 面投影，A_P、B_P 的水平投影 a_P、b_P 积聚在 P_H 上。

3）直线在一般位置平面上的落影

如图 10-13 所示，当承影面为一般位置平面 P 时，其 V 面、H 面投影均没有积聚性。应分别求出直线 CD 两端点在 P 面上的落影 C_P（c_P、c'_P）和 D_P（d_P、d'_P），连接 $c_P d_P$、$c'_P d'_P$ 即为所求。

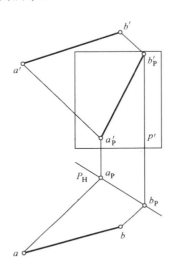 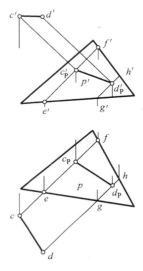

图 10-12　直线在铅垂面上的落影图　　图 10-13　直线在一般位置平面上的落影

10.3　直线的落影规律

10.3.1　平行

1）直线平行于承影面

直线平行于承影面，根据平行投影的特性，该直线在承影面上的落影与其自身平行且长度相等。在图 10-14 中，$AB/\!/H$ 面，直线 AB 在 H 面上的落影 $A_H B_H$ 必然平行于 AB，且长度相等。$A_H B_H$ 的水平投影 $a_H b_H$ 与其自身重合，由此可知 AB 一定与 $a_H b_H$ 平行且长度相等。

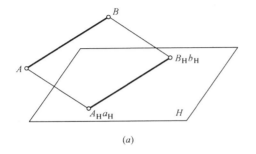 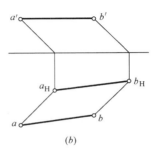

图 10-14　平行于承影面的直线的落影
(a) 空间示意；(b) 投影图

2) 两直线互相平行

两直线互相平行，它们在同一承影面上的落影必然互相平行。如图 10-15 所示，$AB//CD$，则 AB、CD 在 H 面上的落影 A_HB_H、C_HD_H 必然互相平行。因此，在作图中，若 $AB//CD$，可先求出其中一条直线 AB 的落影 a_Hb_H，则另一直线 CD，只需求出一个端点的落影 c_H，就能够求出与 a_Hb_H 平行的落影 c_Hd_H。

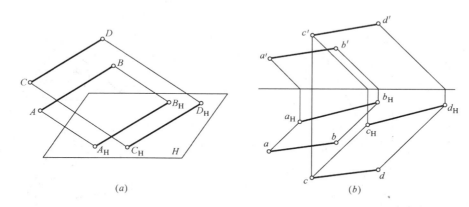

图 10-15　两平行直线的落影
（a）空间示意；（b）投影图

3) 一直线在两个互相平行承影面上的落影

一直线在两互相平行承影面上的落影，必然互相平行。如图 10-16 所示，$P//V$ 面，$P_H//OX$ 轴，直线 AB 在 P 面和 V 面上均有落影。直线 AB 在两承影面上的落影必有一个转折点 C，也就是说，C 点的落影可以是 c'_P，也可以是 (c'_V)。AC 直线段的落影在 V 面上，CB 直线段的落影在 P 面上。根据平行投影的原理，过 AC 的光平面与过 CB 的光平面必然互相平行，故 $a'_V(c'_V)//c'_Pb'_P$。

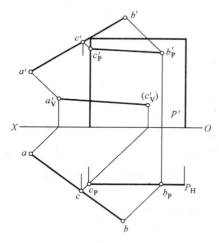

图 10-16　一直线在两互相平行承影面上的落影

10.3.2　相交

1) 两直线相交

两直线相交时，它们在同一承影面上的落影必然相交，落影的交点就是两直线交点的落影，如图 10-17 所示。

2) 一直线在两个相交承影面上的落影

一直线在两个相交承影面上的落影必然相交，两落影的交点必然位于两承影面的交线上。如图 10-18 所示，直线 AB 在两相交承影面 P、Q 上的落影，是过 AB 的光平面与 P、Q 产生的交线，根据三面共点原理，三面的交点必位于两承影面 P、Q 的交线上，即 C_0 点。在投影图中，两承影面积聚投影的交点即为 c_0。要求 c'_0，需要过 c_0 作反向光线与 ab 交于 c 点，进而求出 c'，过 c' 作 45°光线，与两承影面交线交于 c'_0，然后分别连接 $a'_Pc'_0$、$c'_0b'_Q$，即为所求。

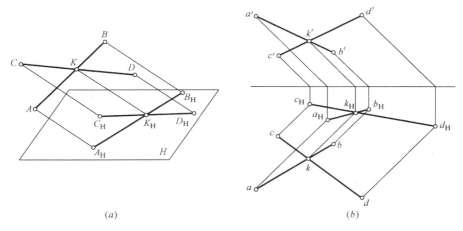

图 10-17 两相交直线的落影
(a) 空间示意；(b) 投影图

10.3.3 投影面垂直线的落影规律

1) 垂直线在投影面上的落影

如图 10-19（a）所示，直线 AB 为铅垂线，其 H 面投影积聚为一点，过直线 AB 的光平面必定与 H 面垂直，即直线 AB 在 H 面上的落影为一条通过 ab 且与 OX 轴成 $45°$ 夹角的直线段。由于直线 AB 与 V 面平行，故直线 AB 在 V 面上的落影与其平行，作图时只需求出 a'_V，即可求得直线 AB 在 V 面、H 面上的两个落影。直线 CD 也为铅垂线，D 点高于 B 点，同理，在作图时需要分别求出 c'_V 和 d_H，即可求出 CD 在 V 面、H 面上的两个落影，如图 10-19（b）所示。

由图 10-19 所示，我们可得出铅垂线的落影规律：

铅垂线在 H 面上的落影与光线的 H 面投影平行；在 V 面上的落影，不仅与铅垂线的 V 面投影平行，而且到 V 面投影的距离等于铅垂线到 V 面的距离。

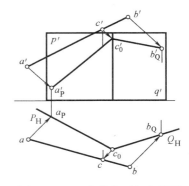

图 10-18 一直线在两相交承影面上的落影

同理，可得出正垂线的落影规律，如图 10-20 所示：

正垂线在 V 面上的落影与光线的 V 面投影平行；在 H 面上的落影，不仅与正垂线的 H 面投影平行，而且到 H 面投影的距离等于正垂线到 H 面的距离。

2) 投影面垂直线在另一投影面垂直面上的落影

投影面垂直线垂直于第一个投影面，承影面垂直于第二个投影面，则在第三个投影面上的落影与第二个投影面上承影面积聚投影成对称形状。

如图 10-21 所示，铅垂线 AB 在侧垂承影面上的落影，与承影面在 W 面上的积聚投影成对称形状。直线 AB 垂直于 H 面，而承影面是由一组垂直于 W 面的平面和柱面组合而成。通过 AB 所作的光平面与 V 面、W 面都成 $45°$，光平面与承影面的交线即为铅垂线的落影，落影的 V 面、W 面投影形状相同，而落影的 W 面投影是积聚在承影面 W 面投影上的。因此，落影的 V 面投影必与承影面的 W 面投影成对称形状。

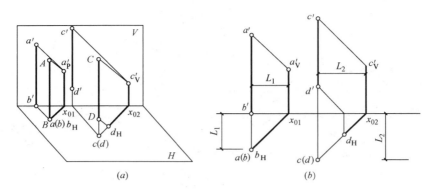

图 10-19　铅垂线在投影面上的落影
(a) 空间示意；(b) 投影图

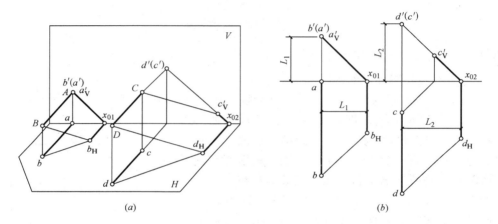

图 10-20　正垂线在投影面上的落影
(a) 空间示意；(b) 投影图

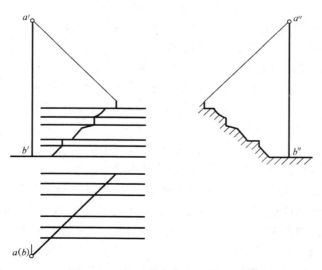

图 10-21　铅垂线在侧垂面上的落影

正垂线和侧垂线在侧垂面和铅垂面上的落影分别如图 10-22 和图 10-23 所示。

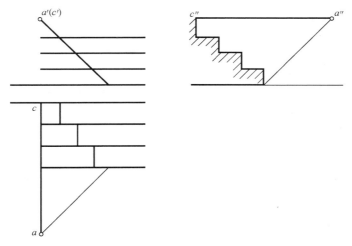

图 10-22　正垂线在侧垂面上的落影

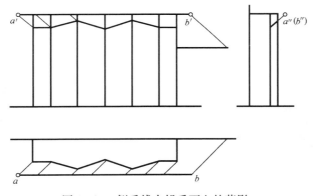

图 10-23　侧垂线在铅垂面上的落影

10.4　平面的落影

10.4.1　平面多边形的落影

平面多边形的落影轮廓线（影线）就是多边形各边线的落影。求作多边形的落影，首先需要作出多边形各顶点的落影，然后用直线顺次连接，即为所求。

（1）平面多边形在一个投影面上的落影。

图 10-24（a）是一般位置平面多边形的落影；图 10-24（b）是水平多边形在 V 面上的落影；图 10-24（c）是侧平多边形在 H 面上的落影。

（2）如果平面多边形与光线的方向平行，则它在任何承影面上的落影均为一直线，且平面多边形的两侧表面均为阴面。

（3）如果平面多边形各顶点的落影在两相交的承影面上时，则必须求出边线落影的转折点，按位于同一承影面上落影的点才能相连的原则，依次连接各落影点即可。图 10-25

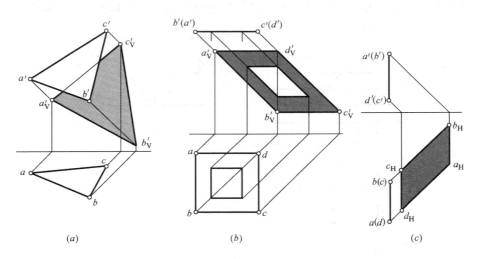

图 10-24 平面多边形在投影面上的落影

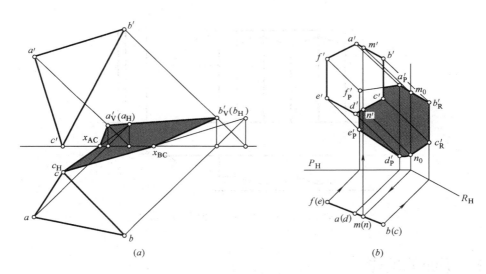

图 10-25 平面多边形在两相交承影面上的落影
(a) 一般位置平面在 V、H 面上的落影；(b) 利用反回光线求转折点

(a) 是利用虚影来确定影线上的转折点，图 10-25 (b) 是利用反回光线确定影线上的转折点。

10.4.2 平面图形阴面和阳面的判别

在光线的照射下，平面会产生阴面、阳面。平面图形的各个投影，是阴面的投影，还是阳面的投影，需要进行判别。

当平面图形为投影面垂直面时，可在有积聚性的投影中，直接利用光线的同面投影来加以检验。如图 10-26 (a) 所示，P、Q 两平面均为铅垂面，Q_H 与 OX 轴夹角小于 45°，即 Q 与 V 面的夹角小于 45°，光线照射在 Q 面的前方，故 Q 面的 V 面投影是阳面的投影。P 面与 V 面的夹角大于 45°，光线照射在 P 面的后方，故 P 面的 V 面投影是阴面的投影。

在图 10-26（b）中，P、Q 两平面均为正垂面，根据它们的 V 面投影分析，可判别出 P 面的 H 面投影是阴面的投影，Q 面的 H 面投影是阳面的投影。

当平面图形为一般位置平面时，若平面两个投影各顶点的旋转顺序相同，则两投影同是阴面的投影或同是阳面的投影；若旋转顺序相反，则一为阴面的投影，一为阳面的投影。判别时，可先求出平面图形的落影，当平面某一投影各顶点与其落影各顶点的旋转顺序相同，则该投影为阳面的投影，反之则为阴面的投影。这是因为承影面总是迎光的阳面，平面图形在其上落影的各点顺序，只能与平面图形的阳面顺序一致，而与平面图形的阴面顺序相反。

如图 10-27 所示，由于四边形 $ABCD$ 的 H 面投影各顶点的顺序为逆时针方向，四边形在 H 面上的落影各顶点的顺序也为逆时针方向，故四边形 $ABCD$ 的 H 面投影为阳面的投影。四边形 V 面投影各顶点的顺序为顺时针方向，故四边形 $ABCD$ 的 V 面投影为阴面的投影。

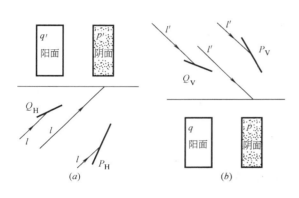

图 10-26 投影面阴阳面的判别

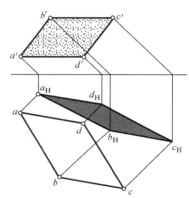

图 10-27 一般位置平面阴阳面的判别

10.4.3 圆的落影

（1）当圆平面平行于某一投影面时，在该投影面上的落影与其同面投影形状完全相同，反映圆平面的实形。

图 10-28（a）所示的为正平圆的落影，图 10-28（b）所示的为水平圆的落影。作图时，先求出圆心 O 的落影 o'_V（或 o_H），以 o'_V（或 o_H）为圆心，以原半径为半径作圆，即为所求圆的落影。

（2）一般情况下，圆在任何一个承影面上的落影是一个椭圆。圆心的落影成为落影椭圆的中心，圆的任何一对互相垂直的直径，其落影成为落影椭圆的一对共轭直径。

图 10-29 所示为一水平圆，它在 V 面上的落影是一个椭圆。为求作落影椭圆，可利用圆的外切正方形作为辅助图线来解决。作图步骤如下：

① 作圆的外切正方形 $abcd$。ad、bc 为侧垂线，ab、cd 为正垂线，圆周与正方形的四个切点为 1、2、3、4，正方形对角线与圆周的交点为 5、6、7、8。

② 作正方形在 V 面上的落影 $a'_V b'_V c'_V d'_V$，落影对角线的交点即为圆心的落影。

③ 求正方形对角线与圆交点的落影 $5'_V$、$6'_V$、$7'_V$、$8'_V$。

④ 依次光滑连接 $1'_V$、$6'_V$、$2'_V$、$7'_V$、$3'_V$、$8'_V$、$4'_V$、$5'_V$、$1'_V$，即得圆在 V 面上的落影。

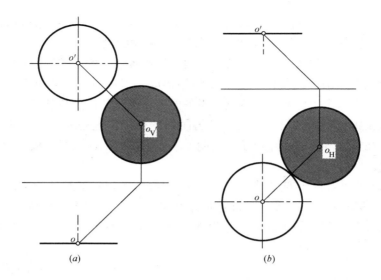

图 10-28 平行于某一投影面的圆的落影

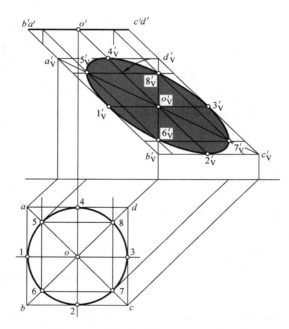

图 10-29 求作水平圆在 V 面上的落影

（3）求作建筑细部的阴影时，经常要根据需要作出紧靠正平面的水平半圆的落影。

如图 10-30（a）所示，只要解决半圆上五个特殊方位点的落影即可。点 A、点 B 位于 V 面上，其落影 A_V、B_V 的 V 面投影 a_V'、b_V' 与其同面投影 a'、b' 重合，点Ⅰ的落影 $1_V'$ 位于中线上，正前方点 C 的落影位于 b_V' 的正下方，右前方点Ⅱ的落影 $2_V'$ 与中线的距离两倍于 $2'$ 与中线的距离。光滑连接 a_V'、$1_V'$、c_V'、$2_V'$、b_V'，就是半圆的落影（半椭圆）。

既然在半圆上能够找出这五个特殊点，这五个点的落影也处于特殊位置，故可利用该五点单独在 V 面投影上直接求作半圆的落影，其作图方法如图 10-30（b）所示。

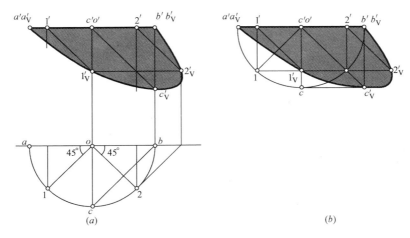

图 10-30 半圆的落影

(a) 半圆落影的两面作图；(b) 半圆落影的单面作图

第 11 章 建筑形体的阴影

11.1 平面立体的阴影

11.1.1 求作平面立体阴影的步骤

(1) 阅读平面立体的正投影图,分析平面立体的组成以及各组成部分的形状、大小和相对位置。

(2) 找出平面立体的阴面和阳面,确定阴线。阴线是阴面和阳面的交线。

(3) 分析各段阴线的承影面,注意线段的转折点,求出各段阴线在承影面上的落影,最后将落影和阴面涂色。

如图 11-1 所示,在光线照射下,长方体的左、前、上三面为阳面,右、后、下三面为阴面,所以,折线 $ABCDEFA$ 是阴线。

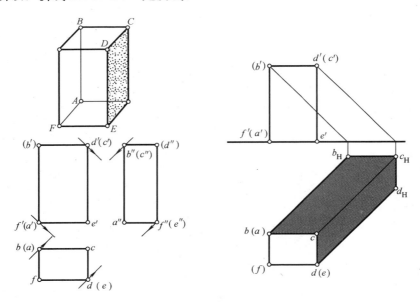

图 11-1 阴线的确定

11.1.2 棱柱体的阴影

图 11-2 (a) 所示是棱柱体全部落影在 H 面上;图 11-2 (b) 所示是棱柱体全部落影在 V 面上;图 11-2 (c) 所示是棱柱体同时落影在 V 面、H 面上。由此可看出,随着棱柱体与投影面相对位置的变化,其在投影面上的阴影是不相同的。

图 11-3 (a) 所示为一紧靠于墙面的五边形水平板。从 V 面投影可看出,板的上、下

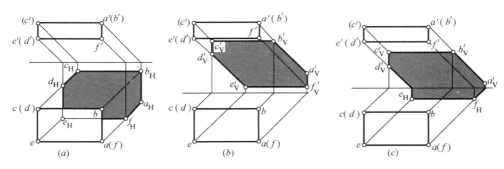

图 11-2 棱柱体的阴影

(a) 棱柱体落影在 H 面上；(b) 棱柱体落影在 V 面上；(c) 棱柱体落影在 V 面、H 面上

两水平表面中，上为阳面，下为阴面。板的左、前、右五个侧面中，左面和前面的三个侧面为阳面，右侧两个侧面为阴面，阴线为 ABCDEFG。而图 11-3（b）所示的紧靠于墙面的五边形水平板，右前方的那个侧面也为受光面，是阳面，只有右侧和下表面是阴面，阴线为 ABCDHFG。

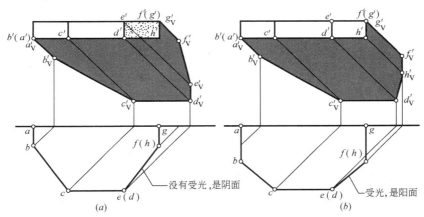

图 11-3 紧靠于墙面上的五边形水平板的阴影

(a) 五边形水平板一的阴影；(b) 五边形水平板二的阴影

11.1.3 棱锥体的阴影

由于棱锥的侧面都是斜面，在正投影图上很难准确地判别出哪些侧面是阳面，哪些是阴面，因此也就不能确定哪些棱线是阴线。为此，可先求出锥顶和底面各顶点在同一承影面上的落影，然后分别连接锥顶和底面各顶点的落影（即棱线的落影），根据棱锥体的影来确定影线，从而可以确定阴线，并判别出阴面、阳面。

图 11-4 所示是一正四棱锥体。由作图可知，棱锥体的落影是由 $s_H b_H$、$s_H d_H$、$d_H (a_H)$、$(a_H) b_H$ 四条影线围合成的，因此，可判断出 SD、SB、AB、AD 是正四棱锥体上的阴线，则正四棱锥体的底面 ABCD、侧面 SDC 和 SBC 是阴面，侧面 SAD 和 SAB 是阳面。

11.1.4 由基本平面立体形成的组合体阴影

在由基本平面立体形成的组合体中，某一基本平面立体的阴线可能落影于另一基本平面立体的阳面上。

如图 11-5 所示，组合体的各侧面均为投影面的平行面。该组合体由两个长方体组合形成，长方体 I 位于长方体 II 的左侧，从 V 面、H 面投影图可知，长方体 I 的厚度与高度尺寸都要比长方体 II 大，因此，长方体 I 分别落影在 H 面、长方体 II 的前墙面、顶面和 V 面上。长方体 I 的阴线是 ABC（与 H 面、V 面重合的阴线不需考虑，其落影即为阴线本身），可利用直线的落影规律求出 ABC 的落影。在求作过程中，应注意阴线 AB 上的两个转折点。长方体 II 落影在 H 面和 V 面上。

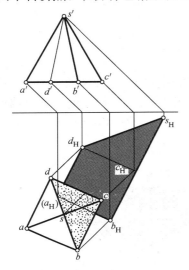

图 11-4　棱锥体的阴影

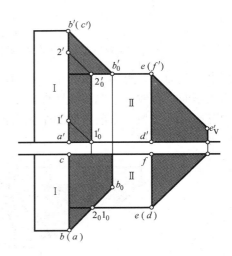

图 11-5　左、右组合立体的阴影

图 11-6 是上、下组合立体的落影，上部长方体的阴线为 ABCDE，其落影分别在 V 面、下部长方体的右侧面和前侧面上。根据直线的落影规律，可分别确定阴线线段的落影。由于上部长方体在左侧和前侧伸出下部长方体的长度的不同，此种组合又分为三种情况：(1) $l_1=l_2$，(2) $l_1<l_2$，(3) $l_1>l_2$。

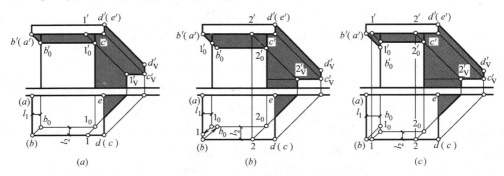

图 11-6　上、下组合立体的阴影
(a) $l_1=l_2$；(b) $l_1<l_2$；(c) $l_1>l_2$

(1) $l_1=l_2$。这时，阴线上点 B 的落影 B_0（b_0、b_0'）正好位于下部长方体的左前棱线上，如图 11-6(a) 所示。

(2) $l_1<l_2$。点 B 的落影 B_0（b_0、b_0'）位于下部长方体的前侧面上，正垂线 AB 的落

影在 V 投影面上与光线的投影方向一致，如图 11-6 (b) 所示。

(3) $l_1 > l_2$。点 B 的落影 B_0 (b_0、b_0') 位于下部长方体的左侧面上，侧垂线 BC 上必然有一点落影在下部长方体的左前棱线上，可以利用 H 面投影中该棱线的积聚投影作反回光线，交 bc 于点 1，由 1 在 $b'c'$ 上求出 $1'$，过 $1'$ 作 45°直线，交棱线的 V 面投影于 $1_0'$，即求得 I 点的落影。过 $1_0'$ 作水平线与下部长方体右前棱线相交于 $2_0'$。由作图可知，侧垂线 BC 的落影分为三段，B I 段落影在下部长方体的左侧面，I II 段落影在下部长方体的前侧面，II C 段落影在 V 面上，如图 11-6 (c) 所示。

图 11-7 所示组合体是经切割形成的，立体的各棱面均为投影面平行面或垂直面。由投影图可看出，立体的阴线分为两组，一组是 I II III AB，另一组是 IV V VI CD。阴线 III A 落影在立体阴面 B IV V F 和 V 面上，根据落影规律可求出转折点 E 的落影 e_0' 和 e_V'。注意阴线 IV V 上一段 IV E 处于落影之中，它不再是阴线，第二组阴线应变为 E_0 V VI CD。

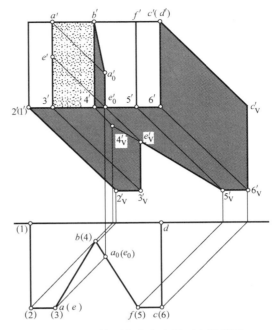

图 11-7 立体阴线在自身阳面上的落影

11.2 常见建筑形体的阴影

11.2.1 建筑细部的阴影

建筑形体上的门窗洞、雨篷、阳台、台阶等局部构件称为建筑细部。

1) 窗洞的阴影

在求作窗洞的阴影时，规定窗扇是关闭的，因此窗扇可以作为承影面。

图 11-8 所示的是几种窗洞的阴影。图 11-8 (a) 中的窗洞只有窗台，没有遮阳板；图 11-8 (b)、(c) 中的窗洞只有遮阳板（遮阳板的 H 面投影用双点画线画出），没有窗台；图 11-8 (d) 中的窗洞为六边形，带窗套。通过这些实例，可以认识到落影宽度 m 反映了窗扇凹入外墙面的深度，落影宽度 n 反映了窗台或遮阳板凸出外墙面的距离。

2) 门洞的阴影

在求作门洞的阴影时，规定门扇是关闭的，因此门扇可以作为承影面。

图 11-9 所示的是两种只带有雨篷的门洞的阴影。

图 11-9 (a) 所示的门洞，左右两侧面都是铅垂面，均为阳面，是雨篷的承影面。注意，阴线 AB 是侧垂线，在铅垂承影面上的落影与承影面的积聚投影成对称形状。

图 11-9 (b) 所示的门洞，左右两侧均为侧平面，左侧面为阴面，右侧面为阳面，门洞左前方棱线为阴线，在门扇上有落影。门洞上方雨篷上下表面均为侧垂面，阴线 AC、

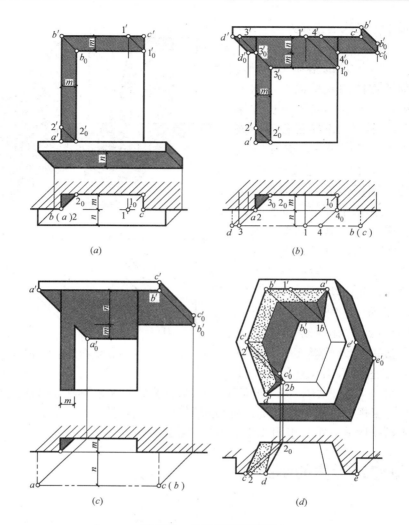

图 11-8 几种窗洞的阴影

BD 均为侧平线,由于 AC、BD 不与 V 面垂直,所示它们在墙面上的落影不是 45°线,但应互相平行。阴线 AD 为侧垂线,在铅垂承影面上的落影与承影面的积聚投影成对称形状。AD 与门洞左前方棱线在门扇上的落影交于 $1_0'$ 点。

图 11-10 是带有柱子和雨篷的门洞的阴影。雨篷阴线为 $ABCDE$,AB 为正垂线,落影在墙面、柱面和门扇上,V 面投影为 45°线,注意 B 点的实际落影 B_{01}(b_{01}、b_{01}')与虚影 B_{02}(b_{02}、b_{02}')的作图。雨篷其他阴线及柱子阴线的落影如图 11-10 所示。

图 11-11 是带侧墙的门斗的阴影。侧墙的阴线 FG 与 JH 在门扇和墙面上的落影平行,FG 与 JH 在墙脚处的落影转折点 M_0、N_0 可利用反回光线法求出。

3) 台阶的阴影

图 11-12 所示的台阶,其左侧有矩形挡墙,挡墙的阴线是铅垂线 BC 和正垂线 AB。BC 的落影在地面、第一个踏步的踏面和踢面上,其 H 面投影与光线平行,成 45°;AB 的落影在墙面、第一个踏步的踏面、第二至第三个踏步的踏面和踢面上,其 V 面投影与光线平行,成 45°。

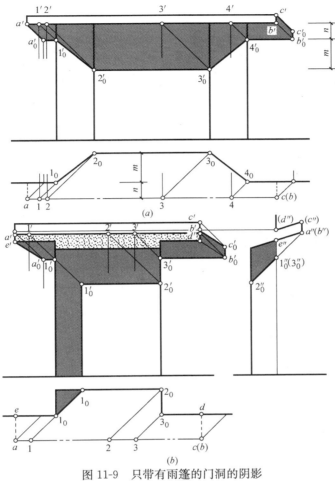

图 11-9 只带有雨篷的门洞的阴影

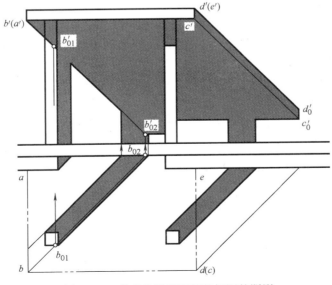

图 11-10 带有柱子和雨篷的门洞的阴影

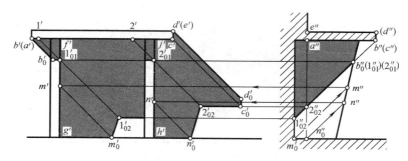

图 11-11 带侧墙的门斗的阴影

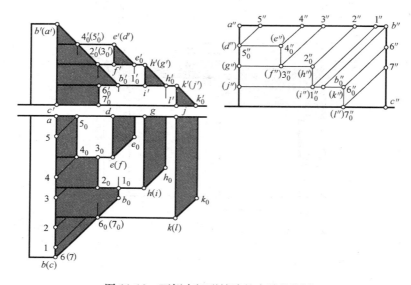

图 11-12 两侧有矩形挡墙的台阶的阴影

作图步骤概括如下：

(1) 过 b'' 作 45°线，交第一踏步踏面的积聚投影于 b_0''，进而求得 b_0、b_0'；

(2) 在 H 面投影图上连接 $(c)\,b_0$，在 V 面投影图上连接 $(a')\,b_0'$，即得 BC 落影的 H 面投影和 AB 落影的 V 面投影；

(3) 按正垂线在侧垂面上的落影规律，求得 AB 落影的 H 面投影，铅垂线 BC 在踢面上的落影为 $6_0 7_0$ 和 $6_0' 7_0'$；

(4) 过 $e'\,(d')$ 作 45°线交踏面于 e_0'，过 e_0' 作垂线，与过 $e\,(f)$ 所作的 45°线交于 e_0，即确定了 DEF 的落影；

(5) 同理求得 GHI 和 JKL 的落影。

图 11-13 所示的台阶，左、右两侧挡墙的阴线 CD 和 GK 为铅垂线，CD 在第一个踏面之上，AB 和 FE 为正垂线，它们的落影可按规律求作。下面对两条侧平阴线 BC 和 FG 的落影进行分析。

阴线 BC 的落影，C 点落影在第二个踏面上 $(c_0$、$c_0')$，B 点落影在最上面一个踏面上 $(b_0$、$b_0')$，BC 在踏面与踢面相交处的落影为转折点。因此，在 W 面投影图上分别过各交点利用反回光线法确定 $2''$、$3''$、$4''$、$5''$，再由 $2'$、$3'$、$4'$、$5'$ 和 2、3、4、5 求得各影点，

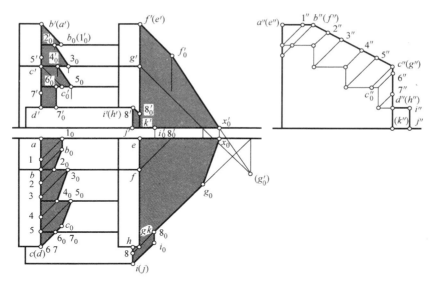

图 11-13　两侧带挡墙的台阶的阴影

顺次连线。

阴线 FG 的落影，G 点落影在地面上，F 点落影在墙面上，利用 G 点在墙面上的虚影（g'_0）确定 FG 的落影在墙脚处的转折点 x_0、x'_0，分别连接 $g_0 x_0$ 和 $f_0 x_0$，即为 FG 的落影。

此外，还应注意第一个踏步的阴线 HIJ 落影在右侧挡墙前侧面和地面上。

4）烟囱的阴影

烟囱是突出于屋面的一种构件。求作烟囱的阴影时，承影面是屋面，烟囱上阴线的落影就是过阴线的光平面与屋面的交线。

图 11-14 所示的烟囱，阴线为折线 ABCDE，AB、DE 是铅垂线，其落影在 H 面投影中成 45°线，在 W 面投影中，其落影与承影面的 V 面投影成对称形状，即反映屋面的倾斜角度 α。阴线 BC 平行于承影面，它在屋面上的落影 B_0C_0（b_0c_0、$b'_0c'_0$）与 BC（bc、$b''c''$）平行且相等。CD 为侧垂线，其落影的 H 面投影与承影面的 V 面投影成对称形状，其落影在 W 面投影中成 45°线。

图 11-15 是两种烟囱在两相交屋面天沟处的阴影。图 11-15（a）的烟囱是一个四棱柱体，阴线为折线 ABCDE，AB、DE 是铅垂线，它们的承影面均是两相交的屋面，它们的落影在 H 面投影中成 45°线，在 V 面投影中，它们的落影与水平屋脊的夹角反映屋面的倾斜角度 α。阴线 BC、CD 的落影求法同图 11-14 所示。图 11-15（b）的烟囱是由上下两个四棱柱体叠加而成的，下部四棱柱的阴线为 HG、TS，点 H 和点 T 是上部四棱柱的阴线在该两棱线上产生的落影，点 H 和点 T 之上的棱线部分不再是阴线（处于落影之中），HG 和 TS 的落影求法同图 11-15（a）。上部四棱柱的阴线为闭合折线 ABCDEFA，根据直线的落影规律，可以求得其落影，如图 11-15（b）所示。

11.2.2　坡屋顶房屋的阴影

图 11-16 为双坡屋顶檐口不等高的房屋，它的落影分为：房屋在地面上和 V 面上的落影，檐口线在墙面上的落影以及前墙面在后墙面上的落影。在求作中，要注意屋面的悬山

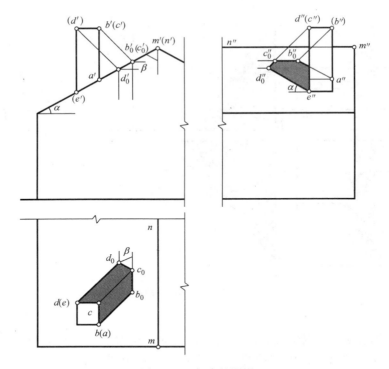

图 11-14 烟囱的阴影

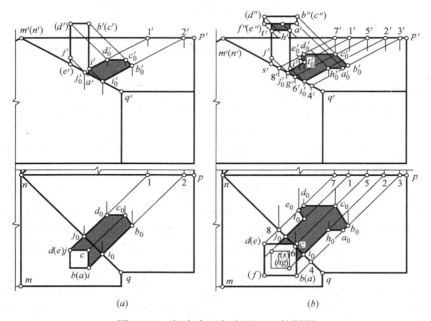

(a)　　　　　　　　　　　(b)

图 11-15 烟囱在两相交屋面上的阴影

斜线 CD 的落影。首先利用房屋的侧立投影（右侧立面投影）确定 CD 上点 Ⅱ 的落影，点 Ⅱ 分别落影在檐板的下檐线和墙面上（实际上，一个点的落影只有一个，我们把这种情况下产生的两个落影称为过渡点对）。再求点 C 在墙面上的落影 C_0（c_0、c_0'），分别连接 d'

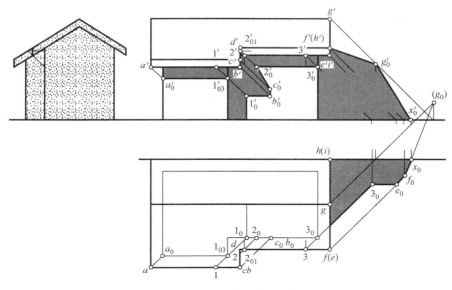

图 11-16 双坡屋顶的阴影

$2'_{01}$ 和 $2'_0 c'_0$，即为 CD 在封檐板和墙面的落影。

图 11-17 所示为双坡和四坡组合的 L 形平面、檐口等高的房屋。该房屋在 V 面上没有落影，房屋整体落影在地面上。Ⅲ ABCDE 落影在墙面上，由于向左、向前的出檐宽度相等，故 a'_0 在左前墙角线上。过 a'_0 作直线平行 $a'b'$，与过 b' 的 45°线交于 b'_0，再过 b'

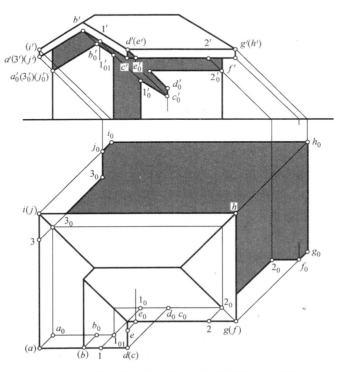

图 11-17 檐口等高的双坡和四坡屋顶房屋的落影

。作 $b'c'$ 的平行线，交墙角阴线于 $1'_{01}$，$a'_0b'_0$、$b'_01'_{01}$ 即为 AB 和 $BⅠ$ 在左方前墙面（山墙面）上的落影。继续求出 c'_0、$1'_0$、d'_0、$2'_0$、e'_0……，完成作图。注意：$1'_{01}$ 与 $1'_0$ 也是过渡点对。

图 11-18 为檐口等高、屋脊不等高的两相邻双坡屋顶的落影。阴线为 AD、DE、EF、FK、BG、GH、HI、IJ 以及房屋前后两墙面的右墙角线等。过 A、D 两点作 $45°$ 线，作出屋檐在左、右两前墙面上的落影。$1'_0$ 与 $1'_1$ 是过渡点对，利用 H 面投影可作出 $1'_1$。屋檐 CD、DE 平行于右前墙面，可直接求得其落影。人字檐 EF 在右前墙面上的落影已作出 e'_0，可利用反回光线将点 F 也投影到右前墙面上，得点 F_1（f_1、f'_1）。连接 $e'_0f'_1$，可确定 EF 线在右前墙面上的一段落影 $e'_0m'_1$，过 m'_1 作反回光线，得封檐板上落影的过渡点 m'_0。由于封檐板与右前墙面平行，故在封檐板上作 $n'_0m'_0 // m'_1e'_0$。由于 EF 平行于右前屋面，所以可作 $n_0f_0 // ef$，$n'_0f'_0 // e'f'$，点 F（f_0、f'_0）是由过点 F（f、f'）的光线与 N_0F（n_0f_0、$n'_0f'_0$）相交得出的。最后，连接 f_0 和 f'_0、k'，其余作图不再详述。

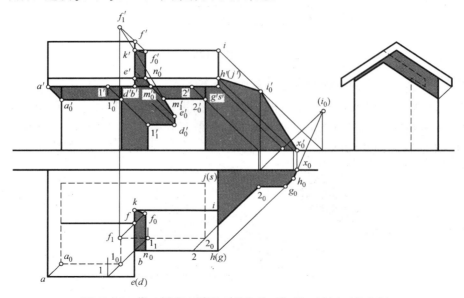

图 11-18　檐口等高、屋脊不等高的两相邻双坡屋顶的落影

图 11-19 为坡度较陡、檐口高低不同的两相交双坡顶房屋的落影。作图时，首先作屋脊阴线在屋面 Q 上的落影，它的 V 面投影为一条 $45°$ 方向线，并且与屋面 Q 上的屋脊、屋檐交于 $1'$ 和 $2'$。由此在 H 面投影中求得点 1 和 2。过 b 作 $45°$ 线，与连线 12 交于 b_Q，由 b 求得 b'。点 B_Q（b_Q、b'_Q）就是点 B 在屋面 Q 上的落影。$1B_Q$（$1b_Q$、$1'b'_Q$）即为屋脊阴线 AB 在屋面 Q 上的一段落影。延长阴线 BC 与天沟相交于点 N（n、n'）。则 BC 在屋面 Q 上的落影，必然通过交点 N。连线 b_Q3 与过点 c 的 $45°$ 线交于 c_Q，由 c_Q 求得 c'_Q，B_QC_Q（b_Qc_Q、$b'_Qc'_Q$）即为 BC 在屋面 Q 上的落影。阴线 CD 为铅垂线，阴线 DE 为正垂线，它们在屋面 Q 上的落影，可按直线的落影规律进行分析作图。其他部分落影作法，不再详述。

图 11-20 是一座房屋的屋顶平面图、建筑立面图加绘了阴影的整体效果，房屋的阴影由檐口线、墙角线、雨篷、门窗框、窗台、台阶、烟囱等的阴线及其落影所确定，只要确定出它们的阴线，即可在屋面、墙面、门窗扇等阳面上作出落影。

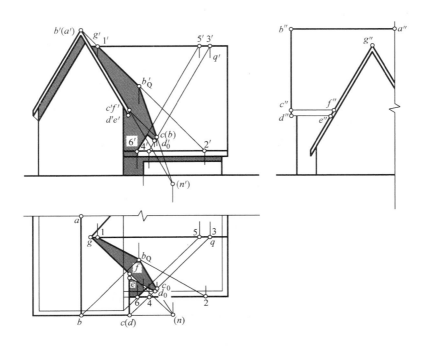

图 11-19 檐口不等高、坡度较陡的两相交双坡顶房屋的落影

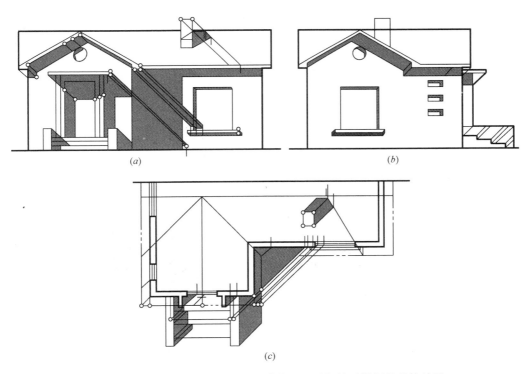

图 11-20 房屋的屋顶平面图、建筑立面图加绘了阴影的整体效果
(a) 正立面图；(b) 侧立面图；(c) 屋顶平面图

11.3 曲面立体的阴影

11.3.1 圆柱的阴影

当光线照射直立的圆柱体时，圆柱体的左前半圆柱面和上底圆为阳面，右后半圆柱面和下底圆为阴面，如图 11-21 所示。圆柱体的阴线是由两条素线和两个半圆周组成的封闭线，两素线阴线实质上就是光平面与圆柱面的切线。

图 11-22 所示为处于铅垂位置的圆柱的阴影。图 11-22（a）是置于 H 面上的圆柱，

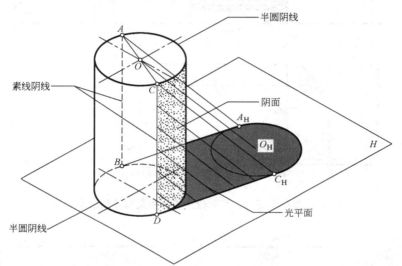

图 11-21　圆柱的阴影

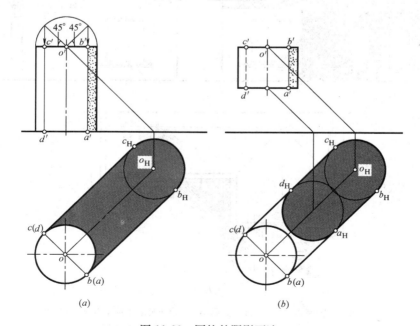

图 11-22　圆柱的阴影画法

其 H 面投影积聚为一圆周，阴线必然是垂直于 H 面的素线，所以与圆柱面相切的光平面必然为铅垂面，其 H 面投影积聚为 45°直线，与圆周相切。作图时，在 H 面投影中由光线与圆柱的切点向上作竖直线，即可确定两条阴线 AB、CD 的 V 面投影。圆柱上底圆的落影位于 H 面上，形状和大小不变，下底圆的落影为其自身，作两圆的公切线，得圆柱在 H 面上的落影。图 11-22（b）是抬升了的圆柱，其上下底圆在 H 面上的落影均不与其自身重合，作图过程同图11-22（a）。

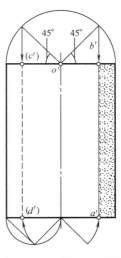

确定圆柱的阴线，可直接利用圆柱的 V 面投影进行求作。如图 11-23 所示，在圆柱底圆积聚投影上作半圆，过圆心作两条不同方向的 45°线，与半圆交于两点，再过该两点作竖直线，$a'b'$、$(c')(d')$ 即为所求；或自底圆半径的两端，作不同方向的 45°线，形成一个等腰直角三角形，其腰长就是 V 面投影中阴线到圆柱轴线的距离，由此确定圆柱的阴线 $a'b'$、$(c')(d')$。

图 11-23　利用 V 面投影求作圆柱的阴影

图 11-24 所示为圆柱下底圆与 H 面重合的铅垂圆柱在 V 面和 H 面上的落影。作图时，先作出圆柱面的阴线，然后作上下两底圆的落影。上底面圆落影在 V 面上，由于它是一水平面圆，故其 V 面落影为椭圆。两条素线阴线在 V、H 面上的落影分别与椭圆和下底面圆相切。

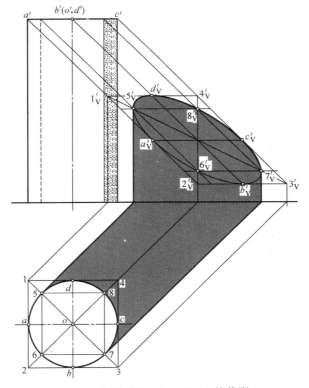

图 11-24　圆柱在 V 面、H 面上的落影

11.3.2 圆锥的阴影

当光线照射直立的圆锥体时,光平面与圆锥面相切而产生的两条切线就是圆锥面的阴线,它们是圆锥面上的两条素线,如图 11-25 所示。

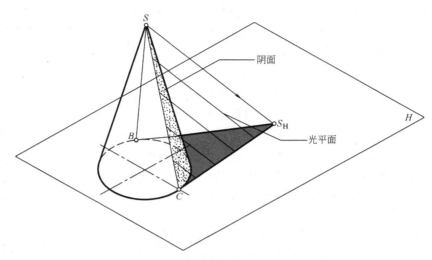

图 11-25 圆锥的阴影

在投影图中,先作出锥顶 S 在承影面上的落影 s_H,然后过点 s_H 作底圆的切线,即为所求,如图 11-26(a)所示。从图中可看出,直立圆锥面上的阴面只占圆锥面的一小半,切点 b、c 与锥顶 s 的连线,即为锥面的阴线。

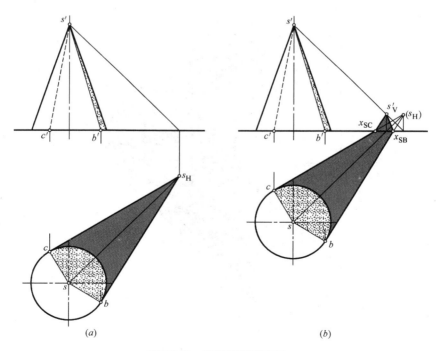

图 11-26 圆锥阴影的画法

图 11-26（b）所示圆锥，其落影部分在 V 面，部分在 H 面。作图时，需作出锥顶在 V 面上的落影及两条素线阴线在 V 面、H 面上的落影即可。

直立圆锥面上的阴线可以用简捷方法在正面投影中作出。如图 11-27（a）所示，以 $a'd'$ 为直径，以 o' 为圆心作一半圆，交圆锥中心线于 e'，过 e' 作圆锥轮廓素线 SA（$s'a'$）的平行线 $e'f'$，交 $a'd'$ 于 f'。过 f' 作两方向的 45°线，分别与半圆交于 c_1、b_1，过 c_1、b_1 作竖直线与 $a'd'$ 交于 c'、b' 两点，连接 $s'c'$、$s'b'$，即为所求。

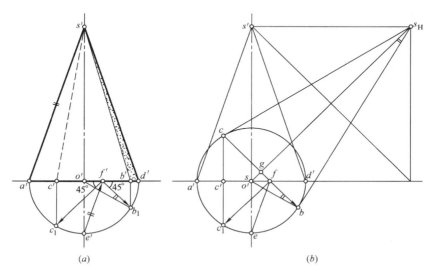

图 11-27 圆锥阴线的简捷作法与证明过程

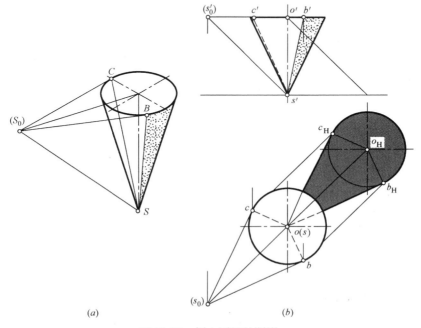

图 11-28 倒立圆锥的阴影

上述作法的证明过程如图 11-27（b）所示，将图 11-26（a）中的 H 面投影上移，使其底圆的水平直径与 V 面投影的底边重合。连接切点 c 和 b，cb 与 ss_H 相互垂直，故 cb 为 45°线，它与 $a'd'$ 交于 f。现在只需证明，连线 $ef // s'a'$。因为 △gsb∽△sbs_H，所以 $sg/sb = sb/ss_H$。

（1）设锥底圆的半径为 r，$sb = r$。设锥高为 H，则 $ss_H = ss'/\sin45° = H/\sin45°$。由上述可得出，$sg/r = r \cdot \sin45°/H$。

（2）又因为△sgf 为等腰直角三角形，所以 $sg = sf \cdot \sin45°$，代入 $sg/r = r \cdot \sin45°/H$ 式得 $sf/r = r/H$，也就是 $sf/se = sa'/ss'$，所以，△sef∽△$ss'a'$，于是证得 $ef // s'a'$。

图 11-28（a）是求作倒立圆锥面上阴线的方法。过锥顶 S 作反向光线，使光线与锥底平面相交于（S_0），即过 S_0 的光线必通过 S，（S_0）称为锥顶在锥底平面上的虚影。由（S_0）作锥底平面圆的切线得 B、C 两点，连接 SB、SC，即为所求阴线。投影图

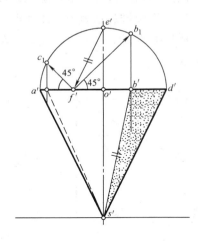

图 11-29　倒立圆锥的简捷作法

作图如图 11-28（b）所示。

倒立圆锥面阴线的简捷作法同直立圆锥一样，只是应作辅助线 $e'f' // s'd'$，如图 11-29 所示。

11.4　形体在柱面上的落影

11.4.1　带正方形盖盘的圆柱

图 11-30 是一带有半个正方形盖盘的圆柱。由于柱面垂直于 H 面，所以，可以利用 H 面投影的积聚性求作在柱面上的落影。正方形盖盘的阴线为 $ABCDE$，一部分落影在 V 面上，另一部分落影在柱面上。作图时先求出一些特殊点的落影，如有需要再求出一些一般的落影点，然后光滑地连成影线。作图步骤如下（图 11-30）：

（1）图中的墙面相当于 V 面，AB 为正垂线，由直线落影规律可求得 AB 在墙面和柱面上的落影，它是一条 45°线，B 点的落影在柱面上。AB 线上 Ⅰ 点正好落在墙面与柱面的交线上。

（2）侧垂线 BC 上有一段 BⅡ 落影在柱面上。根据直线落影规律，可知 BⅡ 在柱面上的落影必与柱面的 H 面投影成对称形状，为一圆弧。圆弧的中心 o' 与 $b'c'$ 的距离，应等于阴线 BC 与圆柱轴线的距离，即 H 面投影中柱轴 o 与 b、c 的距离。

（3）作 ⅡC、CD、DE 墙面上以及圆柱在墙面上的落影。

11.4.2　带长方形盖盘的圆柱

图 11-31 是一带有长方形盖盘的圆柱，长方形盖盘在柱面上落影的求作方法同正方形盖盘。

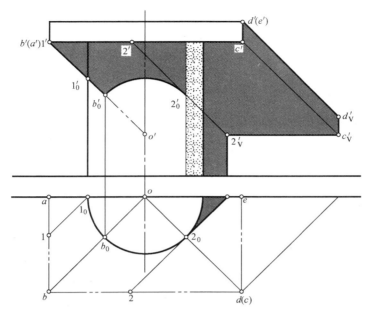

图 11-30 正方形盖盘在圆柱面上的落影

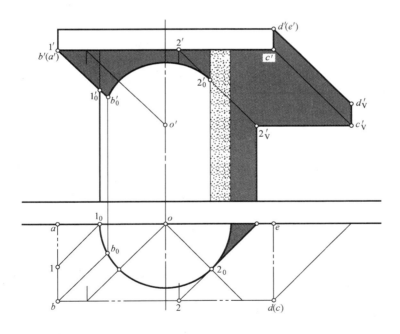

图 11-31 长方形盖盘在圆柱面上的落影

11.4.3 带圆盖盘的圆柱

图 11-32 是一带有盖盘的圆柱。盖盘下底圆弧 ABCDEFGHI 是阴线，IJ 是素线阴线，盖盘上底圆弧 JKL 也是阴线。其中，CDEF 落影于柱面上。

作图时，首先应求作一些特殊点的落影。如图 11-32 所示，通过圆柱轴线作一个光平面，若此圆柱再扩展一半成为一个完整的圆柱体，则该形体被光平面分成互相对称的两个半圆柱面，并以此光平面为对称面。圆盖盘上的阴线及其落在柱面上的影线，也以该光平面为对称平面。于是盖盘阴线上位于对称光平面内的一点 D 与其落影 D_0 的距离最短。因此，在 V 面投影中，影点 d'_0 与阴点 d' 的垂直距离也最小，d'_0 就成为影线上的最高点，必须将它画出。

另外，落在圆柱最左与最前素线上的影点 C_0 和 E_0，由于它们对称于上述的光平面，因此高度相等。当在 V 面投影中求得 c'_0 后，过 c'_0 作水平线与中心线相交，即得 e'_0。还有，位于圆柱阴线上的影点 F_0 也需要求出。在 H 面投影中，作 45°线与圆柱相切于点 f_0，而与盖盘圆周相交于点 f，由 f 求得 f'。过 f' 作 45°线，与圆柱的的阴线相交于点 f'_0。最后，光滑连接 c'_0、d'_0、e'_0、f'_0，即为圆盖盘在柱面上落影的 V 面投影。

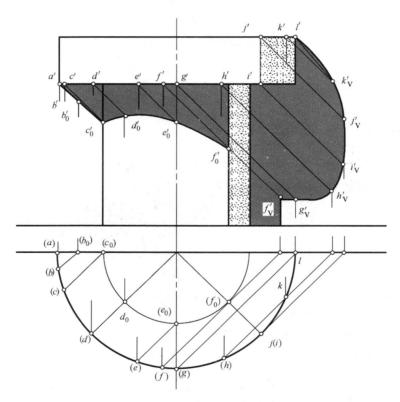

图 11-32　圆盖盘在圆柱面上的落影

11.4.4　带长方形盖盘的内凹圆柱面

图 11-33 是一带有长方形盖盘的内凹圆柱面。盖盘的阴线 BC 是侧垂线，在圆柱面上落影的 V 面投影与圆柱面的 H 面投影成对称形状，为向下凸的半圆，作图步骤如图 11-33 所示。

11.4.5　内凹半圆柱的阴影

图 11-34 是一内凹半圆柱面。它的阴线是棱线 AB 和一段圆弧 BCD，点 D 的 H 面投影为 45°光线与圆弧的切点 d。圆弧 BCD 在柱面上的落影是一曲线，点 D 是阴线的端点，

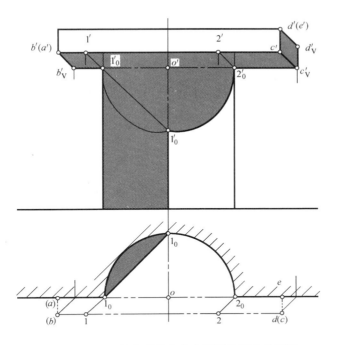

图 11-33 长方形盖盘在内凹圆柱面上的阴影

其在柱面上的落影与其自身重合，B、C 两点的落影 b'_0、c'_0 是利用柱面 H 面投影的积聚性作出的。光滑连接 b'_0、c'_0、d'_0，即得圆弧的落影。棱线 AB 的落影既在柱面上，也在 H 面上，本书不再详述。

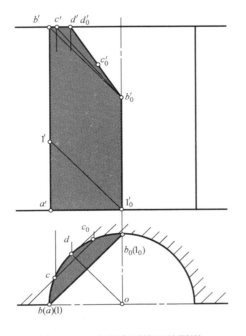

图 11-34 内凹半圆柱面的阴影

图 11-35 是两种圆柱形窗洞的阴影。

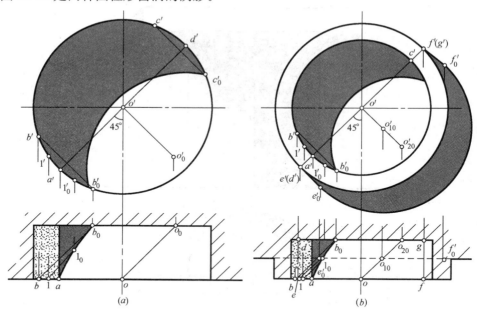

图 11-35　圆柱形窗洞的阴影
（a）圆柱形窗洞的阴影；（b）带圆柱形窗套的阴影

第 12 章 透视图中的阴影

透视图中加绘阴影是指在已画好的建筑透视图中，按选定的光线直接作阴影的透视。在房屋建筑透视图中加绘阴影，可以使建筑透视图更具有真实感，用以增强建筑透视图的艺术效果，充分表达建筑设计的意图，如图 12-1 所示。

图 12-1　透视图加绘阴影的效果

在透视图中求作阴影时，前述正投影图中的落影规律，有些仍可以应用，不过需要充分考虑其透视变形和消失规律。

12.1　透视阴影的光线

绘制透视阴影一般采用平行光线，根据平行光线与画面的相对位置，可将平行光线分为画面平行光线和画面相交光线两种。

如果将平行光线看作是一平行的直线，则平行光线具有平行直线的透视特性。

12.1.1　画面平行光线

如图 12-2 (a) 所示，一组平行光线的透视 L^0 仍保持平行，并反映光线对基面的真实倾角，光线的基透视 l^0 与视平线平行。光线可以从左上方射向右下方，也可以从右上方射向左下方，而且倾角大小可以根据需要选定，实际应用中常取 45°。

图 12-2 (b) 是空间一点 A 在基面上落影的透视作法。在本章中，空间点 A 的透视不再用 A^0 表示，而直接用字母 A 表示，其落影则用 A^0 表示，其他空间点的落影采用相同方法标注。为求图中 A 点的落影透视 A^0，首先应过点的透视 A 作光线 L^0，过点的次透视 a 作光线的基透视 l^0，两线的交点即为空间点在基面上的落影透视 A^0。如果把 Aa 看作一条铅垂线，则可得出：铅垂线在画面平行光线照射下，在基面上的落影与光线的基透视平行。

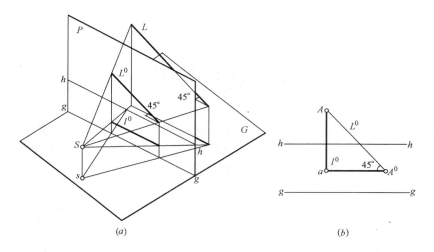

图 12-2 画面平行光线

12.1.2 画面相交光线

画面相交光线的透视交汇于光线的灭点 F_L，其基透视交汇于视平线 $h\text{-}h$ 上的基灭点 F_1，F_L 与 F_1 的连线则垂直于视平线。根据画面相交光线的投射方向，有两种不同的情况：光线照向画面的正面和光线照向画面的背面。

1) 光线从正面射向画面

在这种情况下，光线是从观察者的左后方（或右后方）射向画面。这时，光线的灭点 F_L 在视平线的下方，如图 12-3（a）所示。为求空间一点在基面上落影的透视，连接 AF_L、aF_1，则 AF_L 与 aF_1 的交点 A^0 即为所求，如图 12-3（b）所示。如果把 Aa 看作一条铅垂线，则可得出：铅垂线在基面上的落影必有一个共同的灭点 F_1。

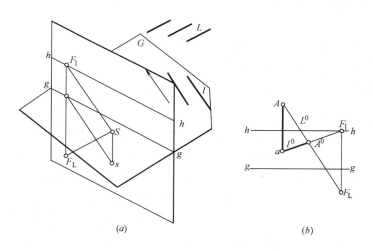

图 12-3 光线射向画面的正面

2) 光线射向画面的背面

在这种情况下，光线是从画面后射向观察者。这时，光线的灭点 F_L 在视平线的上方，如图 12-4（a）所示。为求空间一点在基面上落影的透视，连接 AF_L、aF_1，并延长相交于 A^0，则 A^0 即为所求。与第一种情况相同，铅垂线在基面上的落影也有一个共同的灭点 F_1。

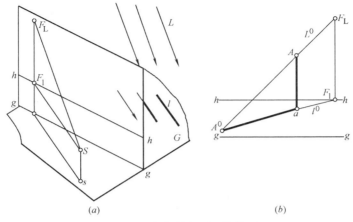

图 12-4 光线射向画面的背面

在两种不同方向的画面相交光线照射下，立体表面的阴面和阳面会产生不同的变化。

如图 12-5（a）、（b）所示，光线 L 射向画面的正面。当光线的灭点 F_L、F_1 在 F_x、F_y 之间时，立体的两可见侧面均为阳面；当光线的基灭点 F_1 在 F_x、F_y 外侧时，立体两可见侧面一为阳面，一为阴面。F_1 在 F_y 之右时，立体右侧面为阴面；F_1 在 F_x 之左时，立体左侧为阴面。

如图 12-5（c）、（d）所示，光线 L 射向画面的背面。当光线的灭点 F_L、F_1 在 F_x、F_y 之间时，立体的两可见侧面均为阴面；当光线的基灭点 F_1 在 F_x、F_y 的外侧时，立体两可见侧面一为阴面，一为阳面。F_1 在 F_y 之右时，立体左侧面为阴面，F_1 在 F_x 之左时，立体右侧面为阴面。

在透视阴影作图中，一般采取图 12-5（a）、（b）所示的形式，图 12-5（c）也可采用，一般较少采用图 12-5（d）所示的形式。

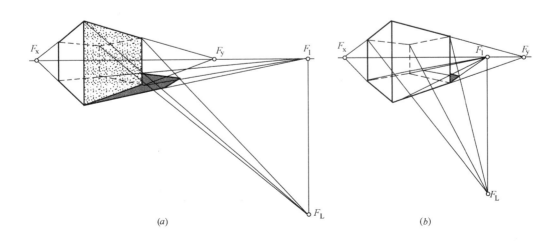

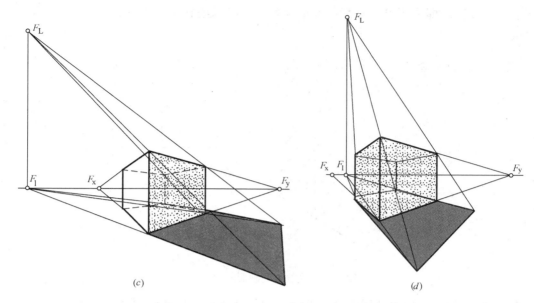

图 12-5　不同画面相交光线照射下，立体的阴面和阳面

12.2　建筑透视阴影的作图

在上一节中对空间一点和铅垂线在两种不同方向的平行光线照射下产生的落影进行了分析和作图。在本节中，将求作一些建筑形体在两种平行光线照射下产生的阴影。

1）足球门架的透视阴影

图 12-6 所示为一足球门架及一悬于半空的足球（以点 A 表示）的透视 A 和基透视 a，求它们在地面（基面）上的落影。过点 A 作光线的透视 L^0，过点 a 作光线的基透视 l^0，L^0 和 l^0 相交于 A^0，A^0 即为点 A 在地面上的落影；足球门架可看作由三条直线组成，即立柱 Bb、Cc 和横梁 BC。立柱 Bb，其端点 b 的落影即其本身，端点 B 的落影为 B^0，可以看出，Bb 的落影 B^0b 与光线的基透视 l^0 保持平行，即为水平线。同理，立柱 Cc 的落影应与 B^0b 平行，也为一水平线。连接 B^0C^0，即为横梁 BC 的落影，由于 BC 为基面平行线，故 $B^0C^0 /\!/ BC$，在透视图中，B^0C^0 和 BC 消失在同一个灭点 F。

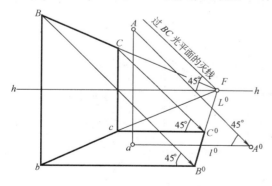

图 12-6　足球门架的透视阴影

2）四棱柱的透视阴影

图 12-7 所示为一四棱柱的透视，现求其在地面上的落影。首先，确定四棱柱的阴线，由于光线是从左上方照射过来，故其阴线为 aABCc；然后，分别求出 A、B、C 三点的透视落影 A^0、B^0、C^0，即得四棱柱的透视阴影。从图中可以看出，水平线 AB 在基面上的

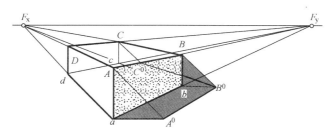

图 12-7 四棱柱的透视阴影

落影 A^0B^0 的灭点是 F_y，水平线 BC 在基面上的落影 B^0C^0 的灭点则是 F_x。

3）立杆 AB 在地面和单坡顶房屋上的落影

图 12-8 所示为一立杆 AB 及一单坡顶房屋的透视，求立杆 AB 的落影。立杆 AB 在地面上的落影是一段水平线 $B1^0$，1^0 是落影的转折点，自 1^0 开始，立杆就落影到墙面 $EIKJ$ 上。由于 $AB/\!/EIKJ$，故立杆 AB 在墙面上的落影 1^02^0 与 AB 平行，是一条铅垂线，2^0 也是落影的转折点，立杆的落影自 2^0 转折到屋面 $CEJM$ 上。为求点 A 在屋面上的落影，可将 $B1^0$ 延长与另一墙脚线交于 3，过 3 向上引竖直线与 CM 交于 4，连接 2^04，与过点 A 的光线相交于 A^0，A^0 即为所求。由于落影 2^0A^0 位于过 AB 的光平面内，光平面又与画面平行，所以 2^0A^0 也平行于画面，也就是说 2^0A^0 没有灭点，与屋面 $CEJM$ 的灭线 F_1F_y 只能互相平行。

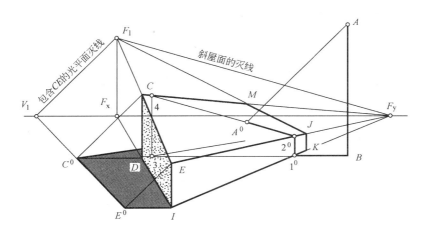

图 12-8 立杆 AB 在地面和单坡顶房屋上的落影

4）门架在地面和单坡顶房屋上的落影

图 12-9 所示为一门架 $NKAB$ 及一单坡顶房屋的透视，求该门架的落影。门架立柱 KN 在地面上的落影不再叙述，立柱 AB 在房屋上落影的求作方法同图 12-8，现要求出横梁 KA 在地面及房屋上的落影。KN 的落影为水平线，其在地面上的那段落影 K^03^0 应与 KN 共同灭于 s^0，3^0 是落影的转折点，自 3^0 开始，横梁就落影到墙面上。延长 NB 与 IF_y 交于 6，过 6 作竖直线与 KA 的延长线交于 5，56 是两平面 $NKAB$ 和 $EINJ$ 的交线，点 5 为 KA 与墙面 $EINJ$ 的交点，由此可知，KA 在该墙面上的落影必定通过点 5，连接 3^05 与 EJ 相交于 4^0，4^0 又成为落影的转折点。横梁 KA 的落影自 4^0 转折到屋面上，连

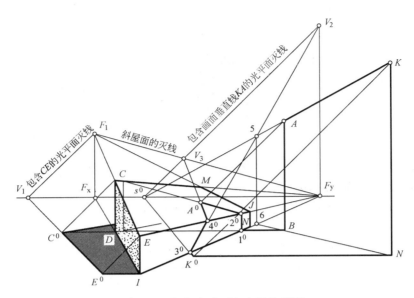

图 12-9 门架在地面和房屋的落影

接 $A^0 4^0$，即为所求。

由本例可看出：画面平行线无论在水平面、铅垂面，还是在倾斜面上的落影，总是一条画面平行线，其落影与承影面的灭线一定互相平行；画面相交线无论在水平面、铅垂面，还是在倾斜面上的落影，总是一条画面相交线，其落影的透视必然有灭点，由于直线的落影包含该直线光平面与承影面的交线，因此，光平面灭线和承影面灭线的交点，即为落影的灭点，如图 12-9 中 KA 在屋面上的落影 $4^0 A^0$，其灭点 V_3 就是屋面的灭线 $F_y F_1$ 和过 KA 的光平面的灭线 $s^0 V_2$ 的交点。

5）台阶的阴影

图 12-10 所示是一台阶的透视，求其阴影。已知光线从左上方射来，台阶的踏面、踢面均为阳面，左右栏板的左侧、前面、斜面和顶面为阳面，右侧面为阴面。左栏板的阴线是 $dDEK$，右栏板的阴线是 $aABC$，$dD // aA$，$DE // AB$，$EK // BC$，这些线在透视图中应灭于同一点。由于右栏板的承影面较为简单，故在作图时先求右栏板阴线的落影。作图过程如下：

（1）过 A 作光线，与过 a 的水平线相交于 A^0；过 B 作光线，与过 b 的水平线交于 B^0，连接 $B^0 F_y$ 与墙脚线交于 X_{BC}^0，再连接 C、X_{BC}^0，即为所求右栏板的落影。

（2）求出点 D 在地面上的落影 D^0，点 E 在地面上的虚影为 (E^0)，连接 D^0、(E^0)，与第一个踢面的下边线相交于 1^0，$D^0 1^0$ 即为 DE 上的一段 $D1$ 在地面上的落影。

（3）将第一个踢面扩大，与阴线相交于点 J，连接 $1^0 J$，与第一个踢面的上边线（或第一个踏面的前边线）相交于 2^0，$1^0 2^0$ 即为 DE 上的一段 12 在第一个踢面上的落影。

（4）同理，可求出点 E 在第一个踏面上的虚影 (E_1^0)，连接 $2^0 (E_1^0)$，得 3^0，进而求得 4^0，$3^0 4^0$ 即为 DE 上的一段 34 在第二个踢面上的落影。

（5）求出点 E 在第二个踏面上的落影 E_2^0，连接 $4^0 E_2^0$，即为 DE 上的一段 $4E$ 在第二个踏面上的落影。

（6）EK 为水平线，其在第二、第三个踏面上的落影与 EK 共同灭于 F_y。连接 $E_2^0 F_y$，与第三个踢面的下边线相交于 5^0；将第三个踢面扩大，与 EK 相交于点 M，连接 5^0、M 与第三个踢面的上边线相交于 6^0，$5^0 6^0$ 即为 EK 上的一段 56 在第三个踢面上落影。

（7）连接 $6^0 F_y$，与最上踏面上的后边线交于 7^0，连接 7^0、K，至此，完成台阶的透视阴影作图。

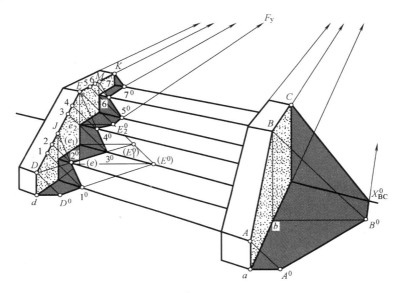

图 12-10　台阶的透视阴影

第 13 章　建筑施工图

13.1　建筑施工图概述

房屋是供人们工作、学习、生活和娱乐的场所。将一幢拟建房屋的内外形状、大小，以及各部分的结构、构造、装修、设备等内容，按照"国标"的规定，用正投影的方法详细准确画出的图样，称为"房屋建筑图"。它是用以指导施工的一套图纸，所以又称为"施工图"。

13.1.1　房屋建筑的类型及组成

房屋按功能可分为工业建筑（如厂房、仓库、动力站等）、农业建筑（如粮仓、饲养场、拖拉机站等），以及民用建筑。民用建筑按其使用功能又可分为居住建筑（如住宅、宿舍等）和公共建筑（如学校、商场、医院、车站等）。

各种不同功能的房屋建筑，一般都是由基础、墙（柱）、楼（地）面、楼梯、屋顶、门、窗等基本部分所组成，另外还有阳台、雨篷、台阶、窗台、雨水管、散水以及其他一些构配件和设施。

基础位于墙或柱的最下部，是房屋与地基接触的部分。基础承受建筑物的全部荷载，并把全部荷载传递给地基。基础是建筑物最重要的组成部分，它必须坚固、耐久、稳定，能经受地下水及土壤中所含化学物质的侵蚀。

墙是建筑物的承重构件和围护构件。作为承重构件，承受着建筑物由屋顶或楼板层传来的荷载，并将这些荷载再传给基础；作为围护构件，外墙起着抵御自然界各种因素对室内侵袭的作用，内墙起着分隔空间、隔声、遮挡视线，以及保证室内环境舒适的作用。墙体要有足够的强度、稳定性，以及良好的保温、隔热、隔声、防火、防水等能力。

柱是框架或排架结构的主要承重构件，和承重墙一样承受楼板层、屋顶以及吊车梁等传来的荷载，必须具有足够的承载力和刚度。

楼板层是水平方向的承重构件，并用来分隔楼层之间的空间。它承受人和家具、设备的荷载，并将这些荷载传递给墙或梁，应有足够的承载力和刚度，以及良好的隔声、防火、防水、防潮等能力。

楼梯是房屋的垂直交通设施，供人们上下楼层使用。楼梯应有足够的通行能力，应做到坚固和安全。

屋顶是房屋顶部的围护构件，抵抗风、雨、雪的侵袭和太阳辐射热的影响。屋顶又是房屋的承重构件，承受风、雪和施工期间的各种荷载等。屋顶应坚固耐久，具有防水、保温、隔热等性能。

门的主要功能是通行和通风，窗的主要功能是采光和通风。

13.1.2 施工图的分类和编排顺序

施工图由于专业分工的不同，可分为建筑施工图、结构施工图和设备施工图。

一套简单的房屋施工图有几十张图纸，一套大型复杂建筑物的施工图甚至有几百张图纸。为了便于看图，根据专业内容或作用的不同，一般需要将这些图纸进行排序。

(1) 图纸目录：又称标题页或首页图，说明该套图纸有几类，各类图纸分别有几张，每张图纸的图号、图名、图幅大小；如采用标准图，应写出所使用标准图的名称，所在的标准图集和图号或页次。编制图纸目录的目的，是为了便于查找图纸，图纸目录中应先列新绘制图纸，后列选用的标准图或重复利用的图纸。

(2) 设计总说明（首页）：主要介绍工程概况、设计依据、设计范围及分工、施工及建造时应注意的事项。内容一般包括：本工程施工图设计的依据；本工程的建筑概况，如建筑名称、建设地点、建筑面积、建筑等级、建筑层数、人防工程等级、主要结构类型、抗震设防烈度等；本工程的相对标高与总图绝对标高的对应关系；有特殊要求的做法说明，如屏蔽、防火、防腐蚀、防爆、防辐射、防尘等；对采用新技术、新材料的做法说明；室内室外的用料说明，如砖强度等级、砂浆强度等级、墙身防潮层、地下室防水、屋面、勒脚、散水、室内外装修做法等。

(3) 建筑施工图（简称建施）：主要表示建筑物的总体布局、外部造型、内部布置、细部构造、内外装饰、固定设施和施工要求的图样。一般包括总平面图、建筑平面图、建筑立面图、建筑剖面面、门窗表和建筑详图等。

(4) 结构施工图（简称结施）：主要表示房屋的结构设计内容，如房屋承重构件的布置，构件的形状、大小、材料等。一般包括结构平面布置图和各构件详图等。

(5) 设备施工图（简称设施）：包括给水排水、采暖通风、电气照明等设备的布置平面图、系统图和详图，表示上、下水及供暖管道管线布置，卫生设备及通风设备等的布置，电气线路的走向和安装要求等。

13.1.3 标准图（集）

为了加快设计和施工速度，提高设计和施工的质量，将各种大量常用的建筑物及其构配件，按照国家标准规定的模数协调，根据不同的规格标准，设计编绘出成套的施工图，以供设计和施工时选用，这种图样称为标准图或通用图。将其装订成册即为标准图集或通用图集。

标准图（集）分为两个层次，第一是国家标准图（集），经国家有关部、委批准，可以在全国范围内使用；第二是地方标准图（集），经各省、市、自治区有关部门批准，可以在相应地区范围内使用。

标准图有两种，一种是整幢建筑的标准设计（定型设计）图集；另一种是目前大量使用的建筑构配件标准图集，以代号"G"（或"结"）表示建筑构件图集，以代号"J"（或"建"）表示建筑配件图集。

13.1.4 阅读施工图的方法

施工图的绘制是前述各章投影理论和图示方法及有关专业知识的综合应用。阅读施工图，必须做到以下几点：

(1) 掌握投影原理和形体各种图样的绘制方法，熟识施工图中常用的图例、符号、线型、尺寸和比例的意义。

（2）观察和了解房屋的组成及其基本构造。

（3）熟悉有关的国家标准。

（4）阅读时，应先整体后局部，先文字说明后图样，先图形后尺寸。按目录顺序通读一遍，对工程对象的建设地点、周围环境、建筑物的大小及形状、结构形式和建筑关键部位等情况先有概括的了解。然后，不同工种的技术人员，根据不同要求重点深入地阅读不同类别的图纸。阅读时注意各类图纸的联系，互相对照，避免发生矛盾而造成质量事故或经济损失。

13.1.5 施工图中常用的符号

1）定位轴线

在施工图中通常将房屋的基础、墙、柱、墩和屋架等承重构件的轴线画出，并进行编号，以便于施工时定位放线和查阅图纸。这些轴线称为定位轴线。

《房屋建筑制图统一标准》GB/T 50001—2001 规定：定位轴线应用细点画线绘制。定位轴线一般应编号，编号注写在轴线端部的圆内。圆应用细实线绘制，直径为 8~10mm。定位轴线圆的圆心，应在定位轴线的延长线上或延长线的折线上，如图 13-1 所示。

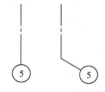

图 13-1 定位轴线

平面图上定位轴线的编号，宜标注在图样的下方与左侧。横向编号应用阿拉伯数字，按从左至右顺序编写，竖向编号应用大写拉丁字母，从下至上顺序编写，如图 13-2 所示。拉丁字母的 I、Z、O 不得用作编号，以免与数字 1、2、0 混淆。如字母数量不够时，可增用双字母或加数字注脚，如 A_A、B_A……Y_A 或 A_1、B_1……Y_1。

对于一些与主要承重构件相联系的次要构件，它们的定位轴线一般作为附加定位轴线。附加定位轴线的编号，应以分数形式表示，"国标"规定：两根定位轴线间的附加定位轴线，应以分母表示前一轴线的编号，以分子表示附加定位轴线的编号，编号宜用阿拉伯数字顺序编写。"国标"还规定：特殊情况下，可以在①号轴线和Ⓐ号轴线之前

图 13-2 定位轴线的编号顺序

附加轴线，但附加定位轴线的分母应以 01 或 0A 表示，如图 13-3 所示。

一个详图适用于几根轴线时，应同时注明各有关轴线的编号，通用详图中的定位轴

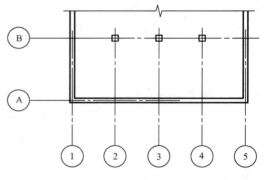

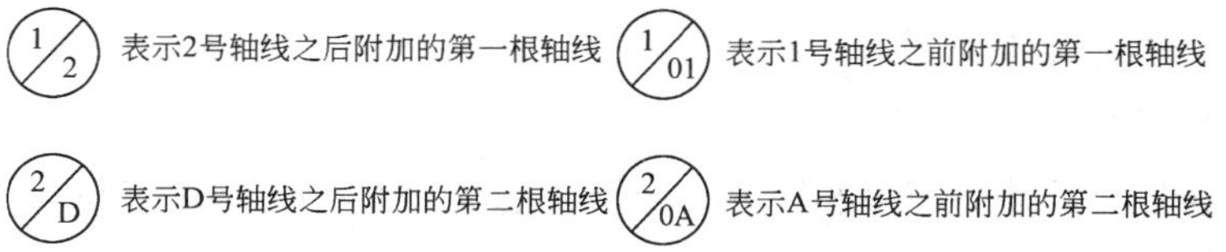

图 13-3 附加定位轴线

线，应只画圆，不注写轴线编号，如图13-4所示。

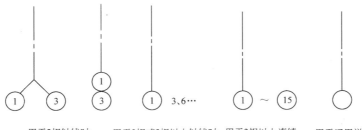

图 13-4　详图的轴线编号

组合较复杂平面图中的定位轴线也可采用分区编号，编号的注写形式应为"分区号—该分区编号"。分区号采用阿拉伯数字或大写拉丁字母表示，如图13-5所示。

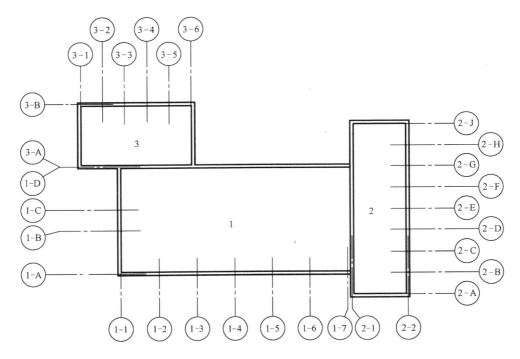

图 13-5　定位轴线的分区编号

2）标高符号

标高是建筑物高度的一种尺寸标注形式。在施工图中，建筑某一部分的高度通常用标高符号来表示。标高符号应以直角等腰三角形表示，按图13-6（a）所示形式用细实线绘制，如标注位置不够，也可按图13-6（b）所示形式绘制。标高符号的具体画法如图13-6（c）、（d）所示。

在立面图和剖面图中，标高符号的尖端应指至被注高度的位置。尖端一般应向下，也可向上。应当注意：当标高符号在图形的外部时，在标高符号的尖端位置必须增加一条引

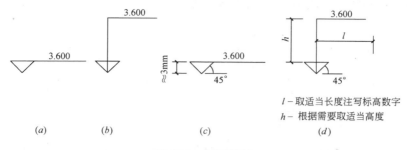

图 13-6　标高符号

出线指向所注写标高的位置；当标高符号在图形的内部直接指至被注高度的位置时，在标高符号的尖端位置就不必再增加一条引出线了，如图 13-7 所示。标高符号的尖端应指至被注高度的位置，尖端一般应向下，也可向上。在立面图和剖面图中，应注意当标高符号在图形的左侧时，标高数字按图中左侧方式注写；当标高符号位于图形右侧时，标高数字按图中右侧方式注写。在平面图中，标高符号的尖端位置没有引出线，如图 13-6（a）所示。

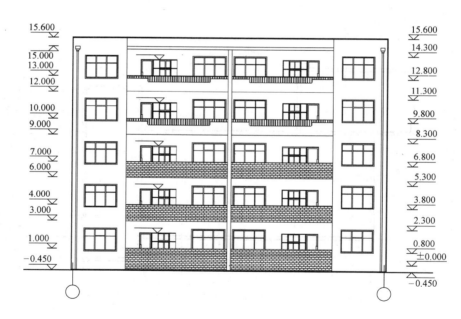

图 13-7　立面图和剖面图上标高符号注法

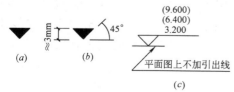

图 13-8　标高符号的几种形式

在总平面图中，室外地坪标高符号，宜用涂黑的三角形表示，如图 13-8（a）所示，具体画法如图 13-8（b）所示。当在图样的同一位置需表示几个不同标高时，标高数字应按图 13-8（c）的形式注写，注意括号外的数字是现有值，括号内的数值是替换值。

标高数字应以米为单位，注写到小数点以后第三位。在总平面图中，可注写到小数点后第二位。零点标高应注写成±0.000，正数标高不注"+"，负数标高应注"-"，例如：3.200、-0.450。

标高有绝对标高和相对标高之分。绝对标高是以青岛附近的黄海平均海平面为零点，并以此为基准的标高。在实际设计和施工中，用绝对标高不方便，因此习惯上常以建筑物室内底层主要地坪为零点，并以此为基准点的标高，称为相对标高。比零点高的为"+"，比零点低的为"-"。在设计总说明中，应注明相对标高与绝对标高的关系。

建筑物的标高，还可以分为建筑标高和结构标高，如图13-9所示。建筑标高是构件包括粉饰层在内的、装修完成后的标高；结构标高则不包括构件表面的粉饰层厚度，是构件的毛面标高。

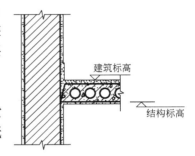

图13-9 建筑标高与结构标高

3) 索引符号与详图符号

图样中的某一局部或构件，如需另见详图，应以索引符号表明详图的编号、详图的位置以及详图所在图纸编号。

(1) 索引符号

索引符号是需要将图样中某一局部或构件画出详图而标注的一种符号，用以表明详图的编号、详图的位置以及详图所在图纸编号。索引符号是由直径为10mm的圆和水平直径组成的，圆及水平直径均应以细实线绘制，在上半圆中用阿拉伯数字注明该详图的编号，数字较多时，可加文字标注。索引符号需用一引出线指向要画详图的地方，引出线应对准圆心，如图13-10(a)所示。索引出的详图，如与被索引的详图同在一张图纸内，应在索引符号的下半圆中间画一段水平细实线，如图13-10(b)所示。索引出的详图，如与被索引的详图不在同一张图纸内，应在索引符号的下半圆中用阿拉伯数字注明该详图所在图纸的编号，如图7-10(c)所示。

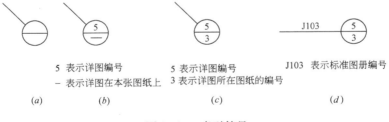

图13-10 索引符号

索引出的详图，如采用标准图，应在索引符号水平直径的延长线上加注该标准图册的编号，如图13-10(d)所示。

索引符号如用于索引剖面详图，应在被剖切的部位绘制剖切位置线，并以引出线引出索引符号，引出线所在的一侧应为投射方向。索引符号的编写方法同上，如图13-11所示。

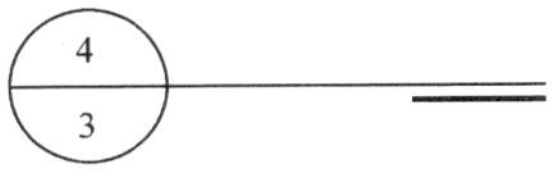

图13-11 用于索引剖面详图的索引符号

(2) 详图符号

详图符号表示索引出详图的位置和编号，以此作为详图的图名，一般不用文字书写图名，以免产生混淆。详图符号圆的直径为14mm，用粗实线绘制。详图与被索引的图样同在一张图纸内时，应在详图符号内用阿拉伯数字注明详图的编号，如图13-12（a）所示。详图与被索引的图样不在同一张图纸内，应用细实线在详图符号内画一水平直径，在上半圆中注明详图编号，在下半圆中注明被索引图纸的编号，如图13-12（b）所示。

零件、钢筋、构件、设备等的编号，以直径为4～6mm（同一图样应保持一致）的细实线圆表示，其编号应用阿拉伯数字按顺序编写，如图13-13所示。

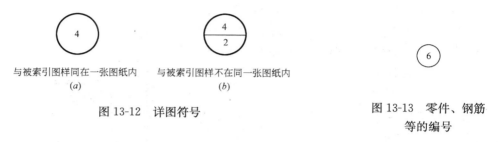

图13-12　详图符号　　　　　　　　　图13-13　零件、钢筋等的编号

4）引出线

引出线是对建筑工程的构造或处理进行文字说明的一种方式，引出线应以细实线绘制，宜采用水平方向的直线，与水平方向成30°、45°、60°、90°的直线，或经上述角度再折为水平线。文字注明宜注写在水平线的上方，如图13-14（a）所示，也可注写在水平线的端部，如图13-14（b）所示。同时引出几个相同部分的引出线，宜互相平行，如图13-14（c）所示，也可画成集中于一点的放射线，如图13-14（d）所示。

图13-14　引出线

多层构造或多层管道共用引出线，应通过被引出的各层。文字说明宜注写在水平线的上方或注写在水平线的端部，说明的顺序由上至下，并应与被说明的层次相互一致；如层次为横向排序，则由上至下的说明顺序应与由左至右的层次相互一致，如图13-15所示。

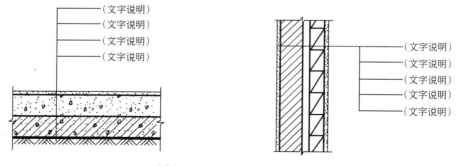

图13-15　多层构造引出线

5）其他符号

（1）对称符号

由对称线和两端的两对平行线组成。对称线用细点画线绘制;平行线用细实线绘制,其长度宜为6~10mm,每对的间距宜为2~3mm。对称线垂直平分于两对平行线,两端超出平行线宜为2~3mm,如图13-16(a)所示。

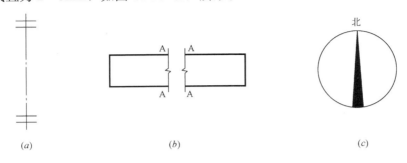

图 13-16 其他符号
(a) 对称符号;(b) 连接符号;(c) 指北针

(2) 连接符号

应以折断线表示需连接的部位。两部位相距过远时,折断线两端靠图样一侧应标注大写拉丁字母表示连接编号。两个被连接的图样必须用相同的字母编号,如图13-16(b)所示。

(3) 指北针

指北针的形状如图13-16(c)所示,其圆的直径宜为24mm,用细实线绘制;指针尾部的宽度宜为3mm,指针头部应注"北"或"N"。需用较大直径绘制指北针时,指针尾部宽度宜为圆直径的1/8。

13.1.6 施工图常用比例

为了清楚地表达施工图的内容,根据不同图样的要求,可以选用不同的比例。根据"国标"规定,施工图的绘图比例应符合表13-1的要求,绘图时应优先选用常用比例。

常用比例和可用比例　　　　　　表 13-1

图　名	比　例	可用比例
总平面图	1∶500、1∶1000、1∶2000、1∶10000、1∶20000	1∶2500、1∶25000
建筑平面图、立面图、剖面图、结构布置图	1∶50、1∶100、1∶150、1∶200	1∶60、1∶80、1∶250、1∶300
详图	1∶1、1∶2、1∶5、1∶10、1∶20、1∶50	1∶3、1∶4、1∶6、1∶15、1∶25、1∶30、1∶40

13.2 总平面图

总平面图是将拟建工程四周一定范围内的新建、拟建、原有和拆除的建筑物、构筑物连同其周围的地形地物状况,用水平投影方法和相应的图例所画出的图样。它表明新建房屋的平面轮廓形状和层数、与原有建筑物的相对位置、周围环境、地形地貌、道路和绿化的布置等情况,是新建房屋及其他设施施工定位、土方施工、施工总平面设计以及水、暖、电、燃气等管线总平面设计的依据。

13.2.1 总平面图的图示内容及要求

1) 图示内容

（1）测量坐标网或建筑坐标网；

（2）新建筑的定位坐标（或相互关系尺寸）、名称（编号）、层数及室内外标高；

（3）相邻有关建筑、拆除建筑的位置或范围；

（4）指北针或风向频率玫瑰图；

（5）道路（或铁路）、明沟等的起点、变坡点、转折点、终点的标高与坡向箭头；

（6）附近的地形地物，如等高线、道路、水沟、河流、池塘、土坡等；

（7）用地范围内的绿化、公园等以及管道布置。

2) 比例、图线和图例

总平面图一般采用 1：500、1：1000、1：2000 的比例。总平面图中所注尺寸宜以米为单位，注写至小数点后两位，不足时以"0"补齐。

由于绘图比例较小，在总平面图中所表达的对象，要用《总图制图标准》（GB/T 50103—2001）中所规定的图例来表示。常用的总平面图例见表 13-2。

总平面图例（部分） 表 13-2

序号	名 称	图 例	附 注
1	新建建筑物	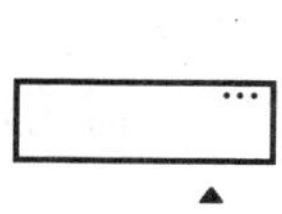	1. 需要时,可用▲表示出入口,在图形内右上角用点数或数字表示层数 2. 建筑物外形（一般以±0.00 高度处的外墙定位轴线或外墙面线为准）用粗实线表示。需要时,地面以上建筑物用粗实线表示,地面以下建筑用细虚线表示
2	原有建筑物	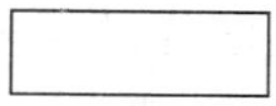	用细实线表示
3	计划扩建的预留地或建筑物		用中粗虚线表示
4	拆除的建筑物	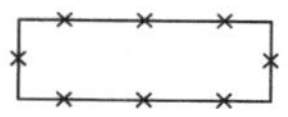	用细实线表示
5	铺砌场地	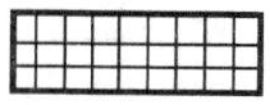	
6	敞棚或敞廊	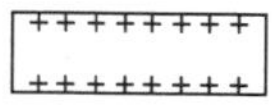	
7	围墙及大门	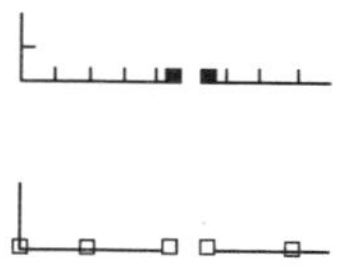	上图为实体性质的围墙,下图为通透性质的围墙,若仅表示围墙时不画大门
8	挡土墙		被挡土在"突出"的一侧
9	填挖边坡		边坡较长时,可在一端或两端局部表示

续表

序号	名 称	图 例	附 注
10	护坡	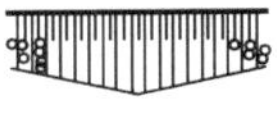	
11	室内标高	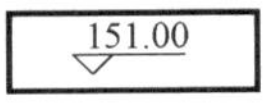 151.00	
12	室外标高	 143.00	室外标高也可以用等高线表示
13	新建的道路	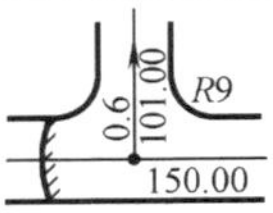	"R9"表示道路转弯半径为9m,"150.00"为路面中心控制点标高,"0.6"表示0.6%的纵向坡度,"101.00"表示变坡点间距
14	原有道路	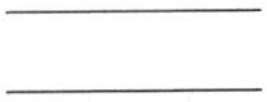	
15	计划扩建的道路		
16	拆除的道路	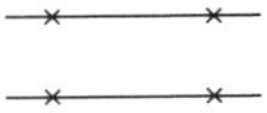	
17	人行道	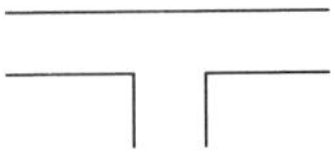	
18	桥梁	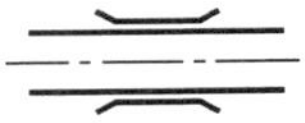 	1. 上图为公路桥,下图为铁路桥; 2. 用于旱桥时应注明
19	花卉		
20	植草砖铺地	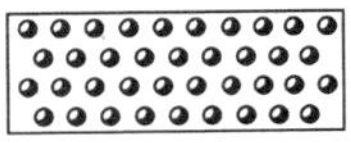	

3）风向频率玫瑰图

风向频率玫瑰图（简称风玫瑰图）用来表示该地区常年的风向频率和房屋的朝向。风玫瑰图是根据当地多年平均统计的各个方向吹风次数的百分数，按一定的比例绘制的，与风力无关。风的吹向是指从外吹向中心，箭头的方向为北向。实线表示全年风向频率，虚线表示按6、7、8三个月统计的夏季风向频率，如图13-17所示。

4）坐标注法

在大范围和复杂地形的总平面图中，为了保证施工放线正确，往往以坐标表示建筑

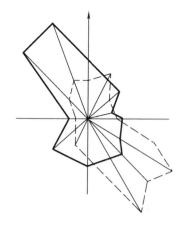

图 13-17　风向频率玫瑰图

物、道路和管线的位置。坐标有测量坐标与建筑坐标两种坐标系统，如图 13-18 所示。坐标网格应以细实线表示，一般应画成 100m×100m 或 50m×50m 的方格网。测量坐标网应画成交叉十字线，坐标代号宜用"X、Y"表示；建筑坐标网应画成网格通线，坐标代号宜用"A、B"表示。坐标值为负数时，应注"—"号，为正数时，"+"号可省略。

当总平面图上有测量和建筑两种坐标系统时，应在附注中注明两种坐标系统的换算公式。表示建筑物、构筑物位置的坐标，宜注其三个角的坐标，如建筑物、构筑物与坐标轴线平行，可注其对角坐标。在一张图上，主要建筑物、构筑物用坐标定位，较小的建筑物、构筑物也可用相对尺寸定位。

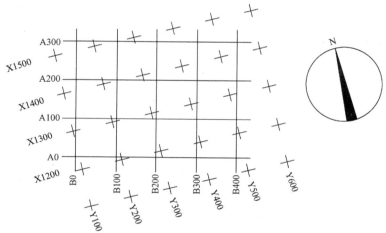

注：图中X为南北方向轴线，X的增量在X轴线上，Y为东西方向轴线，Y的增量在Y轴线上。
A轴相当于测量坐标网中的X轴，B轴相当于测量坐标网中的Y轴

图 13-18　坐标网格

13.2.2　识读总平面图示例

图 13-19 是某学校的总平面图。它表明该学校在靠近公园池塘的围墙内，要新建两幢 4 层教师公寓。

(1) 明确新建教师公寓的位置、大小和朝向

新建教师公寓的位置是用定位尺寸表示的。北幢与浴室相距 17.30m，与西侧道路中心线相距 6.00m，两幢教师公寓相距 17.20m。新建公寓均呈矩形，左右对称，东西向总长 29.04m，南北向总宽 14.04m，南北朝向。

(2) 新建教师公寓周围的环境情况

从图 13-19 中可看出，该学校的地势是自西北向东南倾斜。学校的最北面是食堂，虚线部分表示扩建用地；食堂南面有两个篮球场，篮球场的东面有锅炉房和浴室；篮球场的西面和南面各有一综合楼；在新建教师公寓东南角有一即将拆除的建筑物，该校的西南还有拟建的教学楼和道路；学校最南面有车棚和传达室，学校大门也设在此处。

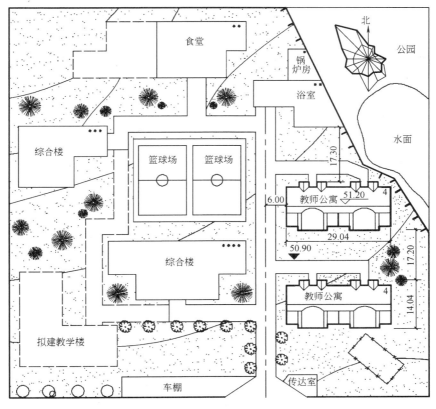

图 13-19 总平面图

13.3 建筑平面图

13.3.1 概述

假想用一水平的剖切面沿门窗洞口的位置将房屋剖切后，对剖切面以下部分房屋所作出的水平剖面图，称为建筑平面图，简称平面图。它反映出房屋的平面形状、大小，房间的布置形式，墙（或柱）的位置、厚度和材料，门窗的类型和位置等情况。

平面图是建筑专业施工图中最主要、最基本的图纸，其他图纸（如立面图、剖面图及某些详图）多是以它为依据派生和深化而成的。建筑平面图也是其他工种（如结构、设备、装修）进行相关设计与制图的主要依据，其他工种（特别是结构与设备）对建筑的技术要求也主要在平面图中表示，如墙厚、柱子断面尺寸、管道竖井、留洞、地沟、地坑、明沟等。因此，平面图与建筑施工图其他的图样相比，较为复杂，绘图也要求全面、准确、简明。

建筑平面图通常是以层数来命名的，若一幢多层房屋的各层平面布置都不相同，应画出各层的建筑平面图，并在每个图的下方注明相应的图名和比例。若各层的房间数量、大小和布置都相同时，至少要画出三个平面图，即底层平面图、标准层平面图、顶层平面图（其中标准层平面图是指中间各层相同的楼层可用一个平面图表示，称为标准层平面图）。

若建筑平面图左右对称,则习惯上也可将两层平面图合并画在同一个图上,左边画出一层的一半,右边画出另一层的一半,中间用对称线分界,在对称线两端画上对称符号,并在图的下方分别注明它们的图名。

平面较大的建筑物,可分区绘制平面图,但每张平面图均应绘制组合示意图,如图13-20 所示。各区应分别用大写拉丁字母编号。在组合示意图要提示的分区,应采用阴影线或填充的方式表示。

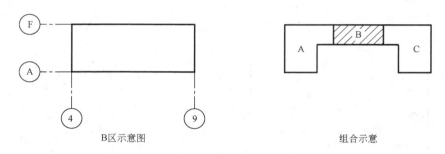

图 13-20　平面组合示意图

屋顶平面图是房屋顶部按俯视方向在水平投影面上所得到的正投影图,由于屋顶平面图比较简单,常常采用较小的比例(1∶200)绘制。在屋顶平面图中应详细表示有关定位轴线、屋顶的形状、女儿墙(或檐口)、天沟、变形缝、天窗、详图索引符号、分水线、上人孔、屋面、水箱、屋面的排水方向与坡度、雨水口的位置、检修梯、其他构筑物、标高等。此外,还应画出顶层平面图中未表明的顶层阳台雨篷、遮阳板等构件。

局部平面图可以用于表示两层或两层以上合用平面图中的局部不同处,也可以用来将平面图中某个局部以较大的比例另外画出,以便能较为清晰地表示出室内一些固定设施的形状,标注它们的细部尺寸和定位尺寸。这些房屋的局部,主要是指:卫生间、厨房、楼梯间、高层建筑的核心筒、人防出入口、汽车库坡道等。

顶棚平面图宜用镜向投影法绘制。

13.3.2　建筑平面图的图示内容

(1) 墙体、柱、墩、内外门窗位置及编号。

(2) 注写有关尺寸,建筑平面图标注的尺寸有三类:外部尺寸、内部尺寸及标高。

建筑平面图的外部尺寸共有三道尺寸,由外向内,第一道为总尺寸,表示房屋的总长、总宽;第二道为轴线尺寸,表示定位轴线之间的距离;第三道为细部尺寸,表示外墙门窗洞口的宽度和定位尺寸。三道尺寸线之间应留有适当距离(一般为7~10mm,但第三道尺寸线应距图形最外轮廓线 15~20mm),以便注写数字。

建筑平面图的内部尺寸表示内墙上门窗洞口和某些构配件的尺寸和定位。

建筑平面图常以一层主要房屋的室内地坪为零点(标记为±0.000),分别标注出各房间楼地面的标高。

(3) 表示电梯、楼梯位置及楼梯上下方向、踏步数及主要尺寸。

(4) 表示阳台、雨篷、窗台、通风道、烟道、管道井、雨水管、坡道、散水、排水沟、花池等位置及尺寸。

(5) 表示固定的卫生器具、水池、工作台、橱柜、隔断等设施及重要设备位置。

(6) 表示地下室、地坑、检查孔、墙上预留洞、高窗等位置与标高。如不可见，则应用细虚线画出。

(7) 底层平面图中应画出剖面图的剖切符号，并在底层平面图附近画出指北针（注：指北针、散水、明沟、花池等在其他楼层平面图中不再重复画出）。

(8) 标注有关部位节点详图的索引符号。

(9) 注写图名和比例。

13.3.3 读图示例

1) 读图

现以某教师公寓为例，说明平面图的内容及其阅读方法，如图 7-21～图 7-23 所示。

图 13-21 是该住宅的储藏室平面图。从图中可以看出，储藏室地面标高为 -2.200，室外地面标高为 -2.500，说明储藏室地面比室外地面高出 300mm。

该层共有 12 间储藏室作为车库使用，在出口处都有坡道与室外地面相连，北面 4 间储藏室出口处都有室外台阶（2 个踏步）与室外地面相连，其余 4 间储藏室由单元入口进入。

楼梯间的开间为 2600mm，所画出的那部分梯段是沿单元入口通向第一层楼面的第一个梯段，该梯段共有 12 个踏面，宽度均为 280，尺寸标注为：12×280＝3360，说明了该梯段的长度为 3360。

该住宅沿横向共有 17 条定位轴线，沿纵向共有 8 条定位轴线，住宅最左与最右墙体的外侧，各有宽度为 900mm 的散水，被前后的坡道打断。

储藏室平面中共有三种类型的门：M4、M5、DM1，宽度分别为 2700mm、900mm、1500mm。

图 13-22 是该住宅的一层平面图。从图中可以看出，该层室内主要房间的地面标高为 ±0.000，厨房、卫生间地面标高为 -0.020，这是由于厨房与卫生间的地面上经常有水存在，为防止水从厨房与卫生间内流入客厅或其他房间，故有水房间地面应低于其他房间地面 20mm，因此这样的房间门在图样中都会增加一条细线表示门口线。

该层共有 4 户，每梯两户，每户的房间组成及大小都是一样的，两间卧室为南向，具有良好的朝向，餐厅与卫生间置于北向，客厅与餐厅没有用墙体隔开。部分房间内还画出了主要的家具和设备等。卫生间内都有太阳能热水器管道井，其构造做法可以在建筑施工图第四张图纸上查阅。

该层平面中有 C1、C2、C3（凸窗）、C4（弧窗）以及 C1A 五种类型的窗，有 M1、M2、M3 三种类型的门，关于这些门窗的具体情况，可通过"设计总说明"中的门窗表进行查阅。

图 13-23 是该住宅的屋顶平面图，可以看出：该屋顶为双坡屋面，屋面坡度为 1/2，沿纵墙方向设有天沟，天沟的排水坡度为 0.5%；每户都有一个露台，为阁楼层的住户使用；在房屋的南北向天沟内各设置了 3 根和 5 根落水管；在靠近屋脊处设有两个屋顶检查孔（即人孔），其详图可查阅山东省建筑标准图集 LJ104；由于卫生间为暗的（即没有外窗），故按设计规范要求应设有通风道，且通向屋顶高出屋面；屋面处还设有六个阁楼窗 GC1，为阁楼的起居室采光通风。

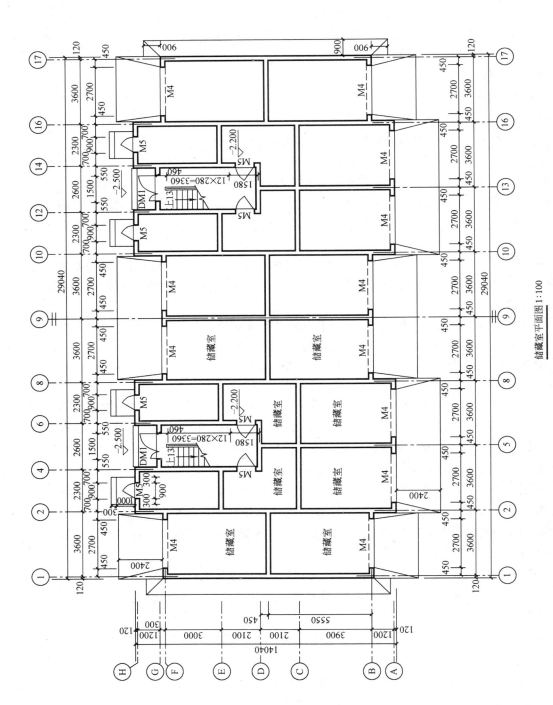

图 13-21 储藏室平面图

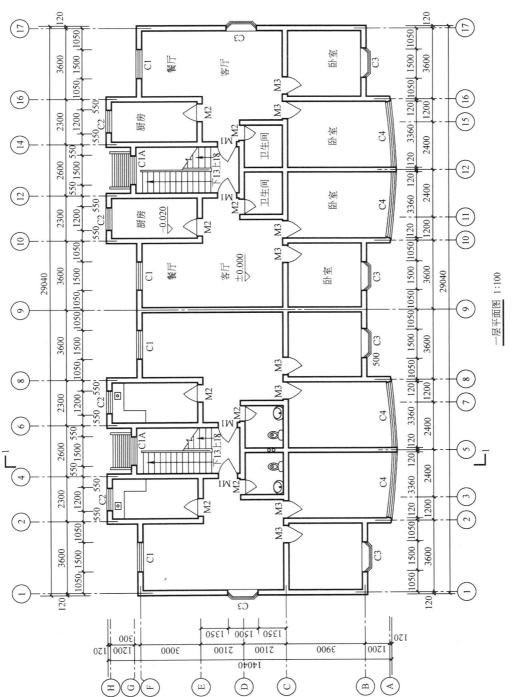

图 13-22　一层平面图

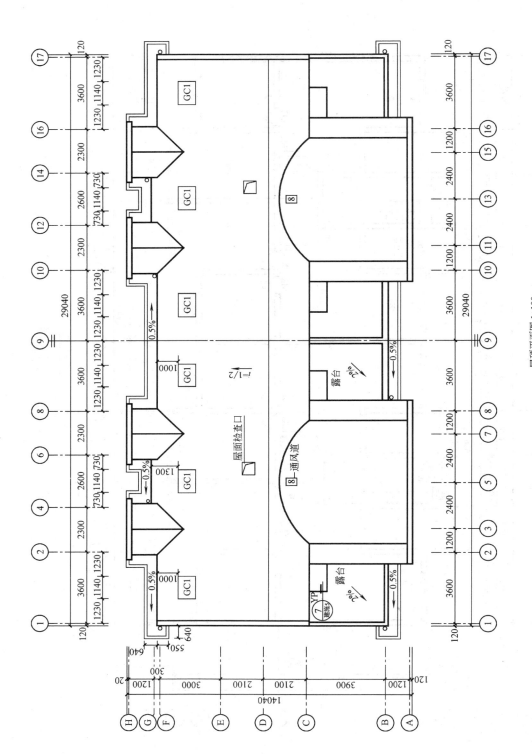

图 13-23 屋顶平面图

2) 平面图线型

平面图的线型一般有五种：剖到的墙柱断面轮廓用粗实线；剖到的门扇用中实线（单线）或细实线（双线）；定位轴线用细单点长画线；看到的构配件轮廓和剖到的窗扇用细实线；被挡住的构配件轮廓用细虚线。

3) 定位轴线

从图中定位轴线的编号及其间距，可了解到各承重构件的位置及房间的大小。本例房屋的横向定位轴线为①～⑰，纵向定位轴线为Ⓐ～Ⓗ。

4) 墙、柱的断面

平面图中墙、柱的断面应根据平面图不同的比例，按《建筑制图标准》(GB/T 50104—2001) 中的规定绘制。

比例大于 1∶50 的平面图、剖面图，应画出抹灰层与楼地面、屋面的面层线；比例为 1∶100～1∶200 的平面图、剖面图，可画简化的材料图例，如砌体墙涂红（或用空白表示）、钢筋混凝土涂黑等。

5) 尺寸标注

在平面图中标注的尺寸，有外部标注、内部标注和标高标注。

(1) 外部标注

为了便于读图和施工，当图形对称时，一般在图形的下方和左侧注写三道尺寸，图形不对称时，四面都要标注。本书以图 7-22 为例按尺寸由外到内的关系说明这三道尺寸：

第一道尺寸，是建筑总尺寸，是指从一端外墙边到另一端外墙边的总长和总宽的尺寸。一般在底层平面图中标注外包总尺寸，在其他各层平面中可以省略。本例建筑外包总尺寸为 29040mm 和 14040mm，在每个平面图中都进行了标注。

第二道尺寸，是表示轴线间距离的尺寸，用以说明房间的开间及进深，如①～②、⑧～⑨、⑨～⑩、⑯～⑰轴线间的房间开间均为 3.6m，②～⑤、⑤～⑧、⑩～⑬、⑬～⑯轴线间的房间开间也均为 3.6m (1.2m＋2.4m)，Ⓑ～Ⓒ轴线间的房间进深为 3.9m 等。

第三道尺寸，是表示外墙门窗洞口的尺寸。如①～②轴线间的窗 C3，其宽度为 1500m；窗洞边距离轴线为 1050mm；又如Ⓒ～Ⓔ轴线间的 C3，宽度为 1500mm，窗洞边距离两侧轴线均为 1350mm；②～④轴线间的窗 C2，宽度为 1200mm，窗洞边距离两侧轴线均为 550mm。

应该注意，门窗洞口尺寸不要与其他实体的尺寸混行标注，墙厚、雨篷宽度、台阶踏步宽度、花池宽度等应就近实体另行标注。

(2) 内部标注

为了说明房间的净空大小和室内的门窗洞、孔洞、墙厚和固定设备（如卫生间、工作台、搁板、厨房等）的大小与位置，以及室内楼地面的高度，在平面图上应清楚地注写出有关的内部尺寸。相同的内部构造或设备尺寸，可省略或简化标注，如"未注明之墙身厚度均为 240"、"除注明者外，墙轴线均居中"等。

(3) 标高标注

楼地面标高是表明各房间的楼地面对标高零点（±0.000）的相对高度。本例一层地面定为标高零点，厨房、卫生间地面标高是－0.020，说明这些房间地面比其他房间地面低 20mm。

其他各层平面图的尺寸,除标注出轴线间的尺寸和总尺寸外,其余与底层平面相同的细部尺寸均可省略。

6) 构造及配件等图例

为了方便绘图和读图,"国标"规定了一些构造及配件等的图例。

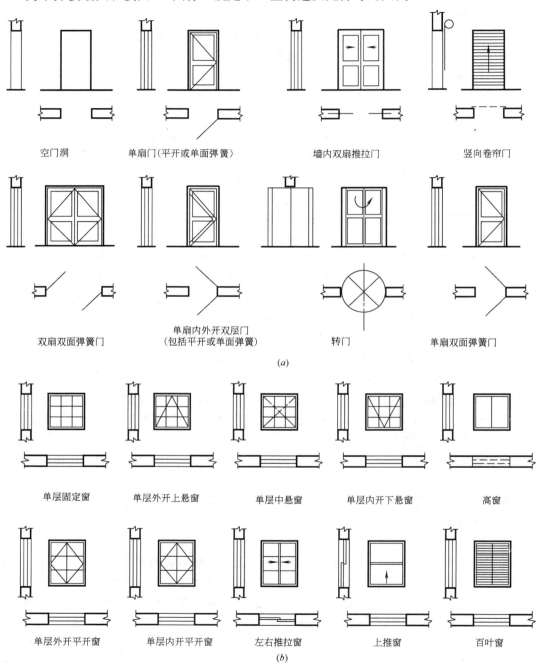

图 13-24 常用门窗图例

(a) 门图例;(b) 窗图例

(1) 门窗图例

"国标"规定建筑构配件代号一律用汉语拼音的第一个字母大写来表示，即门的代号用 M 表示，如果按材质、功能或特征编排，则可有以下代号：木门——MM；钢门——GM；塑钢门——SGM；铝合金门——LM；卷帘门——JM；防盗门——FDM；防火门——FM。窗的代号用 C 表示，同门一样，也可以有以下代号：木窗——MC；钢窗——GC；铝合金窗——LC；木百叶窗——MBC。在门窗的代号后面写上编号，如 M1、M2……和 C1、C2……等，同一编号表示同一类型的门窗，它们的构造与尺寸都一样（在平面图上表示不出的门窗编号，应在立面图上标注）。

图 13-24 画出了一些常用门窗的图例，门窗洞的大小及其形式都应按投影关系画出。门窗立面图例中的斜线是门窗扇的开启符号，实线为外开，虚线为内开，开启方向线交角的一侧为铰链，即安装合页的一侧，一般设计图中可不表示。门窗的剖面图所示左为外，右为内，平面图所示下为外，上为内。若单层固定窗、悬窗、推拉窗等以小比例绘图时，平面图、剖面图的窗线可用单细实线表示。门的平面图上门扇可绘成 90°或 60°（45°、30°）的特殊斜线，开启弧线绘出与否均可。

(2) 其他图例

建筑平面图中部分常用图例如图 13-25 所示。

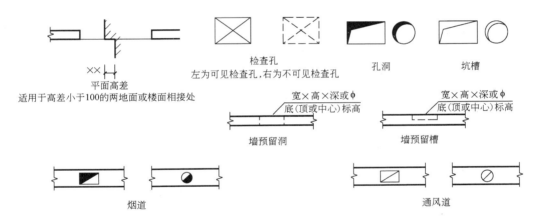

图 13-25　建筑平面图中部分常用图例

13.4　建筑立面图

13.4.1　概述

建筑立面图是房屋外表面的正投影图，简称立面图。立面图主要用来表达建筑物的外形艺术效果，在施工图中，它主要反映房屋的外貌和立面装修的做法。立面图应包括建筑的外轮廓线、室外地坪线、勒脚、构配件、外墙面做法及必要的尺寸与标高等。

1) 立面图的命名方法

"国标"规定，立面图的命名方法有三种：当房屋为正朝向时，可按朝向命名为东、南、西、北立面图；当房屋朝向不正时，可按投影（或按立面的主次）命名为正立面图、背立面图、左侧立面图、右侧立面图；房屋朝向不正时，也可按轴线编号命名为①~⑧立面图、⑧~①立面图、Ⓐ~Ⓖ立面图、Ⓖ~Ⓐ立面图。

2) 图示内容

按投影原理，立面图上应将立面上所有看得见的细部都表示出来。但由于立面图的比例较小，如门窗扇、檐口构造、阳台栏杆和墙面复杂的装修等细部，往往只用图例表示。它们的构造和做法，都另有详图或文字说明。因此，立面图上相同的门窗、阳台、外檐装修、构造做法等可在局部重点表示，绘出其完整图形，其余部分都可简化，只画出轮廓线。

较简单的对称式建筑物或对称的构配件等，在不影响构造处理和施工的情况下，立面图可绘制一半，并在对称轴线处画对称符号。这种画法，由于建筑物的外形不完整，故较少采用。前后或左右完全相同的立面，可以只画一个，另一个注明即可。

3) 标高与尺寸标注

建筑立面图宜标注室外地坪、入口地面、雨篷底、门窗上下沿、檐口、女儿墙顶及屋顶最高处部位的标高。除了标高外，有时还需注出一些并无详图的局部尺寸，用以补充建筑构造、设施或构配件的定位尺寸和细部尺寸。标高一般注在图形外，并做到符号上下对齐，大小一致，必要时，可标注在图内。

4) 图线

在绘制建筑立面图时，为了加强图面效果，使外形清晰、重点突出和层次分明，按要求立面图线型分为五种：室外地坪线用线宽为 $1.4b$ 的特粗实线绘制；房屋立面的最外轮廓线用线宽为 b（b 的取值按国家标准，常取 $b=0.7$mm 或 1.0mm）的粗实线画；在外轮廓线之内凹进或凸出墙面的轮廓线，用线宽为 $0.5b$ 的中实线画，如窗台、门窗洞、檐口、阳台、雨篷、柱、台阶等构配件的轮廓线；门窗扇、栏杆、雨水管和墙面分格线等均用线宽为 $0.25b$ 的细实线绘制；房屋两端的轴线用细单点画线绘制。

13.4.2 建筑立面图的图示内容

(1) 建筑物两端或分段的轴线及编号。

(2) 女儿墙顶、檐口、柱、室外楼梯和消防梯、烟囱、雨篷、阳台、门窗、门斗、勒脚、雨水管、台阶、坡道、花池，其他装饰构件和粉刷分格线示意等；外墙的留洞应注尺寸与标高（宽×高×深及关系尺寸）。

(3) 在平面图上表示不出的窗编号，应在立面图上标注。平面图、剖面图未能表示出来的屋顶、檐口、女儿墙、窗台等标高或高度，应在立面图上分别注明。

(4) 各部分构造、装饰节点详图索引符号。

13.4.3 读图示例

现以图 13-26~图 13-28 所示的立面图为例，说明立面图的内容及其阅读方法。

从图名或轴线编号可知这三个立面图分别是表示房屋的南向、北向及东向的立面图。

从图 13-26 中可看出：外轮廓线所包围的范围显示出这幢房屋的总长、总宽、总高。屋顶采用坡屋顶，共 4 层住户，房屋最下一层为储藏室（车库），顶层住户拥有阁楼层，各层左右对称；各立面图中按实际情况画出了窗洞的可见轮廓和窗的形式。

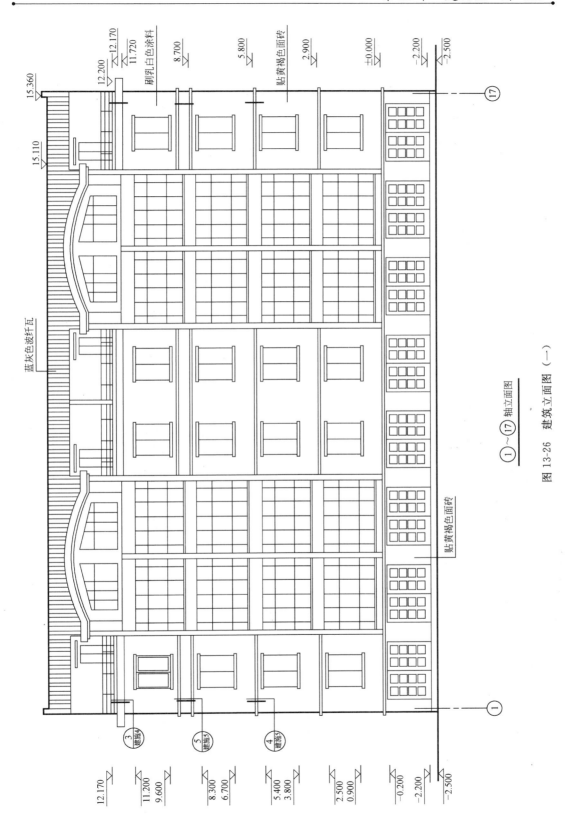

图 13-26 建筑立面图（一）

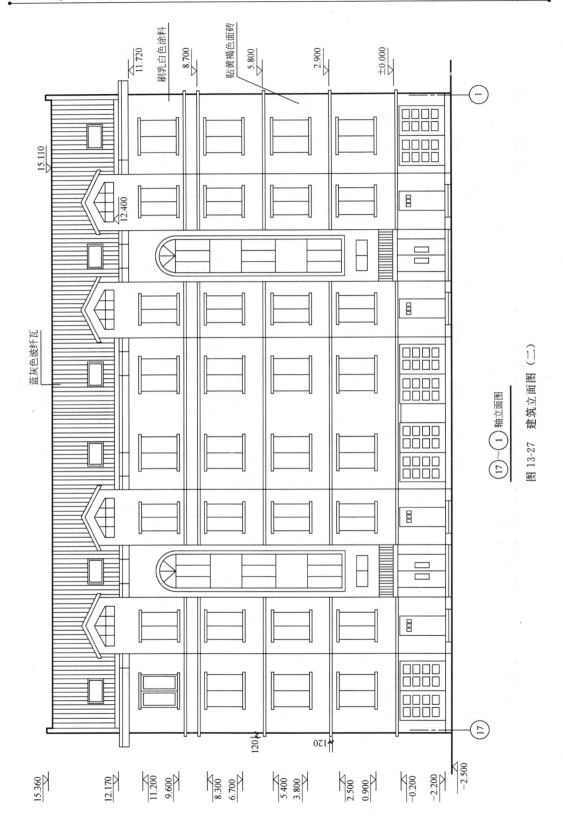

图 13-27 建筑立面图（二）

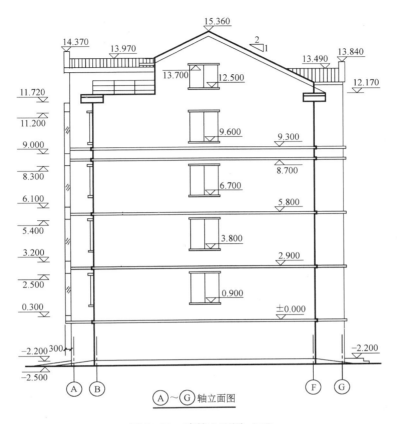

图 13-28 建筑立面图（三）

从立面图上的文字说明，可了解到房屋外墙面装修的做法。外墙面以及一些构配件与设施等的装修做法，在立面图中常用引出线作文字说明，如本例房屋 1～3 层墙面采用贴黄褐色外墙面砖，4 层及阁楼层外墙面采用乳白色涂料，外墙勒脚处墙面除坡道外均采用乳白色外墙涂料，屋面采用蓝灰色波纤瓦等。

⑰～①立面图中表达出了楼梯间外墙面的处理以及原来各层厨房向上延伸与屋面相交而形成的 4 个老虎窗；另外在坡屋面上设置了 6 个威卢克斯窗（阁楼窗 GC1）。此外，在立面图上，对于一些构件还在图形中标注出了索引符号。

13.5 建筑剖面图

13.5.1 概述

建筑剖面图是房屋的竖直剖视图，也就是用一个或多个假想的平行于正立投影面或侧立投影面的竖直剖切面剖开房屋，移去剖切平面某一侧的形体部分，将留下的形体部分按剖视方向向投影面作正投影所得的图样。

建筑剖面图应表示剖切断面和投影方向可见的建筑构配件轮廓线，其尺寸包括外部尺寸与标高和内部楼地面标高及内部门窗洞尺寸。画建筑剖面图时，常用全剖面图和阶梯剖面图的形式。剖切符号一般应画在底层平面图内，剖切平面应根据图纸的用途或设计深度，选择房屋内部构造复杂而又反映特征且具有代表性的部位，并应尽量通过门窗洞和楼梯间剖切，如选在层高不同、层数不同、内外空间比较复杂或典型的部位。

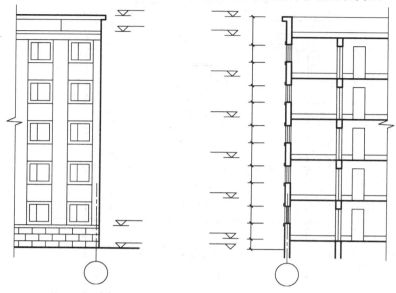

图 13-29 立面图、剖面图的位置关系

剖面图的数量是根据房屋的具体情况和施工实际需要而决定的。剖切面一般选用横向剖切，即平行于侧立面，必要时也可以纵向剖切，即平行于正立面。剖面图的图名应与平面图上所标注剖切符号的编号一致。

剖面图中的断面，其材料图例与平面图相同。有时在剖视方向上还可以看到室外局部立面，如果其他立面图没有表示过，则可用细实线画出该局部立面，否则，可简化或不表示。

习惯上，剖面图不画出基础的大放脚，墙的断面只需画到地坪线以下适当的地方，画断开线断开就可以了，断开以下的部分将由房屋结构施工图的基础图表明。

为了方便绘图和读图，房屋的立面图和剖面图宜绘制在同一水平线上，图内相互有关的尺寸及标高宜标注在同一竖直线上，如图 13-29 所示。

13.5.2 建筑剖面图的图示内容

（1）墙、柱、轴线及轴线编号。

（2）室外地面、底层地（楼）面、各层楼板、吊顶、屋顶（包括檐口、烟囱、天窗、女儿墙等）、门、窗、梁、楼梯、台阶、坡道、散水、平台、阳台、雨篷、洞口、墙裙、踢脚板、防潮层、雨水管及其他装修可见的内容。

（3）标高及高度方向上的尺寸。剖面图和平面图、立面图一样，宜标注室内外地坪、台阶、地下层地面、门窗、雨篷、楼地面、阳台、平台、檐口、屋脊、女儿墙等处完成面的标高。平屋面等不易标明建筑标高的部位可标注结构标高，并予以说明。结构找坡的平屋面，屋面标高可标注在结构板面最低点，并注明找坡坡度。有屋架的立面，应标注屋架下弦搁置点或柱顶标高。

高度方向上的尺寸包括外部尺寸和内部尺寸。

外部尺寸应标注以下三道：

① 洞口尺寸：包括门窗洞口、女儿墙或檐口高度及其定位尺寸；

② 层间尺寸：即层高尺寸，含地下层在内；

③ 建筑总高度：指由室外地面至檐口或女儿墙顶的高度。屋顶上的水箱间、电梯机房和楼梯出口小间等局部升起的高度不计入总高度，可另行标注。当室外地面有变化时，应以剖面所在处的室外地面标高为准。

内部尺寸主要标注地坑深度、隔断、搁板、平台、吊顶、墙裙及室内门窗等的高度。

(4) 表示楼地面各层的构造，可用引出线说明。若另画有详图，在剖面图中可用索引符号引出说明；若已有"构造说明一览表"或"面层做法表"时，在剖面图上不再作任何标注。

(5) 节点构造详图索引符号。

13.5.3 读图示例

现以图 13-30 所示剖面图为例，说明剖面图的内容及其阅读方法。

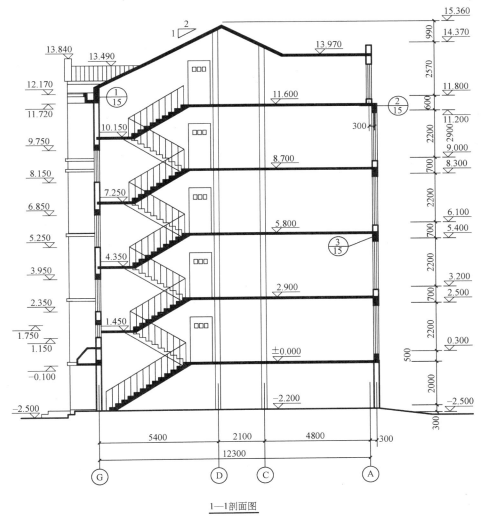

1—1剖面图

图 13-30 建筑剖面图

图 13-30 中标高都表示与±0.000 的相对尺寸。可以看出，各层（除阁楼层 2.37m）的层高为 2.9m；表示楼地面各层的构造，可用引出线说明，也可以另画详图，在剖面图中要用索引符号引出说明，本例在设计说明中已有"建筑做法说明"，故在剖面图上不再作任何标注。

从图名和轴线编号与平面图上的剖切位置和轴线编号相对照，可知 1—1 剖面图是通过④～⑤轴线间的楼梯梯段，剖切后向右进行投影而得到的横向剖面图。图中画出了屋顶的结构形式以及房屋室内外地坪以上各部位被剖切到的建筑构配件，如室内外地面、楼地面、内外墙及门窗、梁、楼梯与楼梯平台、雨篷等。图 13-30 中在檐口、窗顶等处画出了索引符号，需绘制详图。

13.6 建筑详图

建筑平面图、立面图、剖面图一般采用较小的比例，在这些图样上难以表示清楚建筑物某些局部构造或建筑装饰。必须专门绘制比例较大的详图，将这些建筑的细部或构配件用较大比例（1∶20、1∶15、1∶10、1∶5、1∶2、1∶1 等）把其形状、大小、材料和做法等详细地表示出来，这种图样称为建筑详图，简称详图，也可称为大样图。建筑详图是整套施工图中不可缺少的部分，是施工时准确完成设计意图的依据之一。

在建筑平面图、立面图和剖面图中，凡需绘制详图的部位均应画上索引符号，而在所画出的详图上应注明相应的详图符号。详图符号与索引符号必须对应一致，以便看图时查找相互有关的图纸。对于套用标准图或通用图的建筑构配件和剖面节点，只要注明所套用图集的名称、编号和页次，就不必另画详图了。

建筑详图可分为构造详图、配件与设施详图和装饰详图三大类。构造详图是指屋面、墙身、墙身内外饰面、吊顶、地面、地沟、楼梯等建筑部位的用料和构造做法。配件与设施详图是指门、窗、幕墙、浴厕设施，固定的台、柜、架、桌、椅、池、箱等的用料、形式、尺寸和构造，大多可以直接或参考选用标准图或厂家样本（如门、窗等）。装饰详图是指为美化室内外环境和视觉效果，在建筑物上所作的艺术处理，如花格窗、柱头、壁饰、地面图案的纹样、用材、尺寸和构造等。

详图的图示方法，根据细部构造和构配件的复杂程度，按清晰表达的要求来确定，例如墙身节点图只需一个剖面详图来表达，楼梯间宜用几个平面详图、一个剖面详图和几个节点详图表达，门窗则常用立面详图和若干个剖面或断面详图表达。若需要表达构配件外形或局部构造的立体图时，宜按轴测图绘制。详图的数量与房屋的复杂程度及平面图、立面图、剖面图的内容及比例有关。详图的特点，一是用较大的比例绘制，二是尺寸标注齐全，三是构造、做法、用料等表示详尽清楚。现以墙身大样和楼梯详图为例来说明。

13.6.1 墙身大样图

墙身详图实际是在典型剖面上典型部位从上至下连续的放大节点详图。一般多取建筑物内外的交界面——外墙部位，以便完整、系统、清楚地表达房屋的屋面、楼地面和檐口构造、楼板与墙面的连接、门窗顶、窗台、勒脚、散水等处构造的情况，因此，墙身详图中最为常见的是外墙身详图。

墙身详图实际上是建筑剖面图的局部放大图，不能用以代替表达建筑整体关系的剖面图。画墙身详图时，宜由剖面图直接索引出，常将各个节点剖面连在一起，中间用折断线断开，各个节点详图都分别注明详图符号和比例。图 13-31 所示为某房屋墙身详图。

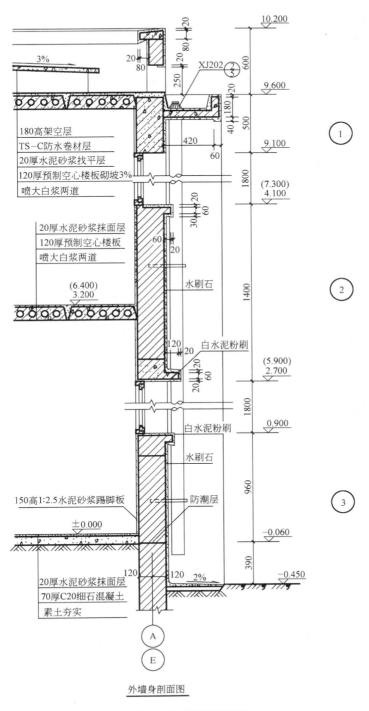

图 13-31　墙身详图图

13.6.2 楼梯详图

楼梯是多层房屋中供人们上下的主要交通设施，它除了要满足行走方便和人流疏散畅通外，还应有足够的坚固性和耐久性。在房屋建筑中最广泛应用的是预制或现浇的钢筋混凝土楼梯。楼梯通常由楼梯段（简称梯段，分为板式梯段和梁板式梯段）、楼梯平台（分楼层平台和休息平台）、栏杆（或栏板）扶手组成。图 13-32 所示为板式和梁板式两种结构形式楼梯的组成。

楼梯的构造比较复杂，需要画出它的详图。楼梯详图主要表达楼梯的类型、结构形式、各部位的尺寸及装修做法，是楼梯施工放样的主要依据。楼梯详图一般包括平面图、剖面图及踏步、栏杆详图等，并尽可能画在同一张图纸内。平面图、剖面图比例要一致，以便对照阅读。踏步、栏杆详图比例要大些，以便表达清楚该部分的构造情况。楼梯详图一般分建筑详图和结构详图，并分别绘制，编入"建施"和"结施"中。对于一些构造和装修较简单的现浇钢筋混凝土楼梯，其建筑和结构详图可合并绘制，编入"建施"或"结施"均可。

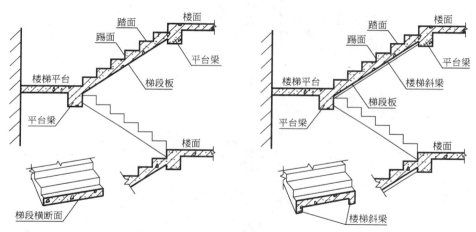

图 13-32 两种结构形式楼梯的组成

下面介绍楼梯的内容及其图示方法：

1）楼梯平面图

与建筑平面图相同，一般每一层楼梯都要画一个楼梯平面图。3 层以上的房屋，当底层与顶层之间的中间各层布置相同时，通常只画底层、中间层和顶层三个平面图。

楼梯平面图的剖切位置同房屋平面图一样，剖在窗台以上（窗洞之间），所以它的位置一般是在该层往上走的第一梯段（中间平台下）的任意一处，且通过楼梯间的窗洞口。各层被剖切到的梯段，按"国标"规定，均在平面图中以一根 45°（30°、60°）的折断线表示剖切位置。在每一梯段处画有一长箭头（自楼层地面开始画）并以各层楼面为标准，分别注写"上"和"下"及每层楼的踏步数，表明从该层楼（地）面往上或往下走多少步级可到达上（或下）一层的楼（地）面。例如在图 13-33 所示的负一层平面图中，注有"上 13"的箭头表示从储藏室层楼面向上走 13 步级可达一层楼面，一层平面图中注有"下 13"的箭头表示从一层楼面向下走 13 步级可达储藏室层楼面，"上 18"的箭头表示从一层楼面向上走 18 步级可达二层楼面等。

各层楼梯平面图都应标出该楼梯间的轴线。在底层平面图中，必须注明楼梯剖面图的剖切符号（本例是在负一层平面图中注明的）。从楼梯平面图中所标注的尺寸可以了解楼梯间的开间和进深尺寸，楼地面和平台面的标高以及楼梯各组成部分的详细尺寸。通常

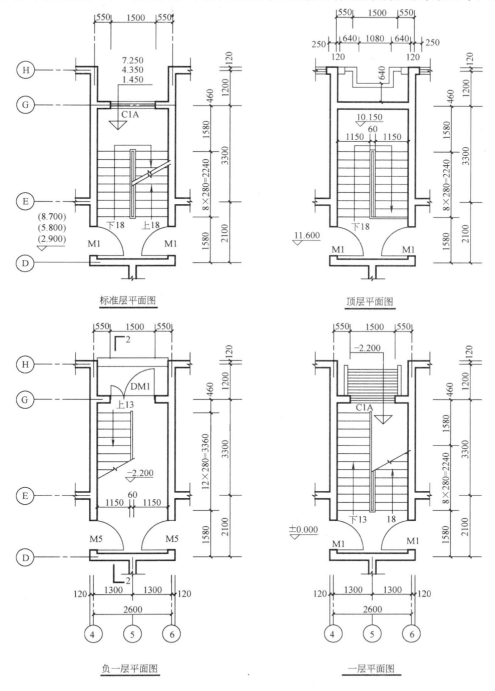

图 13-33 楼梯平面图

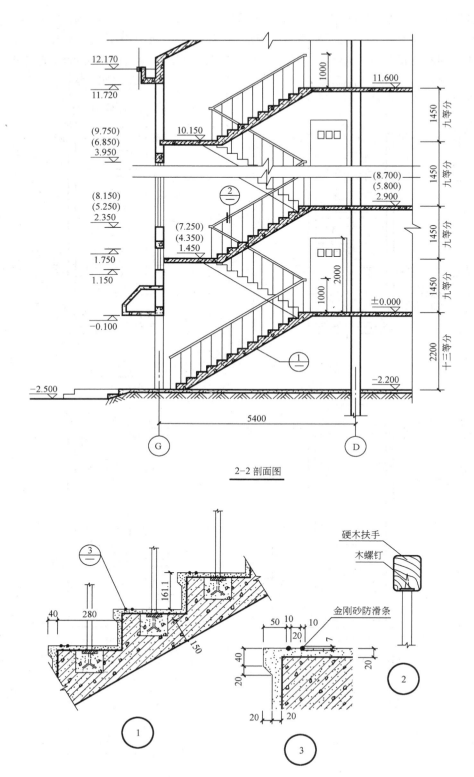

图 13-34 楼梯剖面图和楼梯踏步、栏杆、扶手详图

把梯段长度与踏面数、踏面宽的尺寸合并写在一起,如底层平面图中的 8×280＝2240,表示该梯段有 8 个踏面,每一踏面宽 280mm,梯段长为 2240mm。

从图 13-33 中还可以看出,每一梯段的长度是 8 个踏步的宽度之和（280×8＝2240）,而每一梯段的步级数是 9（18/2）,这是为什么呢？这是因为每一梯段最高一级的踏面与休息平台面或楼面重合（即将最高一级踏面作平台面或楼面）,因此平面图中每一梯段画出的踏面（格）数总比踏步数少一,即:踏面数＝踏步数－1。

标准层平面图表示了二、三、四层的平面,该图中没有再画出雨篷的投影,其标高的标注形式应注意,括号内的数值为替换值。顶层平面图画出了屋顶檐沟的水平投影,楼梯的两个梯段均为完整的梯段,只注有"下 18"。

习惯上将楼梯平面图并排画在同一张图纸内,轴线对齐,以便于阅读,绘图时也可以省略一些重复的尺寸标注。

2）楼梯剖面图

假想用一个竖直的剖切平面沿梯段的长度方向并通过各层的门窗洞和一个梯段,将楼梯间剖开,然后向另一梯段方向投影所得到的剖面图称为楼梯剖面图,如图 13-34 所示。

楼梯剖面图应能完整地、清晰地表明楼梯梯段的结构形式,踏步的踏面宽、踢面高、级数以及楼地面、平台、栏杆（或栏板）的构造及它们的相互关系。本例楼梯,每层只有两个平行的梯段,称为双跑楼梯。由于楼梯间的屋面与其他位置的屋面相同,所以在楼梯剖面图中可不画出楼梯间的屋面,一般用折断线将最上一梯段的以上部分略去不画。

在多层建筑中,若中间层楼梯完全相同时,楼梯剖面图可只画出底层、中间层、顶层的楼梯剖面,中间用折断线分开,并在中间层的楼面和楼梯平台面上注写适用于其他中间层楼面和平台面的标高。

楼梯剖面图中应注出楼梯间的进深尺寸和轴线编号,地面、平台面、楼面等的标高,梯段、栏杆（或栏板）的高度尺寸（建筑设计规范规定:楼梯扶手高度应自踏步前缘量至扶手顶面的垂直距离,其高度不得小于 900mm）,其中梯段的高度尺寸与踢面高和踏步数合并书写,如 9×161.1＝1450,表示有 9 个踢面,每个踢面高度为 161.1mm,梯段高度为 1450mm；此外,还应注出楼梯间外墙上门窗洞口、雨篷的尺寸与标高。

在楼梯剖面图中,应在需要画详图的部位标明索引符号,并采用更大的比例画出它们的详图,说明各节点形式、大小、材料以及构造情况,如图 13-34 所示。

第 14 章　结构施工图

14.1　结构施工图概述

建筑施工图主要表达出了房屋的外形、内部布局、建筑构造和内外装修等内容，而房屋各承重构件的布置、形式和结构构造等内容都没有表达出来。因此，在房屋设计中，除了进行建筑设计，画出建筑施工图外，还要进行结构设计。

结构设计是根据建筑各方面的要求，进行结构选型和构件布置，再通过力学计算，决定房屋各承重构件的材料、形状、大小以及内部构造等，并将设计结果按正投影法绘成图样以指导施工，这种图样称为结构施工图，简称"结施"。

房屋结构按承重构件的材料可分为：

（1）砖混结构——承重墙用砖或砌块砌筑，梁、楼板和楼梯等承重构件都是钢筋混凝土构件；

（2）钢筋混凝土结构——承重的柱、梁、楼板和屋面都是钢筋混凝土构件；

（3）砖木结构——墙用砖砌筑，梁、楼板和屋架都是木构件；

（4）钢结构——承重构件全部为钢材；

（5）木结构——承重构件全部为木材。

房屋结构按结构体系可分为：

（1）墙体结构——以墙体为主要承重构件的结构体系；

（2）框架结构——由梁和柱以刚接或铰接相连接而成的承重体系；

（3）剪力墙结构——由承受竖向和水平作用的钢筋混凝土剪力墙和水平构件所组成的结构体系；

（4）框架—剪力墙结构——由剪力墙和框架共同承受竖向和水平荷载作用的组合型结构体系。

一般民用房屋多采用混合砌体结构，即砖混结构。采用砖混结构造价较低，施工简便。在现代公共建筑或高层建筑中，钢筋混凝土框架结构或框架—剪力墙结构采用得较多，这些结构的抗震性能和稳定性好，平面布置灵活，可以满足较大空间的利用，如影剧院、博物馆、会议厅等。

此外，工业厂房建筑大多采用钢筋混凝土或型钢的排架结构，低层大跨度的建筑一般采用薄壳、网架、悬索等空间结构体系，如体育馆、仓库等。

14.1.1　结构施工图内容

1）结构设计说明

结构设计说明包括选用结构材料的类型、规格、强度等级；地基情况；施工注意事项；选用的标准图集等（小型工程可将说明分别写在各图纸上）。

2) 结构平面图

(1) 楼层结构平面图。工业建筑还包括柱网、吊车梁、柱间支撑、连系梁布置等。

(2) 基础平面图。工业建筑还有设备基础布置图。

(3) 屋面结构平面图。

3) 结构构件详图

(1) 梁、板、柱及基础结构详图。

(2) 楼梯结构详图。

(3) 屋架结构详图。

(4) 其他详图，如支撑详图等。

14.1.2 钢筋混凝土构件的基本知识

1) 钢筋混凝土构件的组成和混凝土的强度等级

钢筋混凝土构件由钢筋和混凝土两种材料组成。混凝土是由水泥、砂子（细骨料）、石子（粗骨料）和水按一定比例拌合硬化而成的。混凝土的抗压强度高，但抗拉强度低，一般仅为抗压强度的（1/10）～（1/20）。因此，混凝土构件容易在受拉或受弯时断裂。混凝土的强度等级应按立方体抗压强度标准值确定，可划分为 C10、C15、C20、C25、C30、C35、C40、C45、C50、C55、C60、C65、C70、C75、C80 等。数字越大，表示混凝土的抗压强度越高。

为了提高混凝土构件的抗拉能力，常在混凝土构件受拉区域或相应部位加入一定数量的钢筋，如图 14-1 所示。钢筋不但具有良好的抗拉强度，而且与混凝土有良好的粘结力，其热膨胀系数与混凝土也相近。因此，钢筋与混凝土可以结合成一个整体，共同承受外力。这种配有钢筋的混凝土，称为钢筋混凝土；配有钢筋的混凝土构件，称为钢筋混凝土构件。

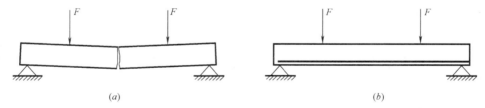

图 14-1 钢筋混凝土梁受力示意图
(a) 混凝土构件；(b) 钢筋混凝土构件

钢筋混凝土构件有现浇和预制两种。现浇是指在建筑工地现场浇制，预制是指在预制品工厂先浇制好，然后运到工地进行吊装。有的预制构件也可在工地上预制，然后吊装。此外，在制作构件时，通过张拉钢筋对混凝土预加一定的压力，可以提高构件的抗拉和抗裂性能，这种构件称为预应力混凝土构件。

2) 钢筋混凝土构件中钢筋的名称和作用

配置在钢筋混凝土构件中的钢筋，按其作用可分为下列几种，如图 14-2 所示：

(1) 受力筋：也称主筋，主要承受拉、压应力的钢筋，用于梁、板、柱、墙等钢筋混凝土构件受力区域中。

(2) 箍筋：也称钢箍，用以固定受力筋的位置，并受一部分斜拉应力，多用于梁和

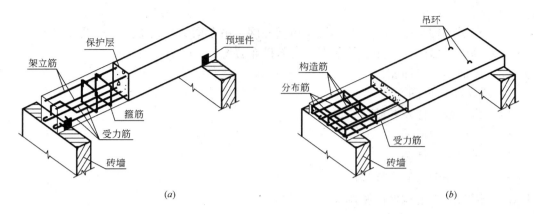

图 14-2 钢筋的分类
(a) 钢筋混凝土梁；(b) 钢筋混凝土板

柱内。

（3）架立筋：用以固定梁内箍筋位置，与受力筋、箍筋一起形成钢筋骨架，一般只在梁内使用。

（4）分布筋：用于板或墙内，与板内受力筋垂直布置，用以固定受力筋的位置，并将承受的重量均匀地传给受力筋，同时抵抗热胀冷缩所引起的温度变形。

（5）其他：指构件因在构造上的要求或施工安装的需要而配置的钢筋，如预埋锚固筋、吊环等。

3）钢筋的种类与代号

钢筋混凝土构件中配置的钢筋有光圆钢筋和带肋钢筋（表面上有肋纹）。在混凝土结构设计规范中，对国产建筑用钢筋，按其产品种类和强度值等级不同，分别给予不同代号，以便标注和识别，如表 14-1 所示。

普通钢筋代号及强度标准值　　　　　表 14-1

种类（热轧钢筋）	代　号	直径 d(mm)	强度标准值 f_{yk}(N/mm^2)	备　注
HPB235（Q235）	Φ	8～20	235	光圆钢筋
HRB335（20MnSi）	Φ	6～50	335	带肋钢筋
HRB400（20MnSiV、20MnSiNb、20MnTi）	Φ	6～50	400	带肋钢筋
RRB400（K20MnSi）	Φ^R	8～40	400	热处理钢筋

4）钢筋的保护层

为了保护钢筋，防腐蚀、防火以及加强钢筋与混凝土的粘结力，在构件中钢筋外边缘至构件表面之间应留有一定厚度的保护层。根据《混凝土结构设计规范》GB 50010—2002 规定：纵向受力的普通钢筋及预应力钢筋，其混凝土保护层厚度不应小于钢筋的公称直径，且应符合表 14-2 的要求。

5）钢筋的弯钩

为了使钢筋和混凝土具有良好的粘结力，避免钢筋在受拉时滑动，应对光圆钢筋的两端进行弯钩处理，弯钩常做成半圆弯钩或直弯钩，如图 14-3（a）、(b) 所示。钢箍两端在

纵向受力钢筋的混凝土保护层最小厚度（mm）　　　　表 14-2

环境类别		板、墙、壳			梁			柱		
		≤C20	C25~C45	≥C50	≤C20	C25~C45	≥C50	≤C20	C25~C45	≥C50
一		20	15	15	30	25	25	30	30	30
二	a	—	20	20	—	30	30	—	30	30
	b	—	25	20	—	35	30	—	35	30
三		—	30	25	—	40	35	—	40	35

注：1. 基础中纵向受力钢筋的混凝土保护层厚度不应小于 40mm；当无垫层时不应小于 70mm。
　　2. 室内正常环境为一类环境，室内潮湿环境为二 a 类环境，严寒和寒冷地区的露天环境为二 b 类环境，使用除冰盐或滨海室外环境为三类环境。

交接处也要做出弯钩，弯钩的长度一般分别在两端各伸长 50mm 左右，如图 14-3（c）所示。

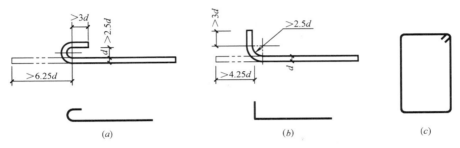

图 14-3　钢筋和钢箍的弯钩和简化画法
（a）钢筋的半圆弯钩；（b）钢筋的直弯钩；（c）钢箍的弯钩

带肋钢筋由于与混凝土的粘结力强，所以两端不必加弯钩。

14.1.3　钢筋混凝土结构图的图示特点

（1）为了突出表示钢筋的配置情况，在构件结构图中，把钢筋画成粗实线，构件的外形轮廓线画成细实线；在构件断面图中，不画材料图例，钢筋用黑圆点表示。

钢筋常用的表示方法见表 14-3。

钢筋的一般表示方法　　　　表 14-3

名　　称	图　例	说　明
钢筋横断面	●	
无弯钩的钢筋端部	──	
带半圆形弯钩的钢筋端部	⌐	表示长、短钢筋投影重叠时，短钢筋的端部用 45°斜线表示
带直钩的钢筋端部	⌐	
带丝扣的钢筋端部	─///─	
无弯钩的钢筋搭接	─⌒─	

续表

名　称	图　例	说　明
带半圆弯钩的钢筋搭接		表示长、短钢筋投影重叠时，短钢筋的端部用45°斜线表示
带直钩的钢筋搭接		
预应力钢筋或钢绞线		
单根预应力钢筋横断面		

（2）钢筋的标注应给出钢筋的代号、直径、数量、间距、编号及所在位置。

如图14-4所示，钢筋说明应沿钢筋的长度标注或标注在相关钢筋的引出线上。简单的构件或钢筋种类较少时可不编号。

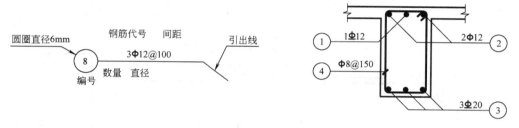

图14-4　钢筋的标注

（3）构件配筋图中箍筋的长度尺寸，应指箍筋的里皮尺寸，受力钢筋的尺寸应指钢筋的外皮尺寸（图14-5）。

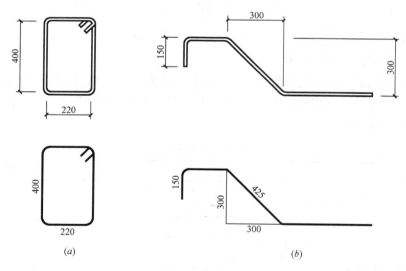

图14-5　箍筋、受力筋的尺寸注法
(a) 箍筋；(b) 受力钢筋

（4）结构图的其他图示特点。

① 当构件的纵、横向断面尺寸相差悬殊时，可在同一图样中的纵、横向选用不同的比例绘制。

② 当采用标准、通用图集中的构件时，应用该图集中的规定代号或型号注写。

③ 结构图应采用正投影法绘制，特殊情况下也可采用仰视投影或镜像投影绘制。

④ 结构图中的构件标高，一般标注构件的结构标高。

⑤ 构件详图的纵向较长、重复较多时，可用折断线断开，适当省略重复部分。这样做可以简化图纸，提高工作效率。

⑥ 对称的钢筋混凝土构件，可在同一图样中一半表示模板，另一半表示配筋，如图 14-6 所示。

14.1.4 常用的构件代号

为绘图和施工方便，结构构件的名称应用代号来表示，常用的构件代号如表 14-4 所示。

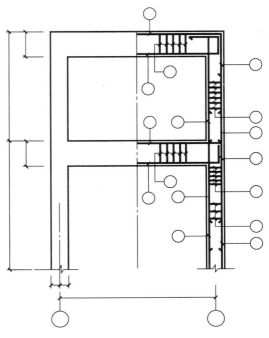

图 14-6 配筋简化图

常用的构件代号　　　　　表 14-4

名 称	代 号	名 称	代 号	名 称	代 号
板	B	圈梁	QL	承台	CT
屋面板	WB	过梁	GL	设备基础	SJ
空心板	KB	连系梁	LL	桩	ZH
槽形板	CB	基础梁	JL	挡土墙	DQ
折板	ZB	楼梯梁	TL	地沟	DG
密肋板	MB	框架梁	KL	柱间支撑	ZC
楼梯板	TB	框支梁	KZL	垂直支撑	CC
盖板或沟盖板	GB	屋面框架梁	WKL	水平支撑	SC
挡雨板或檐口板	YB	檩条	LT	梯	T
吊车安全走道板	DB	屋架	WJ	雨篷	YP
墙板	QB	托架	TJ	阳台	YT
天沟板	TGB	天窗架	CJ	梁垫	LD
梁	L	框架	KJ	预埋件	M-
屋面梁	WL	刚架	GJ	天窗端壁	TD
吊车梁	DL	支架	ZJ	钢筋网	W
单轨吊车梁	DDL	柱	Z	钢筋骨架	G
轨道连接	DGL	框架柱	KZ	基础	J
车挡	CD	构造柱	GZ	暗柱	AZ

注：1. 预制钢筋混凝土构件、现浇钢筋混凝土构件、钢构件和木构件，一般可直接采用本表中的构件代号。在绘图中，当需要区别上述构件的材料种类时，可在构件代号前加注材料代号，并在图纸中加以说明。

2. 预应力混凝土构件的代号，应在构件代号前加注"Y-"，如 Y-KB 表示预应力混凝土空心板。

14.2 楼层结构平面图

楼层结构平面图是假想沿楼板顶面将房屋水平剖开后所作楼层结构的水平投影,用来表示楼面板及其下面的墙、梁、柱等承重构件的平面布置,或表示现浇板的构造与配筋以及它们之间的结构关系。对多层建筑一般应分层绘制,但如果一些楼层构件的类型、大小、数量、布置均相同时,可以只画一个结构平面图,并注明"×层-×层"楼层结构平面图或"标准层"楼层结构平面图。

14.2.1 楼层结构平面图的内容

(1) 标注出与建筑图一致的轴线网及墙、柱、梁等构件的位置和编号。
(2) 注明预制板的跨度方向、代号、型号或编号、数量和预留洞等的大小和位置。
(3) 在现浇板的平面图上,画出其钢筋配置,并标注预留孔洞的大小及位置。
(4) 注明圈梁或门窗洞过梁的位置和编号。
(5) 注出各种梁、板的底面标高和轴线间尺寸,有时也可注出梁的断面尺寸。
(6) 注出有关的剖切符号或详图索引符号。
(7) 附注说明选用预制构件的图集编号、各种材料标号,板内分布筋的级别、直径、间距等。

14.2.2 结构平面图的一般画法

对于多层建筑,一般应分层绘制。但是,如果各层楼面结构布置情况相同时,可只画出一个楼层结构平面图,并注明应用各层的层数和各层的结构标高。

在结构平面图中,构件应采用轮廓线表示,如能用单线表示清楚时,也可用单线表示,如梁、屋架、支撑等可用粗点画线表示其中心位置。采用轮廓线表示时,可见的构件轮廓线用中实线表示,不可见构件的轮廓线用中虚线表示,门窗洞一般不再画出,如图14-7 所示。

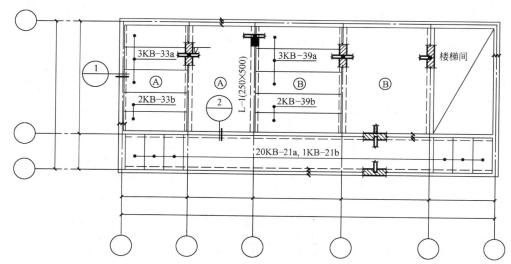

图 14-7 结构平面图示例

在楼层结构平面图中，当有相同的结构布置时，可只绘制一部分，并用大写的拉丁字母外加细实线圆圈表示相同部分的分类符号，其他相同部分仅标注分类符号。分类符号圆圈直径为 6mm，如图 14-7 所示。

在楼层结构平面图中，定位轴线应与建筑平面图保持一致，并标注结构标高。

14.2.3 钢筋的画法

在结构平面图中配置双层钢筋时，底层钢筋的弯钩应向上或向左画出，顶层钢筋的弯钩则向下或向右画出，如图 14-8 所示。对于现浇楼板来说，每种规格的钢筋只画一根，并注明其编号、规格、直径、间距、数量等，与受力筋垂直的分布筋不必画出，但要在附注中或钢筋表中说明其级别、直径、间距（或数量）及长度等，如图 14-9 所示。

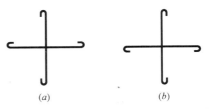

图 14-8　双层钢筋画法
(a) 底层钢筋；(b) 顶层钢筋

每组相同的钢筋、箍筋或环筋，可用一根粗实线表示，同时用一两端带斜短画线的横穿细线表示其余钢筋起止范围，如图 14-10 所示。

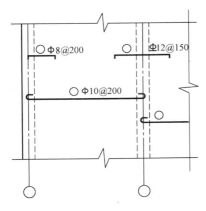

图 14-9　现浇楼板钢筋的画法

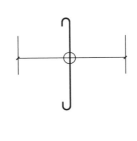

图 14-10　每组相同钢筋的画法

14.2.4 读图示例

现以图 14-11 所示某教师公寓的楼层结构平面图为例，说明楼层结构平面图的内容和读图方法。

从图名得知此图为标准层楼层结构平面图，图的比例和轴线编号与建筑平面图一致。在客厅处标注了三个楼层地面的结构标高。

图中墙角处涂黑的为钢筋混凝土柱，从附注的说明中可知这些柱是构造柱，如果是承重柱，需要在柱子旁边注明柱的代号。图中虚线为不可见的构件轮廓线（被楼板挡住的墙或梁），如果是梁，需要在梁的一侧标注梁的代号，如果是墙，则不作标注。

该教师公寓楼板全部采用整体钢筋混凝土现浇板，板的类型共有 6 种，编号分别为：XB1、XB2、XB3、XB4、XB5、XB6，图中表明了 XB3 和 XB4 的板厚为 180mm，根据说明可知其他板厚均为 120mm。对于现浇楼板来说，每种规格的钢筋只画一根，并注明其编号、规格、直径、间距或数量等。与受力筋垂直的分布筋不必画出，但要在附注中或钢筋表中说明其级别、直径、间距（或数量）及长度等。由于该教师公寓是左右对称的结构

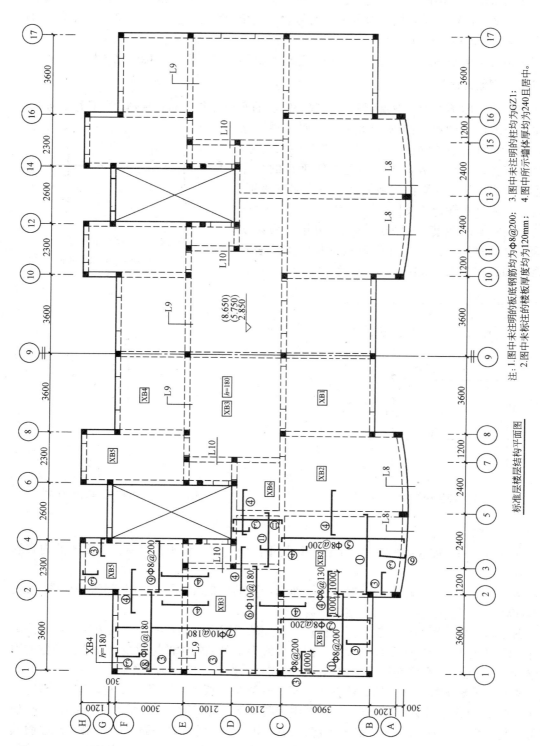

图 14-11 标准层楼层结构平面图

布置，因此只画出了左半部分的现浇楼板内部配筋及其代号，右边的一半则省略不画。

楼梯部分由于比例较小，图形不能清楚表达楼梯结构的平面布置，故需另外画出楼梯结构详图，在这里只需用细实线画出一对角线即可。

根据建设部等部门的有关规定，为提高钢筋混凝土结构的整体刚度，满足现代建筑工程抗震设防等方面的需要，全国范围内正在逐步限制和取消预制多孔板的使用。所以本书只对整体钢筋混凝土现浇板进行阐述，对传统的钢筋混凝土预制多孔板不再进行介绍。

14.3 钢筋混凝土构件详图

钢筋混凝土构件有定型构件和非定型构件两种。定型的预制构件或现浇构件可直接引用标准图或本地区的通用图，只要在图纸上写明选用构件所在的标准图集或通用图集的名称、代号，便可查到相应的构件详图，因而不必重复绘制。非定型构件则必须绘制构件详图。

钢筋混凝土构件详图，一般包括模板图（对于复杂的构件）、配筋图、钢筋表和预埋件详图。配筋图又分为立面图、断面图和钢筋详图，主要表明构件的长度、断面形状与尺寸及钢筋的形式与配置情况。模板图主要表示构件的外形和模板尺寸（外形尺寸）、预埋件、预留孔的位置及大小，以及轴线和标高等，是制作构件模板和安放预埋件的依据。

配筋图一般由立面图和断面图组成。立面图和断面图中的构件轮廓线均用细实线画出，钢筋用粗实线或黑圆点（对于钢筋横断面）画出。断面图的数量依据构件的复杂程度而定，截取位置选在构件断面形状或钢筋数量和位置有变化处，但不宜在构件弯筋的斜段内截取。立面图和断面图都应注出相一致的钢筋编号，留出规定的保护层厚度。

当配筋较复杂时，通常在立面图的下方用同一比例画出钢筋详图。相同编号的只画一根，并详细标注出钢筋的编号、数量（或间距）、类别、直径及各段的长度与总尺寸。若在断面图中不能表达清楚钢筋的布置，也应在断面图外增画钢筋大样图，如图14-12所示。

若断面图中表示的箍筋布置复杂时，也应加画箍筋大样图及说明，如图14-13所示。

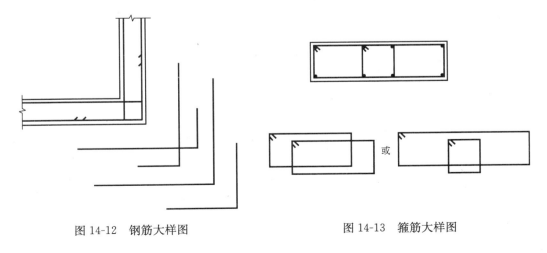

图 14-12　钢筋大样图　　　　　　　　图 14-13　箍筋大样图

为了方便统计用料和编制施工预算，应编写构件的钢筋用量表，说明构件的名称、数量、钢筋的规格、钢筋简图、直径、长度、数量、总数量、长度和重量等，如图14-14所示。

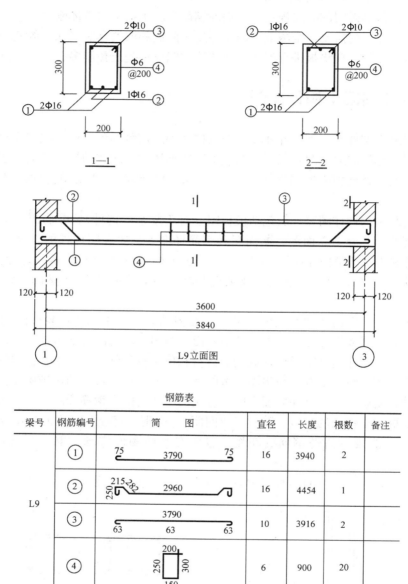

图 14-14 钢筋混凝土梁构件详图

图14-14为一个钢筋混凝土梁的构件详图，包括立面图、断面图和钢筋表。梁的两端搁置在砖墙上，是一个简支梁。

梁内钢筋根据所起的作用不同，主要分为三类：受拉筋（包括直筋和弯筋）、架立筋和箍筋。在梁的底部配有三根Φ16的受拉筋，其中两根是直筋，编号是①，另有一根是弯筋，编号是②。弯筋在接近梁的两端支座处弯起45°（梁高小于800mm时，弯起角度为45°，梁高大于800mm时，弯起角度为60°）。

在梁中的1—1断面图中下方有三个黑圆点，分别是两根①号直筋和一根②号弯筋的横断面。在梁端的2—2断面图中，②号弯筋伸到了梁的上方。

梁的上部两侧各配有一根φ10的架立钢筋，编号为③。沿着梁的长度范围内配置编号为④的箍筋。钢筋的中心距为200mm。

钢筋表中列出了这个梁中每种钢筋的编号、简图、直径、长度和根数。梁的立面图、断面图和钢筋表可以清楚地表达出这根钢筋混凝土梁的配筋情况。

绘制钢筋混凝土构件详图应注意的其他事项：

（1）配筋图中的立面图要有断面图的剖切符号；
（2）断面图中的钢筋横断面（黑圆点）要紧靠箍筋；
（3）钢筋的标注应正确、规范，引出线可转折，但要清楚，避免交叉，方向及长短要整齐，如图14-15所示；

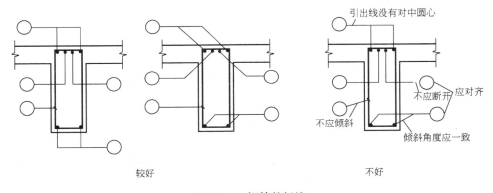

图 14-15 钢筋的标注

（4）注写有关混凝土、砖、砂浆的强度等级及技术要求等说明。

14.4 基础平面图和基础详图

基础是房屋底部与地基接触的承重构件，它承受房屋的全部荷载，并传给基础下面的地基。根据上部结构的形式和地基承载能力的不同，基础可分为条形基础、独立基础、片筏基础和箱形基础等。图14-16所示为最常见的条形基础和独立基础，条形基础一般用作承重砖墙的基础，独立基础通常为柱子的基础。图14-17是以条形基础为例，介绍与基础有关的一些知识。基础下部的土层称为地基；为基础施工而开挖的土坑称为基坑；基坑边线就是施工放线的灰线；从室内地面到基础顶面的墙称为基础墙；从室外设计地面到基础底面的垂直距离称为埋置深度；基础墙下部做成阶梯形的砌体称为大放脚；防潮层是防止地下水对墙体侵蚀的一层防潮材料。

基础结构图由基础平面图和基础详图组成。

14.4.1 基础平面图

1）基础平面图的产生和画法

基础平面图是表示基坑在未回填土时基础平面布置的图样，它是假想用一个水平面沿

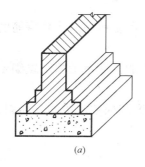 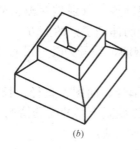 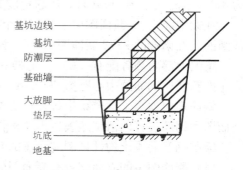

图 14-16 常见的基础
(a) 条形基础；(b) 独立基础

图 14-17 基础的有关知识

基础墙顶部剖切后所作出的水平投影图。基础平面图通常只画出基础墙、柱的截面及基础底面的轮廓线，基础的大放脚等细部的可见轮廓线都省略不画，这些细部的形状和尺寸用基础详图表示。

基础平面图的比例、轴线及轴线尺寸与建筑平面图一致。其图线要求是：剖切到的基础墙轮廓线画粗实线，基础底面的轮廓线画中细实线，可见的梁画粗实线（单线），不可见的梁画粗点画线（单线）；剖切到的钢筋混凝土柱断面，由于绘图比例较小，要涂黑表示。

在基础平面图中，应注明基础的大小尺寸和定位尺寸。大小尺寸是指基础墙断面尺寸、柱断面尺寸以及基础底面宽度尺寸；定位尺寸是指基础墙、柱以及基础底面与轴线的联系尺寸。图中还应注明剖切符号。基础的断面形状与埋置深度要根据上部的荷载以及地基承载力而定，同一幢房屋由于各处有不同的荷载和不同的地基承载力，所以下面有不同的基础。对每一种不同的基础，都要画出它的断面图，并在基础平面图上用 1—1、2—2……等剖切符号表明该断面的位置。

2）基础平面图图示实例

图 14-18 是前面所述教师公寓的基础平面图，下面以此图为例来说明基础平面图的内容和读图。

从图 14-18 中可以看出，该房屋有独立基础和条形基础两种基础形式。

剖切到的柱由于比例较小，均涂黑表示。柱旁边标注了柱的代号。由代号可知，有承重柱 Z1，四种构造柱 GZ1、GZ2、GZ3、GZ4。图中有些柱子没有标注代号，根据说明可知，这些均为构造柱 GZ1。柱下的独立基础用中细实线表示了基础底边线，还标注了独立基础的代号。从代号可知，共有五种柱下独立基础，分别是 J-1、J-2、J-3、J-4、J-5。这些独立基础另有详图表示其尺寸和构造。

图中轴线两侧的粗实线表示剖切到的基础墙，中细实线表示向下投影时看到的基础底边线。基础的断面形状与埋置深度要根据上部的荷载和地基承载力而定，同一幢房屋由于各处有不同的荷载和不同的地基承载力，所以下面有不同的基础。对每一种不同的基础，都要画出它的断面图，并在基础平面图上用 1—1、2—2……等剖切符号表明该断面的位置。

14.4.2 基础详图

在基础平面图中只表明了基础的平面布置，而基础的形状、大小、构造、材料及埋置

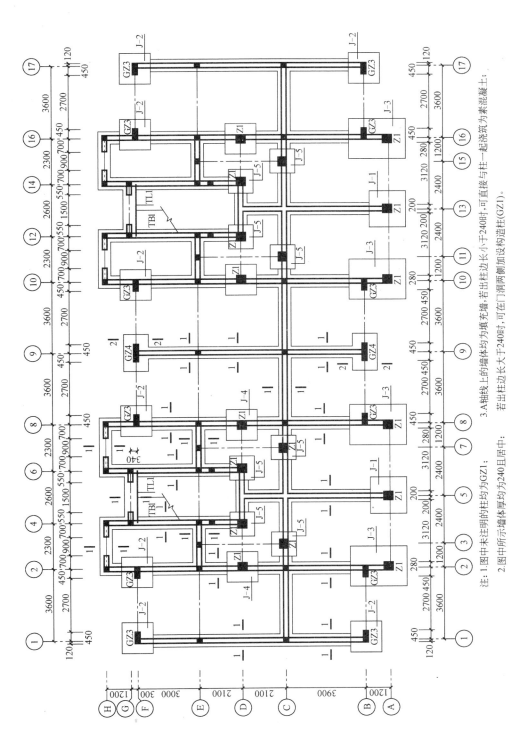

图 14-18 基础平面图

深度均未表明,所以在结构施工图中还需要画出基础详图。基础详图是垂直剖切的断面图。

图 14-19 是该住宅墙下条形基础的结构详图。从图中可以看出,1—1 断面图中基础的底面宽度为 600mm,基础的下面有 100mm 厚的 C10 素混凝土垫层;基础的主体为 350mm 高的钢筋混凝土,其内配置双向钢筋,分别是Φ6@250 和Φ10@150;基础的大放脚材料为砖,高度≥120mm,宽度为 65mm;基础墙厚为 240mm,内有一防潮层。2—2 断面图中除了基础的底面宽度变为 1200mm,其他均与 1—1 断面图相同。两图中均有两条虚线,根据引出说明可知,这是地梁(即地圈梁)的投影(不可见),地梁 2 的断面尺寸及其内部配筋可以参见地梁 2 详图,断面尺寸为 370mm×350mm,内部配筋沿梁纵向上下各配 4 根直径为 8mm 的 HPB235 钢筋,箍筋为Φ8@200。

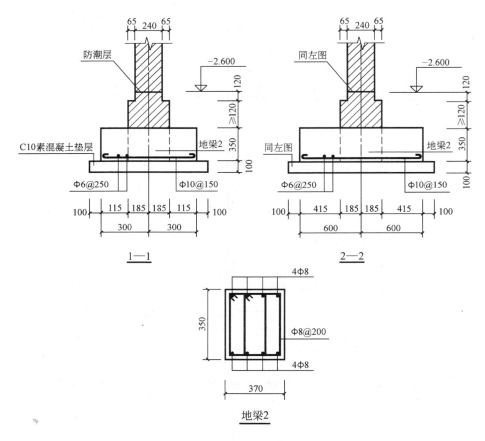

图 14-19　条形基础断面图

图 14-20 是该住宅柱下独立基础的结构详图,由平面图和纵断面图组成。

平面图表示了基础大放脚、垫层和柱的平面尺寸。在左下角用局部剖面图表示了基础底部钢筋网的配置情况,还表示了剖切到的上部柱子在基础部分的预留插筋配置情况。

纵断面图是沿柱子中心线处的纵向剖切,按照投影关系放在平面图的上方,根据规定,可以不用标注剖切符号。纵断面图表示了基础垫层和大放脚的高度尺寸,标注了基础顶面和基础底面的相对标高,还表示了基础底部钢筋网的配置情况和柱子在基础内的预留

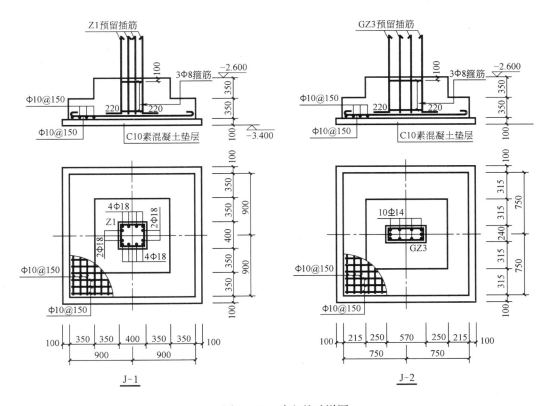

图 14-20 独立基础详图

插筋。

构造柱（图 14-20 中 GZ3）是加强房屋整体刚度，提高抗震性能的一种墙身加固措施。

构造柱的最小截面尺寸为 240mm×180mm，竖向钢筋一般不小于 4Φ12，箍筋间距不大于 250mm，随地震烈度加大和层数增加，房屋四角的构造柱可适当加大截面及配筋。施工时必须先砌墙，后浇钢筋混凝土柱，并应沿墙每隔 500mm 设 2Φ6 拉结钢筋，每边伸入墙内不宜小于 1m。

14.5 楼梯结构详图

楼梯结构详图包括楼梯结构平面图、楼梯剖面图和配筋图。本节以前述教师公寓的楼梯结构详图为例，说明楼梯结构详图的图示特点。

14.5.1 楼梯结构平面图

楼梯结构平面图表示了楼梯板和楼梯梁的平面布置、代号、尺寸及结构标高。一般包括地下层平面图、底层平面图、标准层平面图和顶层平面图，常用 1∶50 的比例绘制。楼梯结构平面图和楼层结构平面图一样，都是水平剖面图，只是水平剖切位置不同。通常把剖切位置选择在每层楼层平台的楼梯梁顶面，以表示平台、梯段和楼梯梁的结构布置。

楼梯结构平面图中对各承重构件，如楼梯梁（TL）、楼梯板（TB）、平台板等进行了标注,梯段的长度标注采用"踏面宽×(步级数-1)=梯段长度"的方式。楼梯结构平面图的轴线编号应与建筑施工图一致,剖切符号一般只在底层楼梯结构平面图中表示。

图 14-21 所示的楼梯结构平面图共有 3 个,分别是底层平面图、标准层平面图和顶层

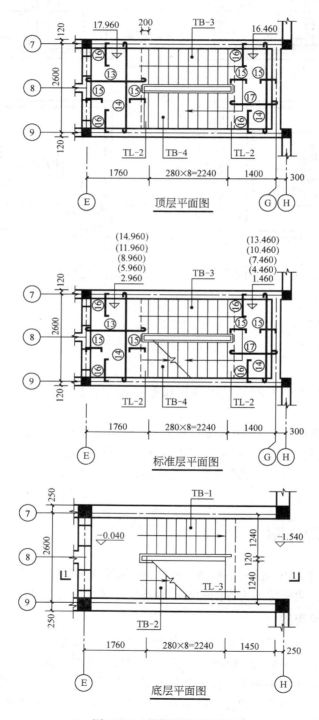

图 14-21 楼梯结构平面图

平面图。楼梯平台板、楼梯梁和梯段板都采用现浇钢筋混凝土，图中画出了现浇板内的配筋，梯段板和楼梯梁另有详图画出，故只注明其代号和编号。从图中可知：梯段板共有 4 种（TB-1、TB-2、TB-3、TB-4），楼梯梁共有 3 种（TL-1、TL-2、TL-3）。

14.5.2 楼梯结构剖面图

楼梯结构剖面图表示楼梯承重构件的竖向布置、构造和连接情况，比例与楼梯结构平面图相同。图 14-22 所示的 1—1 剖面图，其剖切位置和剖视方向表示在底层楼梯结构平面图中。图中表示了剖到的梯段板、楼梯平台、楼梯梁和未剖切到的可见梯段板（细实线）的形状和连接情况。剖切到的梯段板、楼梯平台、楼梯梁的轮廓线用粗实线画出。

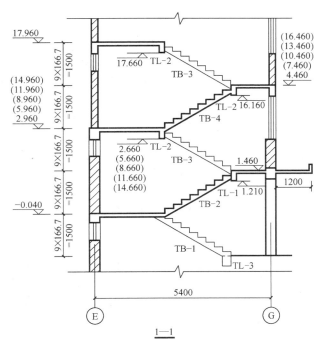

图 14-22　楼梯结构剖面图

在楼梯结构剖面图中，不仅应标注出梯段的外形尺寸、楼层高度和楼梯平台的结构标高，还应标注出楼梯梁底的结构标高。

14.5.3 楼梯配筋图

绘制楼梯结构剖面图时，由于选用的比例较小（1∶50），不能详细地表示楼梯板和楼梯梁的配筋，需另外用较大的比例（如 1∶30、1∶25、1∶20）画出楼梯的配筋图。楼梯配筋图主要由楼梯板和楼梯梁的配筋断面图组成。如图 14-23 所示，梯段板 TB-2 厚 150mm，板底布置的受力筋是直径为 12mm 的 HPB235 钢筋，间距 100mm；支座处板顶的受力筋是直径为 12mm 的 HPB23 钢筋，间距 100mm；板中的分布筋是直径为 6mm 的 HPB23 钢筋，间距 250mm。如在配筋图中不能清楚表示钢筋布置或是读图过程中易产生混淆的钢筋，应在附近画出其钢筋详图（比例可以缩小）作为参考。

图 14-24 是楼梯梁的配筋图。

由于楼梯平台板的配筋已在楼梯结构平面图中画出，楼梯梁也绘有配筋图，故在楼梯

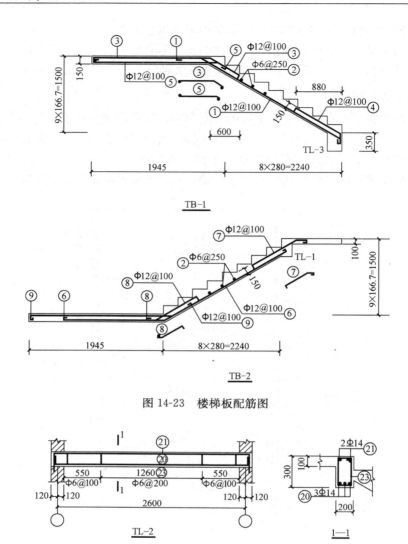

图 14-23　楼梯板配筋图

图 14-24　楼梯梁配筋图

板配筋图中楼梯梁和平台板的配筋不必画出，图中只需画出与楼梯板相连的楼梯梁、一段楼梯平台的外形线（细实线）就可以了。

如果采用较大比例（1∶30、1∶25）绘制楼梯结构剖面图时，可把楼梯板的配筋图与楼梯结构剖面图结合起来，从而减少绘图的数量。

第 15 章 建筑装修施工图

随着建筑施工技术的发展和生活水平的提高，人们对室内外环境的要求越来越高，作为建筑设计的一部分——室内环境设计正顺应社会的发展，要求也越来越高。装修是实现室内设计和构思的一种手段。过去建筑装修做法较为简单，通常在建筑施工图中以文字说明或简单的节点详图表示。随着新材料、新技术、新工艺的不断发展，建筑施工图已难以兼容复杂的装修要求，从而出现了"建筑装修施工图"（简称装修图），以表达丰富的造型构思、材料及工艺要求等。

室内设计一般包括计划、方案设计和施工图三个阶段。计划阶段的主要任务是做设计调查，全面掌握各种有关设计资料，进行现场测量，画出待装修房屋的原始图，为正式设计做好各种准备。方案设计阶段是根据甲方的要求、现场情况，以及有关规范、设计原则等，以平面布置图、立面布置图、透视图、文字说明等形式，将方案设计表达出来。设计成果经修改补充，取得较合理的方案后再进入施工阶段。装修施工图一般包括地面、墙柱面、顶棚等平面图、立面图，以及细部节点详图等。随着计算机的普及，建筑装修图一般都用计算机绘图，常用的软件有 AutoCAD 等。

目前，我国还没有装修制图的统一标准，在实际应用中可参考《房屋建筑统一标准》（GB/T 50001—2001）执行。

15.1 平面布置图

平面图是根据室内设计原理中的使用功能、精神功能、人体工程学以及使用者的要求等对室内空间进行布置的图样。由于空间的划分，功能的分区是否合理会直接影响到使用效果和精神感受，因此，在室内设计中首先要绘制室内平面的布置图。

图 15-1 为海边一套带阁楼、带露天阳台的待装修房屋的平面原始图。图 15-1（a）为楼下平面原始图；图 15-1（b）为楼上平面原始图。设计师需要在设计中与客户交流，了解客户的个人爱好，喜欢什么样的风格，以作出室内平面布置图。

现以图 15-2 为例说明平面图布置的内容。该住宅楼下空间由卧室、书房、卫生间、厨房和客厅组成。由于装修图线条较多，用 AutoCAD 绘图时线条一般用各种颜色图层加以区别。图 15-2（a）是楼下平面布置图，为了增加客厅的使用面积，使客厅使用更加方便，需要将客厅加以改造，本方案将带卫生间卧室的门直接移到了卧室出入口，同时将卧室卫生间改为楼下公用，原来的公用卫生间改为衣帽间。

本方案楼上平面结构没有改动，设计考虑到楼梯安装占用空间尽量少、上下方便、视觉美观，因此楼层上下的交通设计采用三个楼梯梯段的木制楼梯。既满足了客厅的视线不受过多影响，又使得三个梯段楼梯上下轻便，同时靠墙安装占用空间较少。

从图中可以看到，平面布置图与建筑平面图相比省略了门窗编号和与室内无关的尺寸

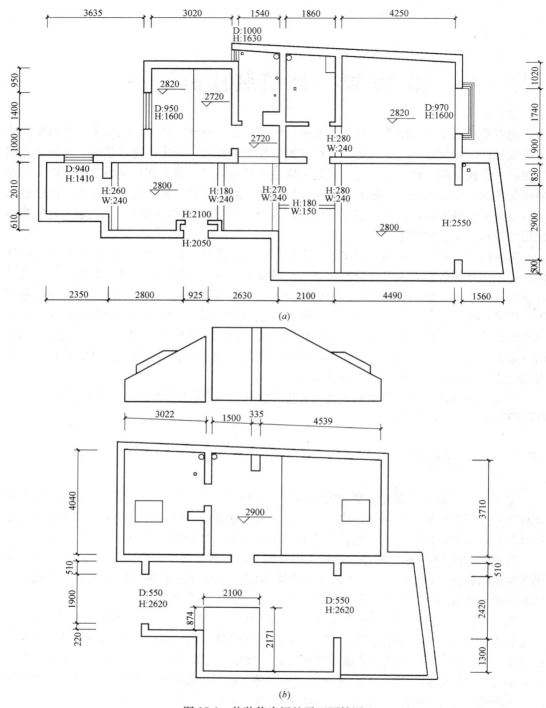

图 15-1 待装修房屋的平面原始图
(a) 楼下平面原始图；(b) 楼上平面原始图

标注，增加了各种家具、绿化物和装饰构件的图例。这些图例一般都是简化的轮廓投影，并且按比例画出，对于特征不明显的图例用文字注明它们的名称。一些重要或特殊的部位需要标注出其细部尺寸或定位尺寸。为了美化图面效果,还可在无陈设品遮挡的空余部分画出地面材料的铺装效果。由于表达的内容较多、较细,一般都选用较大的比例作图,常选用 1∶50 的比例。

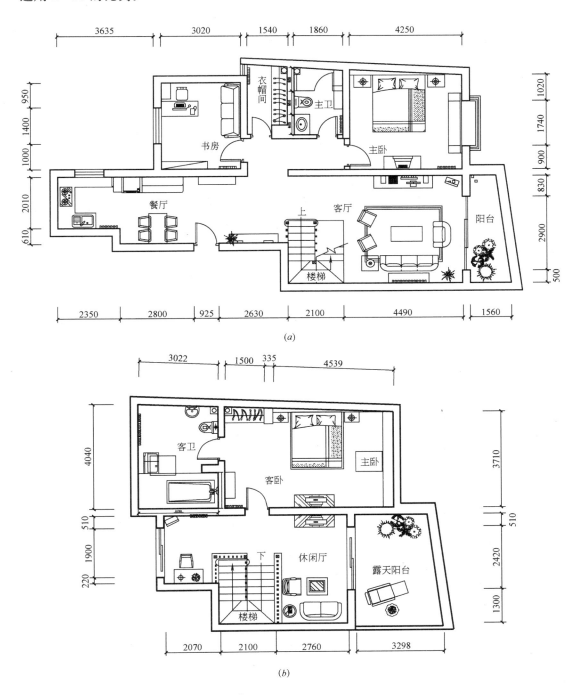

图 15-2 平面布置图
(a) 楼下平面布置图;(b) 楼上平面布置图

15.2 楼地面装修图

楼地面是使用最为频繁的部位，根据使用功能的不同，对材料、工艺的选择，地面高差的控制等都有着不同的要求。楼地面装修主要是指楼板层和地坪层的面层装修。

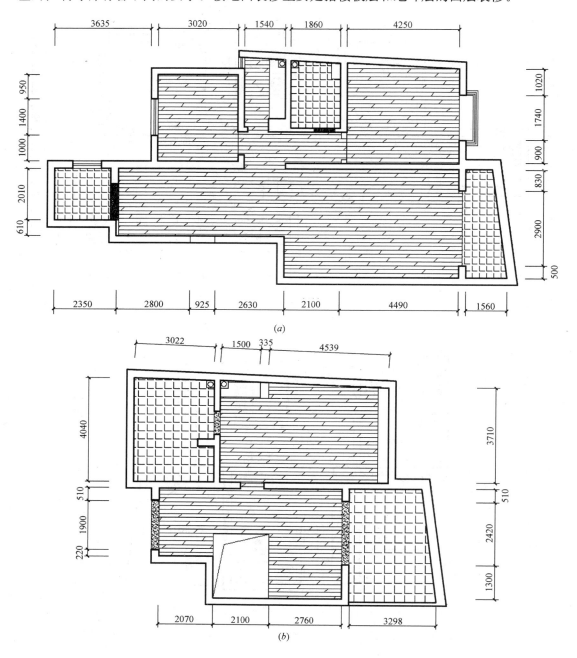

图 15-3 楼地面装修图
（a）楼下地面装修图；（b）楼上地面装修图

楼地面的名称一般是以面层的材料和做法来命名的，如面层为花岗石，则称为花岗石地面；面层为木材，则称为木地面。楼地面装修图主要表达地面的造型、材料的名称和工艺要求。对于块状地面材料，用细实线画出块材的分格线，以表示施工时的铺装方向。对于台阶、基座、坑槽等特殊部位还应画出剖面详图，表示构造形式、尺寸及工艺做法。楼地面装修图不但是施工的依据，同时也是地面材料采购的参考图样。

图 15-3（a）、（b）是对应于图 15-2（a）、（b）平面布置图的"楼地面装修图"，主要表达客厅、卧室、书房、厨房、卫生间等的地面做法和铺装形式。图中楼上、楼下卧室都铺装木地板，厨房、卫生间、阳台铺装地面砖。

楼地面装修图的比例一般与平面布置图一致。

15.3 室内立面装修图

室内立面装修图主要表示建筑主体结构中铅垂立面的装修做法。对于不同性质、不同功能、不同部位的室内立面，其装修的繁简程度差别较大。

室内立面图应包括投影方向可见的室内轮廓线和装修构造，门窗，构配件，墙面做法，固定家具、灯具，必要的尺寸和标高及需要表达的非固定家具、灯具、装饰件等。室内立面装修图不需要画出其余各楼层的投影，只需要重点表达室内墙面的造型、用料、工艺要求等。室内顶棚的轮廓线可根据具体情况只表达吊平顶及结构顶棚。

为了与平面布置对应，并便于看图，可将部分平面布置图与室内立面图对应画出。图 15-4 所示，为楼下大门口立面图。

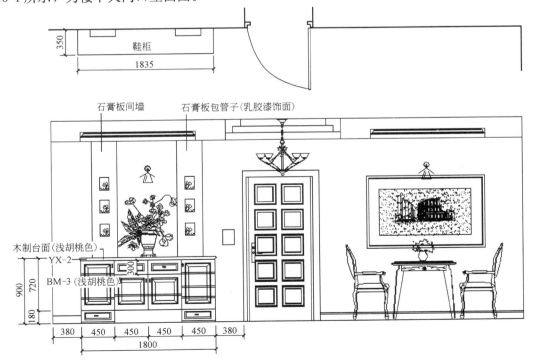

图 15-4　室内立面装修图

室内立面装修图的比例一般与平面布置图一致。

15.4 顶棚装修图

顶棚同墙面和楼地面一样,是建筑物的主要装修部位之一。顶棚分为直接式和悬吊式

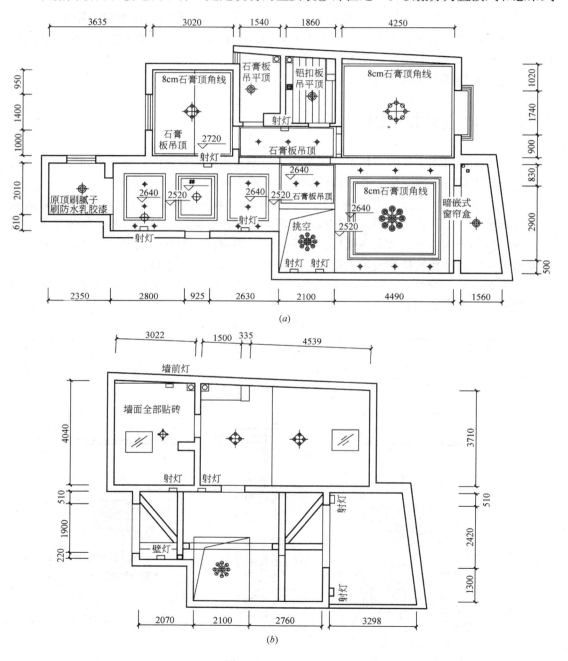

图 15-5 顶棚装修图
(a) 楼下顶棚装修图;(b) 楼上顶棚装修图

两种。直接式是指在楼板（或屋面板）板底直接喷刷、抹灰或贴面；悬吊式（简称吊顶）是在较大空间和装饰要求较高的房间中，因建筑声学、保温隔热、清洁卫生、管道敷设、室内美观等特殊要求，常用顶棚把屋架、梁板等结构构件及设备遮盖起来，形成一个完整的表面。

顶棚装修图的主要内容有：顶棚的造型、灯饰、空调风口、排气扇、消防设施的轮廓线、条块状饰面材料的排列方向线；建筑主体结构的主要轴线、编号或主要尺寸；顶棚各类设施的定形定位尺寸、标高；顶棚的各类设施，各部位的饰面材料，涂料的规格、名称、工艺说明等；索引符号或剖面及断面等符号的标注。

顶棚装修图常用镜像投影法绘制。顶棚装修图的比例一般与平面布置图一致。

图 15-5 (a)、(b) 所示为楼上、楼下的顶棚装修图。由于采用镜像投影法绘制，因此与平面布置图直接对应，图中表示顶棚吊顶造型和各种灯具的位置，并标有平面尺寸。

15.5 节点装修详图

节点装修详图指的是装修细部的局部放大图、剖面图和断面图等。由于在装修施工中常有一些复杂或细小的部位，在上述平面图、立面图中未能表达或未能详尽表达时，就需要用更大比例的节点详图来表示该部位的形状、结构、材料名称、规格尺寸和工艺要求等。虽然在一些设计手册中会有相应的节点详图可以选用，但是由于装修设计往往带有鲜明的个性，再加上装修材料和装修工艺做法不断变化，以及室内设计师的新创意，因此，节点详图在装修施工图中是不可缺少的。

图 15-6 是楼下原卫生间改成衣帽间后的衣柜详图；图 15-7 为楼下卫生间洗手柜和矮

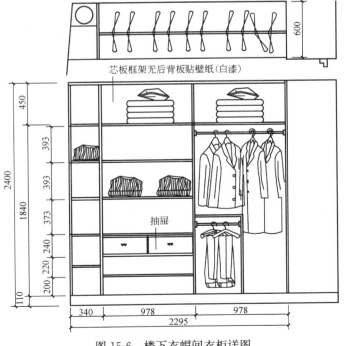

图 15-6　楼下衣帽间衣柜详图

柜详图；图 15-8 为楼上卧室矮柜详图；图 15-9 为楼梯详图。

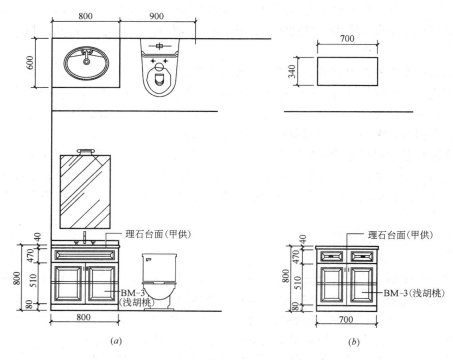

图 15-7 楼下卫生间洗手柜和矮柜详图
（a）卫生间洗手柜详图；（b）矮柜详图

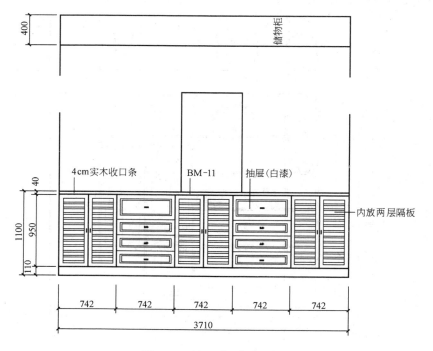

图 15-8 楼上卧室矮柜详图

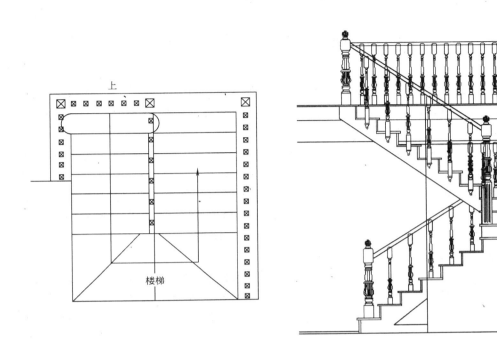

图 15-9 楼梯详图

第 16 章　计算机绘图

随着计算机技术的发展，出现了众多的图形软件，而不同的软件有各自的特点和使用方法，本章只介绍已被广泛应用的一种绘图软件 AutoCAD 最新版本 AutoCAD2008 的基本使用方法。

通常情况下，AutoCAD 安装好后，就可以在默认的设置下绘图了。为了使绘图更规范，提高绘图效率，用户应该熟悉如何确定绘图的基本单位、图纸的大小和绘图比例，即进行绘图环境的设置。用户可以通过 AutoCAD 提供的各种绘图环境设置的功能选项方便地进行设置，并且可以随时进行修改。AutoCAD 向用户提供了"图层"这种有用的管理工具，把具有相同颜色、线型等特性的图形放到同一个图层上，以便于用户更有效地组织、管理、修改图形对象。

本章主要介绍如何进行绘图环境设置，把在绘图过程最常用到的基本操作归纳在一起作简要介绍，以方便初学者学习与练习。对于绘图工具栏中各种功能键的具体使用方法，通过穿插在"举例"一节内容中叙述，这里就不一一解释了，读者可以自己对照多加练习。

16.1　绘图环境设置

16.1.1　运用下拉菜单或命令行进行环境设置

1) 设置绘图界限

图形界限是在 X、Y 二维平面上设置的一个矩形绘图区域，它是通过指定矩形区域的左下角点和右上角点来定义的。启动【图形界限】设置命令的方法有：

(1) 下拉菜单：【格式】/【图形界限】；

(2) 命令行：limits。

在执行 limits 命令后，命令行有如下提示：

命令：limits　　　　　　　　　　　　　　//执行【图形界限】设置命令
重新设置模型空间界限：
指定左下角点或 [开（ON）/关（OFF）]〈0.0000，0.0000〉：　　//输入左下角点坐标或直接回车取系统默认点（0.0000，0.0000）
指定右上角点〈420.0000，297.0000〉：　　//输入右上角点坐标或直接回车取系统默认点（420.0000，297.0000）

在命令行提示"指定左下角点或 [开（ON）/关（OFF）]〈0.0000，0.0000〉："时，可以直接输入"on"或"off"打开或关闭"出界检查"功能。"on"表示用户只能在图形界限内绘图，超出该界限，在命令行会出现"＊＊超出图形界限"的提示信息；"off"表示用户可以在图形界限之内或之外绘图，系统不会给出任何提示信息。

2）设置绘图单位

图形单位设置的内容包括：长度单位的显示格式和精度，角度单位的显示格式和精度及测量方向，以及拖放比例。启动【单位】设置命令的方法有：

（1）下拉菜单：【格式】/【单位】；

（2）命令行：units。

执行上述命令后，屏幕会出现对话框。在【长度】选区，单击【类型】下拉列表，在"建筑"、"小数"、"工程"、"分数"、"科学"5个选项中选择需要的单位格式，通常选择"小数"；单击【精度】下拉列表选择精度选项，在【类型】列表中选择不同的选项时，【精度】列表的选项随之不同，当选择"小数"时，最高精度可以显示小数点后8位，如果用户对该项不进行设置，系统默认显示小数点后4位。

应注意，这里单位精度的设置，只是设置屏幕上的显示精度，并不影响 AutoCAD 系统本身的计算精度。

16.1.2 应用【选项】对话框进行环境设置

【选项】对话框是对各种参数进行设置的非常有用的工具，用它可以完成改变新建文件的启动界面、给文件添加密码、修改自动保存间隔时间等设置。其实，【选项】对话框包含了绝大部分 AutoCAD 的可配置参数，用户可以依据自己的需要和爱好在此对 AutoCAD 的绘图环境进行个性化设置。随着对 AutoCAD 软件操作的逐渐熟练，用户会发现绘图过程中遇到的许多问题都可以用【选项】对话框来解决。对于初学者，只要对【选项】对话框各选项卡的主要功能有一个概括的了解就可以了，而没有必要面面俱到掌握所有的内容，只有在今后的实际应用中，通过不断遇到问题、解决问题的实践，才能对【选项】对话框的使用有更好的了解。

调用【选项】对话框的方法有：

（1）下拉菜单：【工具】/【选项】；

（2）命令行：options；

（3）快捷菜单：无命令执行时，在绘图区域单击右键，选择【选项】选项。

执行上述命令后，弹出图16-1所示的【选项】对话框。该对话框中包含了"文件"、"显示"、"打开和保存"、"打印和发布"、"系统"、"用户系统配置"、"草图"、"三维建模"、"选择集"和"配置"10个选项卡。下面分别对【选项】对话框中各选项卡的功能作简单介绍：

1）【文件】选项卡

主要用来确定 AutoCAD 搜索支持文件、驱动程序文件、菜单文件和其他各文件的存放位置路径或文件名。

2）【显示】选项卡

【窗口元素】、【布局元素】、【十字光标大小】和【参照编辑的褪色度】选区的选项主要用来控制程序窗口各部分的外观特征；【显示精度】和【显示性能】选区的选项主要用来控制对象的显示质量。如绘制的圆弧弧线不光滑，则说明显示精度不够，可以增加【圆弧和圆的平滑度】的设置。当然，显示精度越高，AutoCAD 生成图形的速度越慢。

3）【打开和保存】选项卡

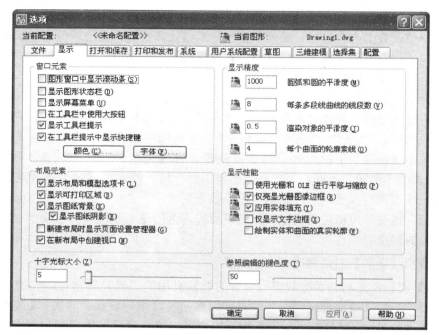

图 16-1 【选项】对话框

【文件保存】、【文件安全措施】和【文件打开】选区的选项主要对文件的保存形式和打开显示进行设置，如文件保存的类型、自动保存的间隔时间、打开 AutoCAD 后显示最近使用文件的数量等；【外部参照】和【ObjectARX 应用程序】选区的选项用来设置外部参照图形文件的加载和编辑、应用程序的加载和自定义对象的显示。

4）【打印和发布】选项卡

此选项卡主要用于设置 AutoCAD 的输出设备。默认情况下，输出设备为 Windows 打印机，但也可以设置为专门的绘图仪，还可以对图形打印的相关参数进行设置。

5）【系统】选项卡

主要对 AutoCAD 系统进行相关设置，包括三维图形显示系统设置、是否显示 OLE 特性对话框、布局切换时显示列表更新方式设置和【启动】对话框的显示设置等内容。

6）【用户系统配置】选项卡

是用来优化用户工作方式的选项，包括控制单击右键操作、控制插入图形的拖放比例、坐标数据输入优先级设置和线宽设置等内容。

7）【草图】选项卡

主要用于设置自动捕捉、自动追踪、对象捕捉等的方式和参数。

8）【三维建模】选项卡

用于对三维绘图模式下的十字光标、UCS 图标、动态输入、三维对象、三维导航等选项进行设置。

9）【选择】选项卡

主要用来设置拾取框的大小，对象的选择模式，夹点的大小、颜色等相关特性。

10）【配置】选项卡

主要用于实现新建系统配置文件、重命名系统配置文件以及删除系统配置文件等操作。配置是由用户自己定义的。

16.2 绘图比例、出图比例与输出图样的最终比例

在传统的手工绘图中，由于图纸幅面有限，同时考虑尺寸换算简便，绘图比例受到较大的限制。特别是建筑图，由于建筑物较大，通常采用较小的比例，如建筑平面图通常采用1∶100、1∶200 的比例。而 AutoCAD 绘图软件可以通过各种参数的设置，使得用户可以灵活使用各种比例方便地绘制。

16.2.1 绘图比例

绘图比例是 AutoCAD 绘图单位数与所表示的实际长度（mm）之比。即
绘图比例＝绘图单位数∶表示的实际长度（mm）
由于 AutoCAD 中因为图形界限可以设置任意大，不受图纸大小的限制，所以通常可以按照 1∶1 的比例来绘制图样，这样就省去了尺寸换算的麻烦。

16.2.2 出图比例

出图比例是指在打印出图时，所要打印出的长度（mm）与 AutoCAD 的绘图单位数之比。即：
出图比例＝打印出图样的某长度（mm）∶表示该长度的绘图单位数
绘制好的 AutoCAD 图形图样可以以各种比例打印输出，图形图样根据打印比例可大可小。

16.2.3 图样的最终比例

图样的最终比例是指打印输出的图样中，图形某长度与所表示的真实物体相应要素的线性尺寸之比。这里的线性尺寸就是指长度型尺寸，如长、宽、高等，而不是面积、体积、角度等。即：
输出图样的比例＝图样中某长度（mm）∶表示的实际物体相应长度（mm）
很显然，图样的最终比例＝绘图比例×出图比例。

16.3 数据输入的方法

16.3.1 AutoCAD2008 坐标系简介

在默认状态下，AutoCAD 处于世界坐标系 WCS（World Coordinate System）的 XY 平面视图中，在绘图区域的左下角出现一个如图 16-2 所示的 WCS 图标。WCS 坐标为笛卡儿坐标，即 X 轴为水平方向，向右为正；Y 轴为竖直方向，向上为正；Z 轴垂直于 XY 平面，指向读者方向为正。

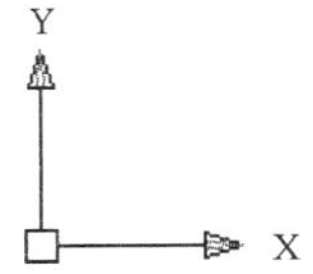

WCS 总存在于每一个设计图形中，是唯一且不可改动的，其他任何坐标系可以相对它来建立。AutoCAD 将 WCS 以外的任何坐标系通称为用户坐标系 UCS（User Coordinate System），它可以通过执行 UCS 命令对 WCS 进行平移或者旋转等操作来创建。

图 16-2 坐标系图标

16.3.2 点的坐标输入

AutoCAD 的坐标输入方法通常采用绝对直角坐标、相对直角坐标和极坐标三种。下面分别介绍这三种输入方法：

1) 绝对直角坐标

在直角坐标系中，坐标轴的交点称为原点，绝对坐标是指相对于当前坐标原点的坐标。在 AutoCAD 中，默认原点的位置在图形的左下角。

当输入点的绝对直角坐标（X, Y, Z）时，其中 X、Y、Z 的值就是输入点相对于原点的坐标距离。通常，在二维平面的绘图中，Z 坐标值默认等于 0，所以用户可以只输入 X、Y 坐标值。当知道了某点的确切绝对直角坐标时，在命令行窗口用键盘直接输入 X、Y 坐标值来确定点的位置非常准确、方便。应注意两坐标值之间必须使用西文逗号","隔开（注意不能用中文逗号的输入格式，否则命令行会出现"点无效"的字样）。

2) 相对直角坐标

在绘图过程中，特别是绘制复杂的图形时，每一个点都采用前面所述的绝对直角坐标输入会很麻烦，而且显得笨拙。因此有时采用相对直角坐标输入法更为灵活方便。

相对直角坐标就是用相对于上一个点的坐标来确定当前点，也就是说用上一个点的坐标加上一个偏移量来确定当前点的坐标。相对直角坐标输入与绝对直角坐标输入的方法基本相同，只是 X、Y 坐标值表示的是相对于前一点的坐标差，并且要在输入的坐标值前面加上"@"符号。在后面的绘图中将经常用到相对直角坐标。

在 AutoCAD2008 的版本中，新增了动态输入功能，即状态栏中的 DYN 按钮，当此按钮按下时，输入的坐标值直接就是相对坐标。

[例 16-1] 用直线命令绘制图 16-3 所示的矩形。

在命令行输入"line"并回车启动画线命令，命令行提示：

命令：_line 指定第一点：100, 100 　　　　//输入 A 点的绝对坐标值
指定下一点或 [放弃 (U)]：@0, 100 　　　　//输入矩形左上角点的相对坐标值（或者按下动态输入按钮，直接输入 0, 100）
指定下一点或 [放弃 (U)]：@200, 0 　　　　//输入矩形右上角点的相对坐标值
指定下一点或 [闭合 (C)/放弃 (U)]：@0, −100 　　//输入 D 点的相对坐标值
指定下一点或 [闭合 (C)/放弃 (U)]：C 　　//输入 C 直接闭合线条，或输入 A 点的相对坐标值

3) 绝对极坐标

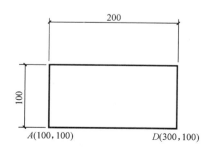

图 16-3 在 AutoCAD2008 内绘制的某矩形

极坐标是一种以极径 R 和极角 θ 来表示点的坐标系。极坐标有绝对极坐标和相对极坐标。绝对极坐标是从点 (0, 0) 或 (0, 0, 0) 出发的位移，但给定的是距离或角度。其中距离和角度用"<"分开，如"$R<\theta$"。计算方法是从 X 轴正向转向两点连线的角度，以逆时针方向为正，如 X 轴正向为 0°，Y 轴正向为 90°。绝对极坐标在 AutoCAD 绘图中较少采用。

相对极坐标中 R 为输入点相对前一点的距

离长度，θ为这两点的连线与 X 轴正向之间的夹角，如图 16-4 所示。在 AutoCAD 中，系统默认角度测量值以逆时针为正，反之为负。输入格式为"@R<θ"。

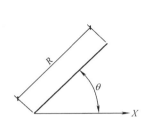

图 16-4　极坐标

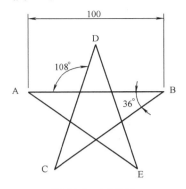

图 16-5　五角星

[例 16-2]　按照如下程序操作，绘制如图 16-5 所示的五角星。

　　命令：_ line 指定第一点：200，100　　　　　　　　//输入 A 点的绝对直角坐标值
　　指定下一点或 ［放弃（U）］：@100<0　　　　　　　//输入 B 点的相对极坐标值
　　指定下一点或 ［放弃（U）］：@－100<36　　　　　//输入 C 点的相对极坐标值
　　指定下一点或 ［闭合（C）/放弃（U）］：@100<72　//输入 D 点的相对极坐标值
　　指定下一点或 ［闭合（C）/放弃（U）］：@－100<108　//输入 E 点的相对极坐标值
　　指定下一点或 ［闭合（C）/放弃（U）］：C　　　　//闭合到 A 点

16.4　选择编辑对象的方法

在执行 AutoCAD 许多编辑命令的过程中，命令行都会出现"选择对象："的提示，即需要选择进行相关操作的对象。AutoCAD 向用户提供了多种对象选择的方式。在命令行提示"选择对象："时，输入"?"或当前编辑命令不认识的字母，可以查看所有方式。

下面介绍各种对象选择方式的含义，在这些选取方式中，最常用的是点选、窗选和交叉窗选几种：

16.4.1　点选

当命令行出现"选择对象："提示时，十字光标变为拾取框，将拾取框压住被选对象并单击左键，这时对象变为虚线，说明对象被选中，命令行会继续提示"选择对象："，继续选择需要的对象，直到不再选取时为止。点选方式适合拾取少量、分散的对象。

16.4.2　窗选

窗选是通过指定对角点定义一个矩形区域来选择对象。首先单击鼠标左键确定第一个角点（A 点），然后向右下或右上拉伸窗口，窗口边框为实线，确定矩形区域后单击鼠标左键（B 点），则全部位于窗口内的对象被选中，与窗口边界相交的对象不被选择，如图 16-6 所示。

16.4.3　交叉窗选

交叉窗选也是通过指定对角点定义一个矩形区域来选择对象，但矩形区域的定义不同

于窗选。在确定第一角点后（B点），向左上或左下拉伸窗口，窗口边框为虚线，确定矩形区域后单击左键（A点），则位于窗口内和与窗口边界相交的对象全部被选中，如图 16-7 所示。

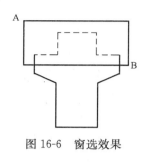
图 16-6 窗选效果

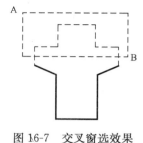
图 16-7 交叉窗选效果

16.5 常用基本操作

用 AutoCAD 完成的所有工作都是通过用户对系统下达命令来执行的。所以用户必须熟悉命令的执行与结束以及对命令的一些常用操作。

16.5.1 命令的执行与结束

执行一个命令往往有多种方法，这些命令之间可能存在难易、繁简的区别。用户可以在不断练习中找到一种适合自己的、最快捷的绘图方法或绘图技巧。

通常可以用以下几种方法来执行某一命令：

1）命令行输入命令

在命令行输入相关操作的完整命令或快捷命令。如绘制直线，可以在命令行输入"line"或"l"。

2）单击工具栏中的图标按钮

这种方法比较形象、直接。将鼠标在按钮处停留数秒，会显示按钮的名称，帮助用户识别。如单击绘图工具栏中的 ╱ 按钮，可以启动【直线】命令。

3）单击下拉菜单

一般的命令都可以在下拉菜单中找到，它是一种较实用的命令执行方法。如单击下拉菜单【绘图】/【直线】来执行【直线】命令。由于下拉菜单较多，它又包含许多子菜单，所以要准确地找到菜单命令需要熟悉记忆它们。通过下拉菜单执行命令的缺点是由于单击次数较多会影响工作效率。

结束命令主要有以下四种方法：

（1）回车；

（2）空格：在 AutoCAD 中，除了书写文字外，空格与回车的作用是一样的；

（3）鼠标右键：在结束绘制时，单击鼠标右键会出现快捷菜单。将光标移到【确认】处，单击鼠标左键可以结束命令，与回车效果相同；

（4）Esc 键：在 AutoCAD 中，可以说是 Esc 键的功能最强大，无论命令是否完成都可通过按 Esc 键来取消命令。例如，执行绘制多点命令（【绘图】/【点】/【多点】）就只能通过 Esc 键来结束命令。

16.5.2 命令的重复

在 AutoCAD 中重复执行一个命令的方法有很多，可以在命令行提示"命令："时，按 Enter 键或空格键，来重复刚刚执行过的命令。

如果要想重复执行近期执行过但又不是刚刚执行过的一个命令，用户可以将光标移至命令行，单击右键，弹出如图 16-8 所示的快捷菜单，选择【近期使用的命令】，系统会列出近期使用过的 6 条命令，选择想要重复执行的命令即可。

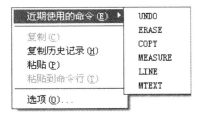

图 16-8 命令窗口快捷菜单

如果要多次使用同一个命令，则可以在命令行输入 multiple 命令，然后回车，命令行会提示"输入要重复的命令名："，用户输入要重复的命令，就可以重复执行该命令，直到按"ESC"键为止。

16.5.3 命令的放弃

命令的放弃即撤销，放弃最近执行过的一次操作的方法有：
（1）下拉菜单：【编辑】/【放弃】；
（2）标准注释工具栏按钮： ；
（3）命令行：undo 或 u；
（4）快捷键：Ctrl + Z。

放弃近期执行过的一定数目操作的方法有：
（1）下拉列表：单击按钮 右侧列表箭头 ，在列表中选择一定数目要放弃的操作；
（2）命令行：undo。

16.5.4 命令的重做

重做是指恢复 undo 命令刚刚放弃的操作。它必须紧跟在 u 或 undo 命令后执行，否则命令无效。

重做单个操作的方法有：
（1）下拉菜单：【编辑】/【重做】；
（2）标准注释工具栏按钮： ；
（3）命令行：redo；
（4）快捷键：Ctrl + Y。

重做一定数目操作的方法有：
（1）下拉列表：单击按钮 右侧列表箭头 ，在列表中选择一定数目需重做的操作；
（2）命令行：mredo。

16.6 图层与对象特性

按照国家制图标准规定，在绘制建筑工程图时，对于不同用途的图线需要使用不同的线型和线宽来绘制。AutoCAD 向用户提供了"图层"这种有用的管理工具，把具有相同颜色、线型、线宽等特性的图形放到同一个图层上，以便于用户更有效地组织、管理、修改图形对象。

16.6.1 图层及其特性

用户可以把图层理解成没有厚度的、透明的图纸，一个完整的工程图样是由若干个图层完全对齐、重叠在一起形成的。同时，还可以关闭、冻结或锁定某一图层，使得该图层不在屏幕上显示或不能对其进行修改。图层是 AutoCAD 用来组织、管理图形对象的一种有效工具，在工程图样的绘制工作中发挥着重要的作用。

图层具有以下一些特性：

(1) 图名：每一个图层都有自己的名字，以便查找；

(2) 颜色、线型、线宽：每个图层都可以设置自己的颜色、线型、线宽；

(3) 图层的状态：可以对图层进行打开和关闭、冻结和解冻、锁定和解锁的控制。

16.6.2 图层的创建

创建和设置图层，都可以在【图层特性管理器】对话框中完成，启动【图层特性管理器】对话框的方法有：

(1) 拉菜单：【格式】/【图层】；

(2) 面板选项板【图层】工具栏按钮：；

(3) 命令行：layer。

执行上述命令后，屏幕弹出【图层特性管理器】对话框。在该对话框中有两个显示窗格：左边为树状图，用来显示图形中图层和过滤器的层次结构列表；右边为列表图，显示图层和图层过滤器及其特性和说明。

单击【图层特性管理器】对话框中的新建按钮，在列表图中 0 图层的下面会显示一个新图层。在【名称】栏填写新图层的名称，图层名可以使用包括字母、数字、空格，以及 Microsoft Windows 和 AutoCAD 未作他用的特殊字符命名，应注意图层名要便于查找和记忆。填好名称后回车或在列表图区的空白处单击即可。如果对图层名不满意，还可以重新命名。

在【名称】栏的前面是【状态】栏，它用不同的图标来显示不同的图层状态类型，如图层过滤器、所用图层、空图层或当前图层，其中 图标表示当前图层。

为了便于对图层进行管理，常在任意工具栏上单击右键，选中图层，则打开了图层工具栏，如图 16-9 所示。AutoCAD2008 "二维草图与注释"界面中，右面的面板选项板的控制台也有图层部分，如图 16-10 所示。

16.6.3 设置图层的颜色、线型和线宽

用户在创建图层后，应对每个图层设置相应的颜色、线型和线宽。

图 16-9　图层工具栏　　　　　　图 16-10　面板选项板中的图层

1) 设置图层的颜色

单击某一图层列表的【颜色】栏，会弹出【选择颜色】对话框，选择一种颜色，然后单击 确定 按钮完成颜色的设置。

2) 设置图层的线型

要对某一图层进行线型设置，则单击该图层的【线型】栏，会弹出【选择线型】对话框。默认情况下，系统只给出连续实线（continuous）这一种线型。如果需要其他线型，可以单击 加载(L)... 按钮，弹出【加载或重载线型】对话框，从中选择需要的线型，然后单击 确定 按钮返回【选择线型】对话框，所选线型已经显示在【已加载的线型】列表中。最后，选中该线型单击 确定 按钮即可。

3) 设置图层的线宽

单击某一图层列表的【线宽】栏，会弹出【线宽】对话框。通常，系统会将图层的线宽设定为默认值。用户可以根据需要在【线宽】对话框中选择合适的线宽，然后单击 确定 按钮完成图层线宽的设置。

利用【图层特性管理器】对话框设置好图层的线宽后，在屏幕上不一定能显示出该图层图线的线宽。用户可以通过是否按下状态栏中的 线宽 按钮，来控制是否显示图线的线宽。

16.6.4　图层的打开和关闭、冻结和解冻、锁定和解锁

在【图层特性管理器】对话框的列表图区，有【开】、【冻结】、【锁定】三栏项目，它们可以控制图层在屏幕上能否显示、编辑、修改与打印。

1) 图层的打开和关闭

该项可以打开和关闭选定的图层。当图标为 ♀ 时，说明图层被打开，它是可见的，并且可以打印；当图标为 ♀ 时，说明图层被关闭，它是不可见的，并且不能打印。

打开和关闭图层的方法：

(1) 在【图层特性管理器】列表图区单击 ♀ 或 ♀ 按钮；

(2) 在【图层】工具栏的图层下拉列表中单击 ♀ 或 ♀ 按钮，如图 16-11 所示。

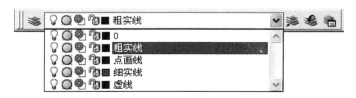

图 16-11　图层工具栏的图层下拉列表

2）图层的冻结和解冻

该项可以冻结和解冻选定的图层。当图标为 ❄ 时，说明图层被冻结，图层不可见，不能重生成，并且不能打印；当图标为 ☀ 时，说明图层未被冻结，图层可见，可以重生成，也可以打印。

由于冻结的图层不参与图形的重生成，可以节约图形的生成时间，提高计算机的运行速度。因此，对于绘制较大的图形，暂时冻结不需要的图层是十分必要的。

冻结和解冻图层的方法：

（1）在【图层特性管理器】列表图区单击 ❄ 或 ☀ 按钮。

（2）在【图层】工具栏的图层下拉列表中单击 ❄ 或 ☀ 按钮。

3）图层的锁定和解锁

该项可以锁定和解锁选定的图层。当图标为 🔒 时，说明图层被锁定，图层可见，但图层上的对象不能被编辑和修改。当图标为 🔓 时，说明被锁定的图层解锁，图层可见，图层上的对象可以被选择、编辑和修改。

锁定和解锁图层的方法：

（1）在【图层特性管理器】列表图区单击 🔒 或 🔓 按钮。

（2）在【图层】工具栏的图层下拉列表中单击 🔒 或 🔓 按钮。

16.6.5 设置当前图层

所有的 AutoCAD 绘图工作只能在当前层进行。当需要画墙体时，必须先将"墙体"所在的图层设为当前层。设置当前图层的方法有：

（1）在【图层特性管理器】对话框的列表图区单击某一图层，再单击右键选择快捷菜单中的【置为当前】选项，【图层特性管理器】对话框中【当前图层】的显示框中显示该图层名；

（2）在【图层特性管理器】对话框的列表图区双击某一图层；

（3）在绘图区域选择某一图形对象，然后单击【图层】工具栏或面板选项板的 ▨ 按钮，系统则会将该图形对象所在的图层设为当前图层；

（4）单击【图层】工具栏中图层列表框的 ▾ 按钮，选择列表中一图层单击将其置为当前图层；

（5）单击【图层】工具栏中的 ▨ 按钮，可以将上一个当前层恢复到当前图层。

16.6.6 删除图层

为了节省系统资源，可以删除多余不用的图层。方法为：单击不用的一个或多个图层，再单击【图层特性管理器】对话框上方的 ✕ 按钮，最后单击 确定 按钮即可。注意：不能删除 0 层、当前层和含有图形实体的层。

16.7 AutoCAD 绘图举例

[**例 16-3**] 绘制图 16-12 所示的楼梯顶层平面图。

（1）设置图层线型，绘制定位轴线。

先用 Layer 命令设置如下图层：

墙线层，粗实线：线宽 0.3mm，线型 Continuous；

轴线层，点画线：线宽 0.15mm，线型 Center；

楼梯窗线层，细实线：线宽 0.15mm，线型 Continuous。

（2）画定位轴线：采用 1：1 的比例画图，在轴线层打开正交按钮，绘制横竖两条轴线，然后使用偏移命令得到图 16-13 所示图形。偏移过程如下：

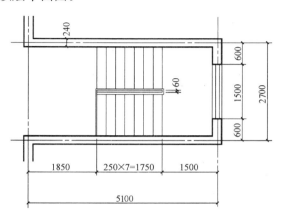

图 16-12 楼梯顶层平面图

命令：_offset　　　　　　　　　　//启动偏移命令
当前设置：删除源＝否　图层＝源　OFFSETGAPTYPE＝0
指定偏移距离或［通过（T）/删除（E）/图层（L）]〈10〉：2700　　//给定偏移距离 2700
选择要偏移的对象，或［退出（E）/放弃（U）]〈退出〉：　　//点选横向轴线
指定要偏移的那一侧上的点，或［退出（E）/多个（M）/放弃（U）]〈退出〉：
　　　　　　　　　　　　　　　　　　　　　　　　　　　　//在需要偏移的一侧单击
选择要偏移的对象，或［退出（E）/放弃（U）]〈退出〉：　　//回车结束命令
命令：_offset　　　　　　　　　　//回车再次重复偏移命令
指定偏移距离或［通过（T）/删除（E）/图层（L）]〈2700.0000〉：5100
　　　　　　　　　　　　　　　　　　　　　　　　　　　　//给定偏移距离 5100
选择要偏移的对象，或［退出（E）/放弃（U）]〈退出〉：　　//点选竖向轴线
指定要偏移的那一侧上的点，或［退出（E）/多个（M）/放弃（U）]〈退出〉：
　　　　　　　　　　　　　　　　　　　　　　　　　　　　//在需要偏移的一侧单击
选择要偏移的对象，或［退出（E）/放弃（U）]〈退出〉：　　//单击右键结束偏移命令

图 16-13 绘制轴线

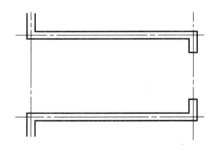

图 16-14 绘制墙体、门窗洞

(3) 绘制墙体：在墙线图层，采用多线命令，使用定义过的 240 的墙体 Wall 绘制墙体。

命令： _ mline　　　　　　　　//启动多线命令
当前设置：对正＝无，比例＝1.00，样式＝WALL
指定起点或 [对正 (J)/比例 (S)/样式 (ST)]：　〈对象捕捉 开〉//打开对象捕捉，捕捉轴线各
　　　　　　　　　　　　　　　　　　　　　　　　　　相应端点和交点

然后，将横向轴线向中间偏移 600，利用修剪命令，剪切出窗洞。得到图 16-14 所示图形。

(4) 绘制窗及楼梯扶手：转到细实线图层，利用直线命令和偏移、剪切等命令，绘制窗和楼梯扶手，并在距离右边竖向轴线 1500＋1750 处，绘制一条楼梯细实线，如图 16-15 所示。

(5) 使用多重偏移命令，绘制楼梯。

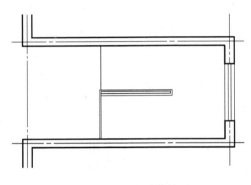

图 16-15　绘制楼梯扶手

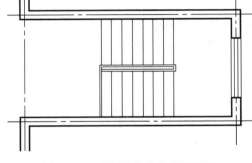

图 16-16　利用偏移命令绘制楼梯

命令：_ offset　　　　　　　　//启动偏移命令
当前设置：删除源＝否　图层＝源　OFFSETGAPTYPE＝0
指定偏移距离或 [通过 (T)/删除 (E)/图层 (L)]〈250.0000〉：　　//默认或设置偏移距离 250（一
　　　　　　　　　　　　　　　　　　　　　　　　　　　　　　　　个楼梯的踏步宽）
选择要偏移的对象，或 [退出 (E)/放弃 (U)]〈退出〉：　　//选择图 16-16 中绘制的楼梯细实线
选择要偏移的对象，或 [退出 (E)/放弃 (U)]〈退出〉：　　//回车结束选择
指定要偏移的那一侧上的点，或 [退出 (E)/多个 (M)/放弃 (U)]〈退出〉：m　　//输入 m，进行
　　　　　　　　　　　　　　　　　　　　　　　　　　　　　　　　　　　　多重偏移
指定要偏移的那一侧上的点，或 [退出 (E)/放弃 (U)]〈下一个对象〉：//在细实线的右侧单击，则
　　　　　　　　　　　　　　　　　　　　　　　　　　　　　　　　出现第二条楼梯细实线
指定要偏移的那一侧上的点，或 [退出 (E)/放弃 (U)]〈下一个对象〉：//在第二条细实线的右侧单
　　　　　　　　　　　　　　　　　　　　　　　　　　　　　　　　击，则出现第三条楼梯细
　　　　　　　　　　　　　　　　　　　　　　　　　　　　　　　　实线……
指定要偏移的那一侧上的点，或 [退出 (E)/放弃 (U)]〈下一个对象〉：//依此类推，共单击
　　　　　　　　　　　　　　　　　　　　　　　　　　　　　　　　7 次

另外一侧的楼梯偏移方法类似，读者可以自己练习。

[例 16-4]　绘制图 16-17 所示住宅底层平面图。

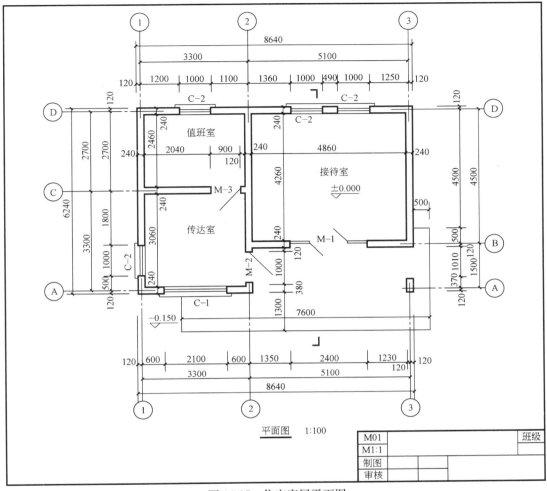

图 16-17　住宅底层平面图

操作步骤：

（1）先设置四种线型图层，将"点画线"层设为当前层，如图 16-18 所示。

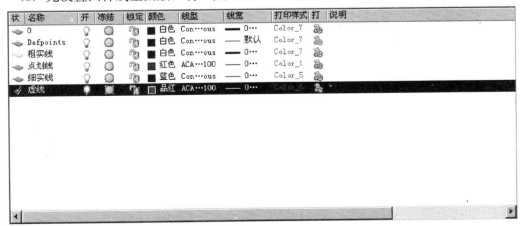

图 16-18　设置图层

(2) 建立 A3 图纸幅面（420mm×297mm），绘制图框线和标题栏；再使用"比例"命令将该图幅放大 100 倍，即采用 1∶100 比例绘制住宅底层平面图。

(3) 打开"正交"，在"轴线"图层下选择"直线"和"偏移"命令绘制平面墙体轴线，尺寸如图 16-19 所示。

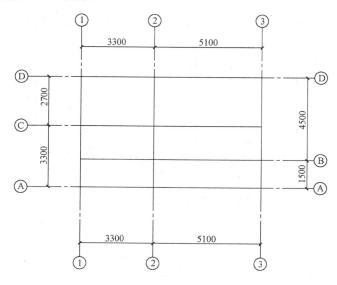

图 16-19　平面墙体轴线网

(4) 调用下拉式菜单"格式"/"多线样式"命令，分别设置 240 墙体多线和 120 墙体多线。设置 240 墙时，在元素选项中，偏移 120 及 −120，如图 16-20 所示。设置 120 墙

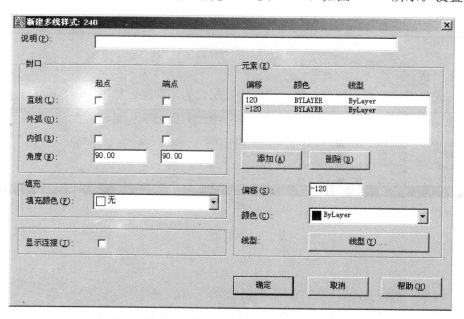

图 16-20　在"新建多线样式"对话框设置 240 墙

时，在元素选项中，偏移 60 及 -60。

（5）调用下拉式菜单命令"绘图"/"多线"，在命令行输入"J"（对齐）——"Z"（无）、"ST"（样式）——"240"、"S"（比例）——"1"，打开"捕捉"，根据轴线绘制 240 多线墙体，结果如图 16-21 所示。

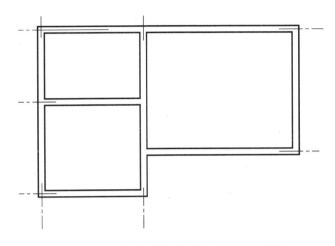

图 16-21　用"多线"绘制墙体和阳台栏板

（6）单击"分解" 命令，分解所绘墙体，选择"直线" 和"偏移" 命令，绘制门窗位置线，用"修剪" 命令，完成门窗洞的绘制，结果如图 16-22 所示。

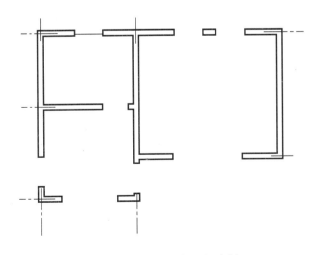

图 16-22　完成门窗洞的绘制

（7）选择"直线" 和"偏移" 命令，绘制门窗，结果如图 16-23 所示。

（8）调用下拉式菜单"格式"/"文字格式"，在对话框中选取"宋体"，字高"500"。单击多行文字图标 **A**，标注各房间名称及门窗编号，如图 16-24 所示。

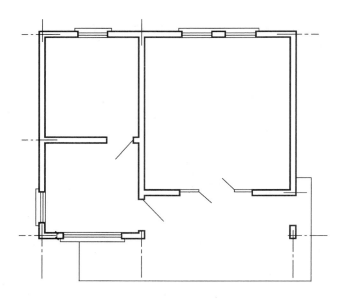

图 16-23 绘制门窗平面

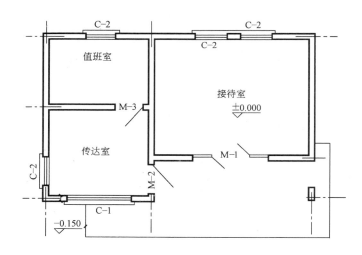

图 16-24 标注房间名称和门窗编号

（9）设置线型尺寸标注。

（10）打开标注工具栏，分别点击"线性" 和"连续" 命令，打开"捕捉"和"正交"，标注各部尺寸。选择"分解" 和"移动" 命令，调整尺寸数字位置（主要调整重叠的数字及与图线相交的数字）。在图外侧绘制轴线编号，半径为"400"，创建带属性的"块"，点击"插入块" 命令，绘制轴线编号，完成平面图尺寸标注，如图 16-25 所示。

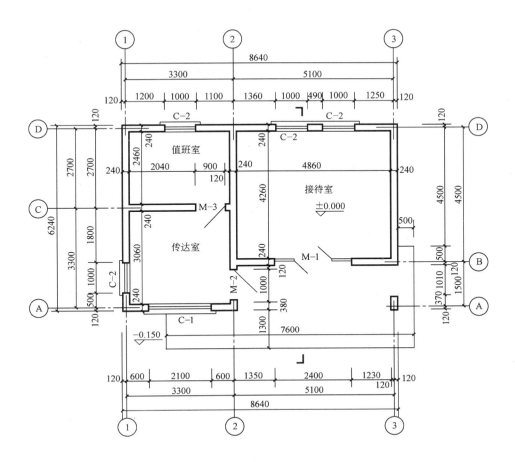

图 16-25　平面图尺寸标注

参 考 文 献

[1] 何斌等. 建筑制图. 第5版. 北京：高等教育出版社，2005.
[2] 朱育万. 画法几何及土木工程. 合订修订版. 北京：高等教育出版社，2001.
[3] 丁宇明. 土建工程制图. 北京：高等教育出版社，2003.
[4] 杨月英. 建筑制图与识图. 北京：中国建材工业出版社，2007.
[5] 刘林. 建筑制图与室内设计制图. 广州：华南理工大学出版社，1997.
[6] 谢培青. 画法几何与阴影透视（上）. 第2版. 北京：中国建筑工业出版社，1998.
[7] 许松照. 画法几何与阴影透视（下）. 第2版. 北京：中国建筑工业出版社，1998.
[8] 李国生，黄水生. 建筑透视与阴影. 第2版. 广州：华南理工大学出版社，2007.
[9] 同济大学. 建筑阴影和透视. 上海：同济大学出版社，1996.
[10] 赵京伟. 建筑制图与阴影透视. 北京：航空航天大学出版社，2005.
[11] 朱福熙. 建筑制图. 第3版. 北京：高等教育出版社，1992.
[12] 莫正波. AutoCAD 2008建筑制图实例教程. 东营：中国石油大学出版社，2008.

高等学校规划教材

建筑制图表达习题集

刘 平 主编

中国建筑工业出版社

说　明

本习题集与《建筑制图表达》教材配套使用。本习题集的主要内容有：建筑制图表达概述、建筑制图基本知识与技能、轴测图、正投影的基本知识、常用工程曲面与曲线、立体的截交与相贯、建筑形体表达方法、建筑透视图画法、透视图辅助画法及曲面体透视、建筑阴影基本知识、建筑形体的阴影、透视图中的阴影、房屋建筑施工图、建筑结构施工图、建筑装修施工图以及计算机绘图。

本书可作为高等学校建筑学、城市规划、景观设计、室内设计、环境艺术与设计等专业本、专科学生的课程教材，也可以作为高校土建类专业教材参考书，以及从事各种设计工作的工程技术人员参考书。

目　　录

说明

第 1 章　建筑制图表达概述 ·· 1

第 2 章　建筑制图基本知识与技能 ·· 5

第 3 章　轴测图 ·· 6

第 4 章　正投影的基本知识 ·· 11

第 5 章　常用工程曲线与曲面 ·· 17

第 6 章　立体的截交与相贯 ·· 18

第 7 章　建筑形体表达方法 ·· 28

第 8 章　建筑透视图画法 ·· 34

第 9 章　透视图辅助画法及曲面体透视 ·· 42

第 10 章　建筑阴影基本知识 ·· 50

第 11 章　建筑形体的阴影 ·· 52

第 12 章　透视图中的阴影 ·· 58

第 13 章　建筑施工图 ·· 59

第 14 章　结构施工图 ·· 61

第 15 章　建筑装修施工图 ·· 63

第 16 章　计算机绘图 ·· 64

第1章 建筑制图表达概述

1. 根据立体图找出相对应的投影图。

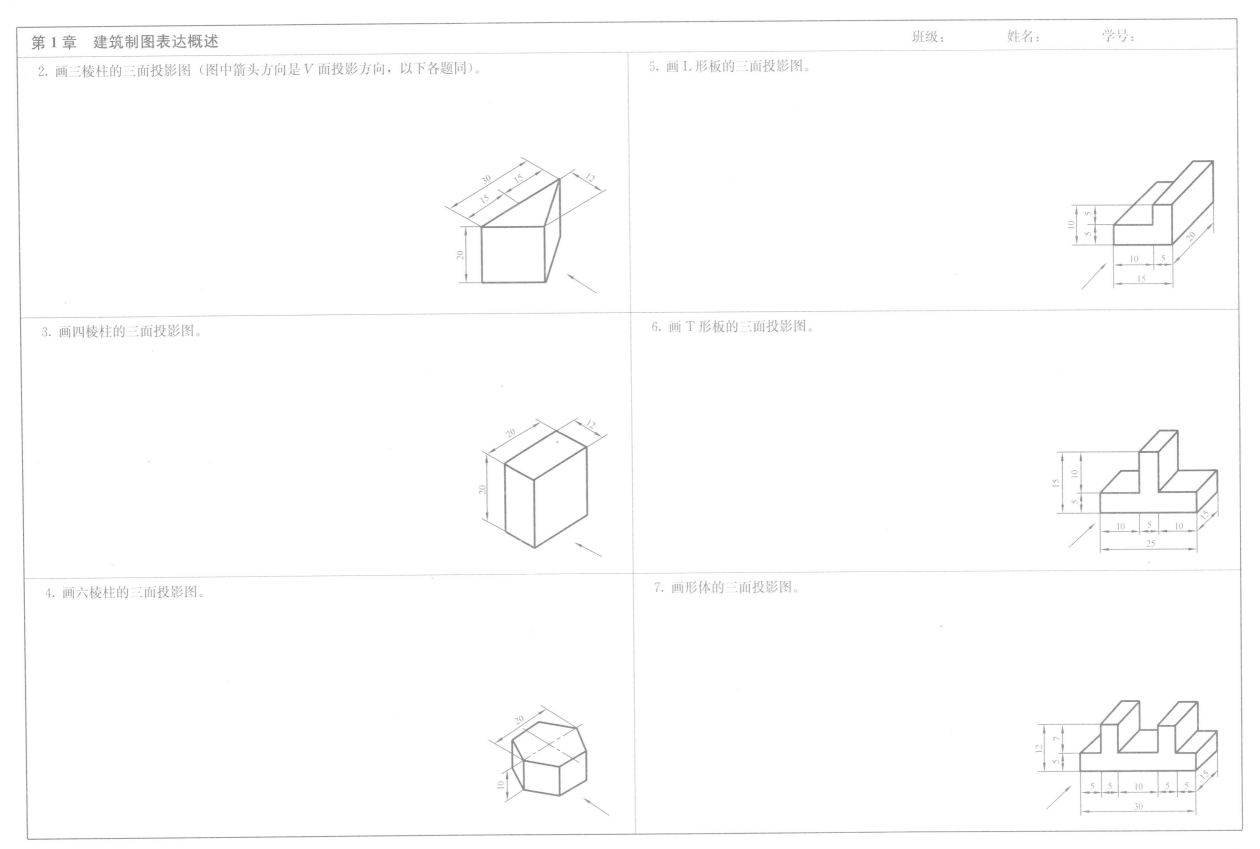

| 第 1 章　建筑制图表达概述 | 班级：　　　姓名：　　　学号： |

8. 画圆柱的三面投影图。

11. 画半圆柱的三面投影图。

9. 画圆锥的三面投影图。

12. 画半圆柱筒的三面投影图。

10. 画圆球的三面投影图。

13. 画出立体的三面投影图。

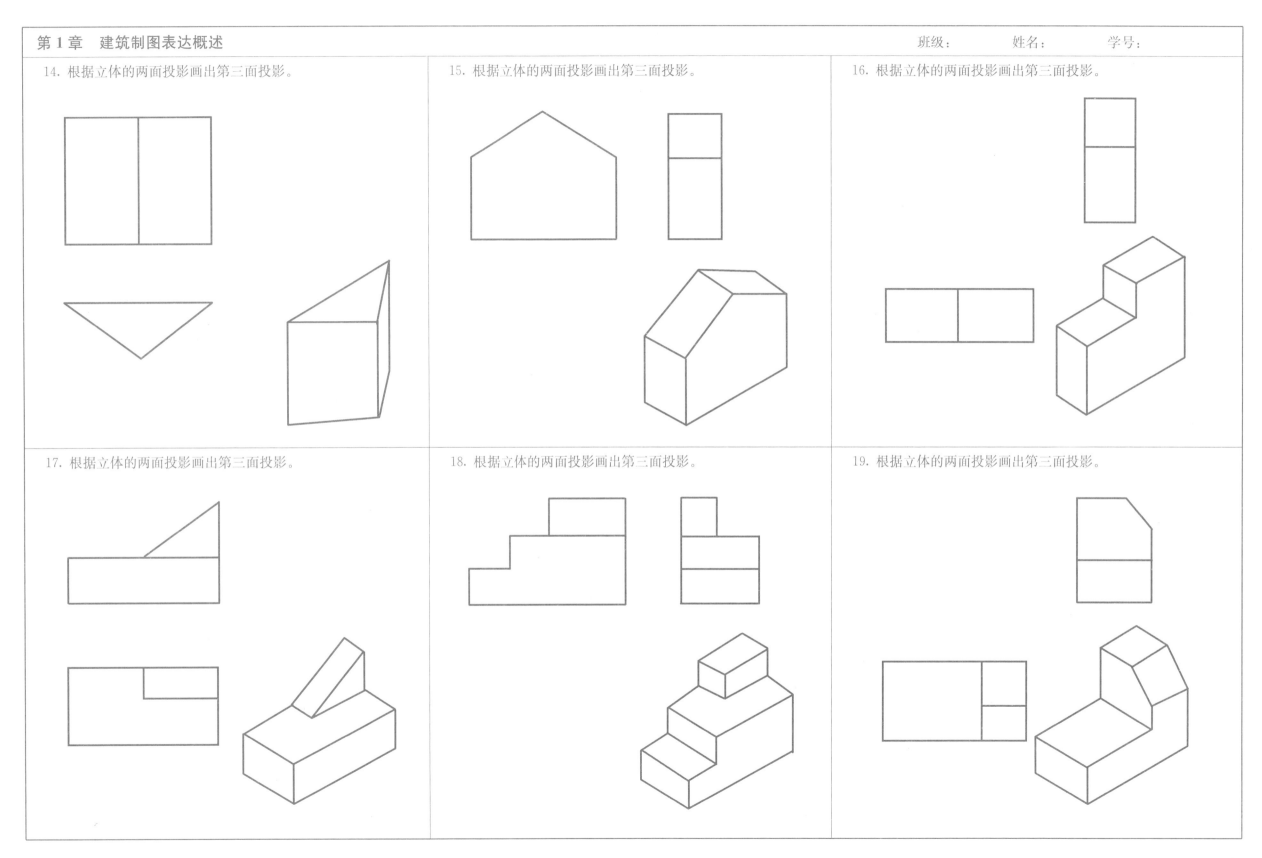

第 2 章　建筑制图基本知识与技能

1. 在 A3 图纸上抄画下图，并标注尺寸（比例 1∶1）。

2. 在 A3 图纸上抄画下图，并标注尺寸（比例 1∶1）。

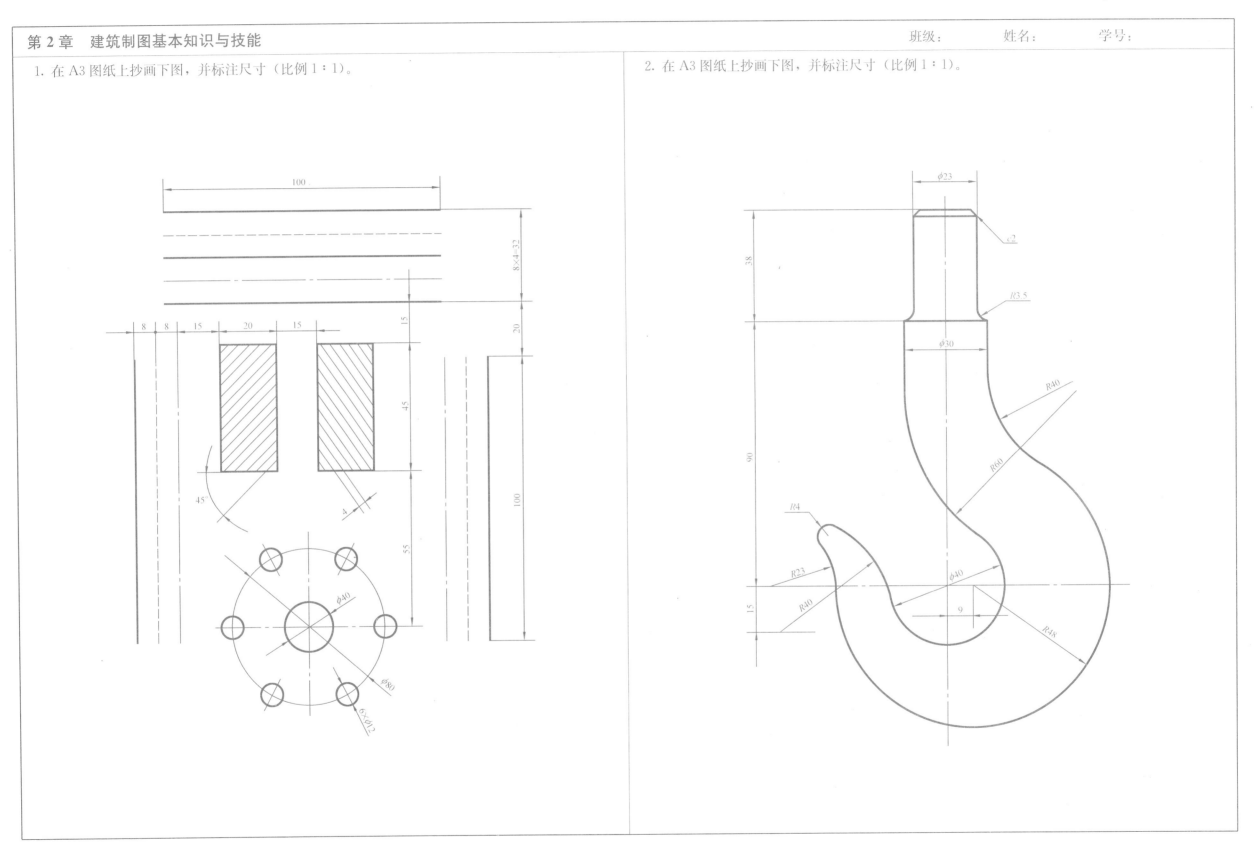

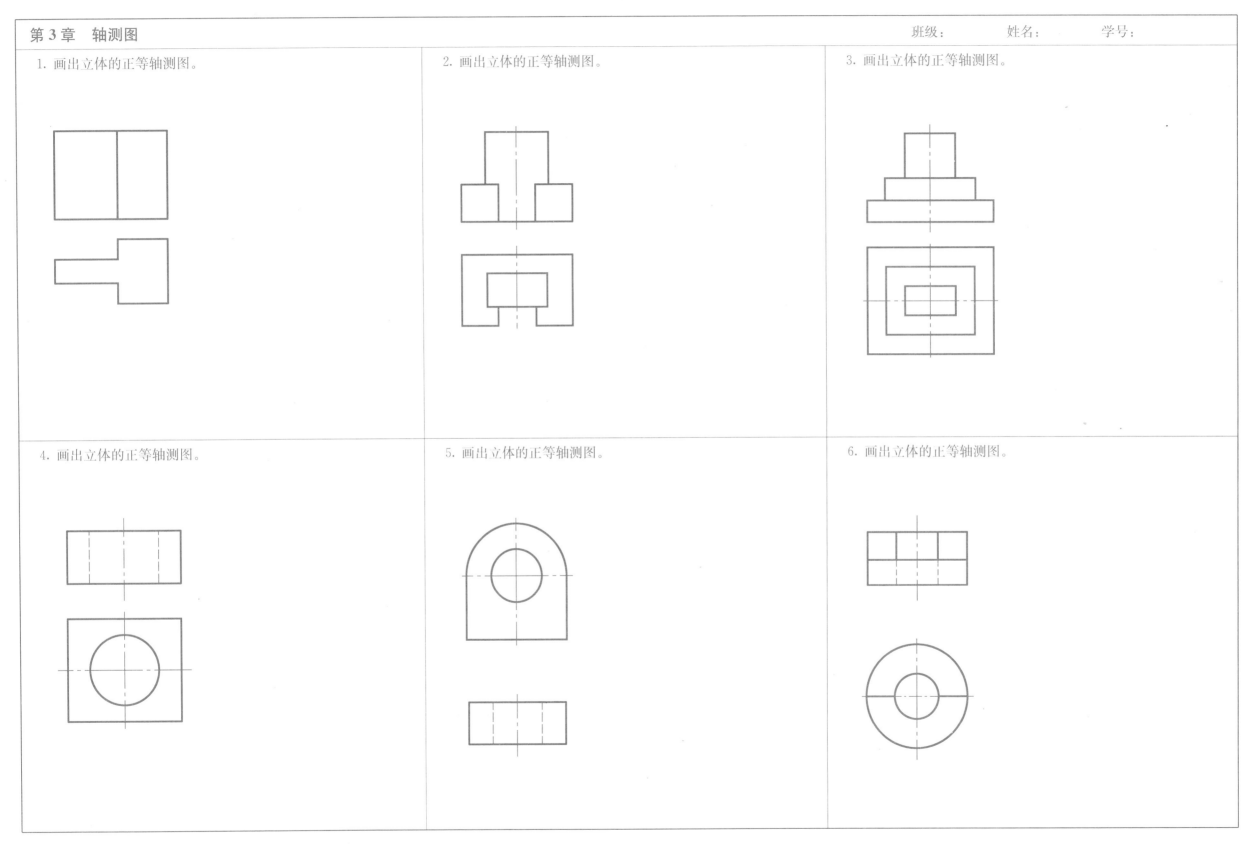

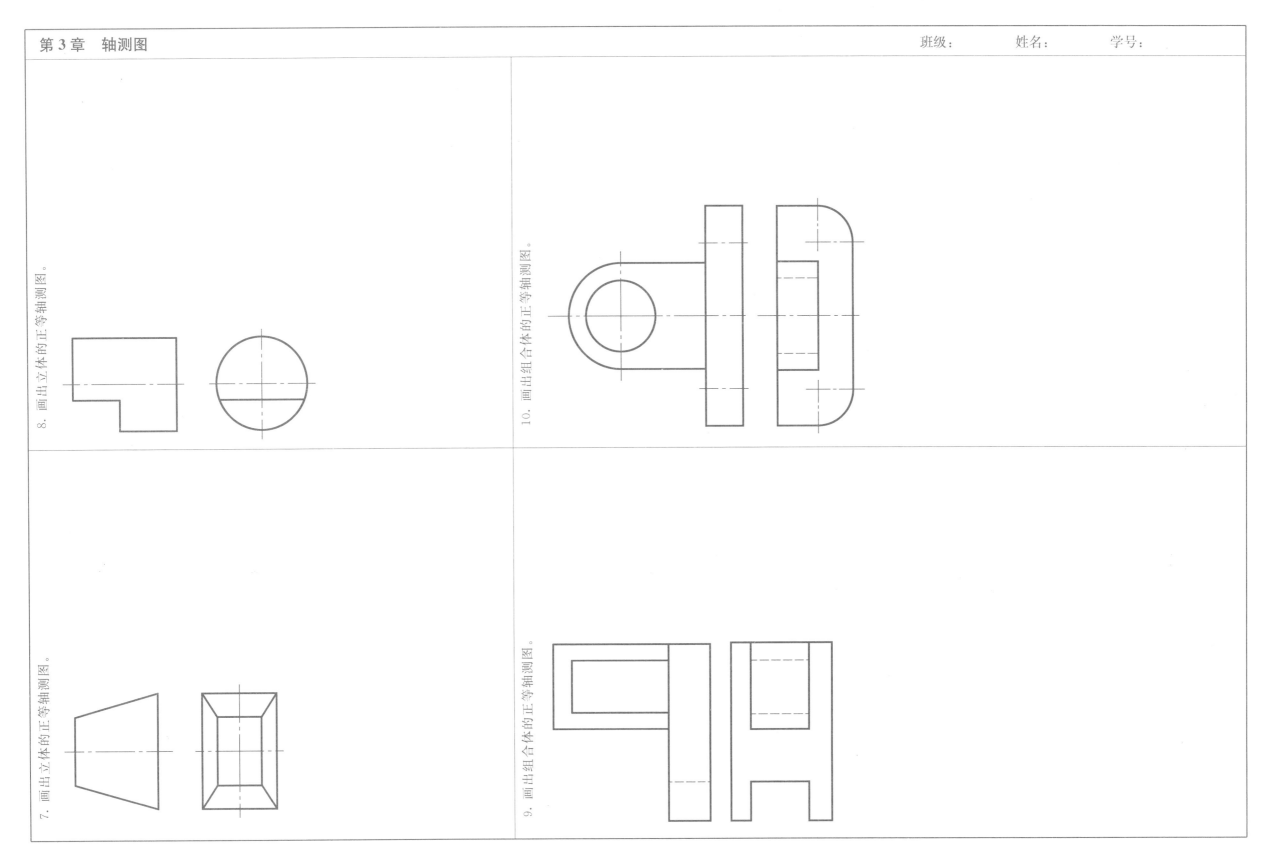

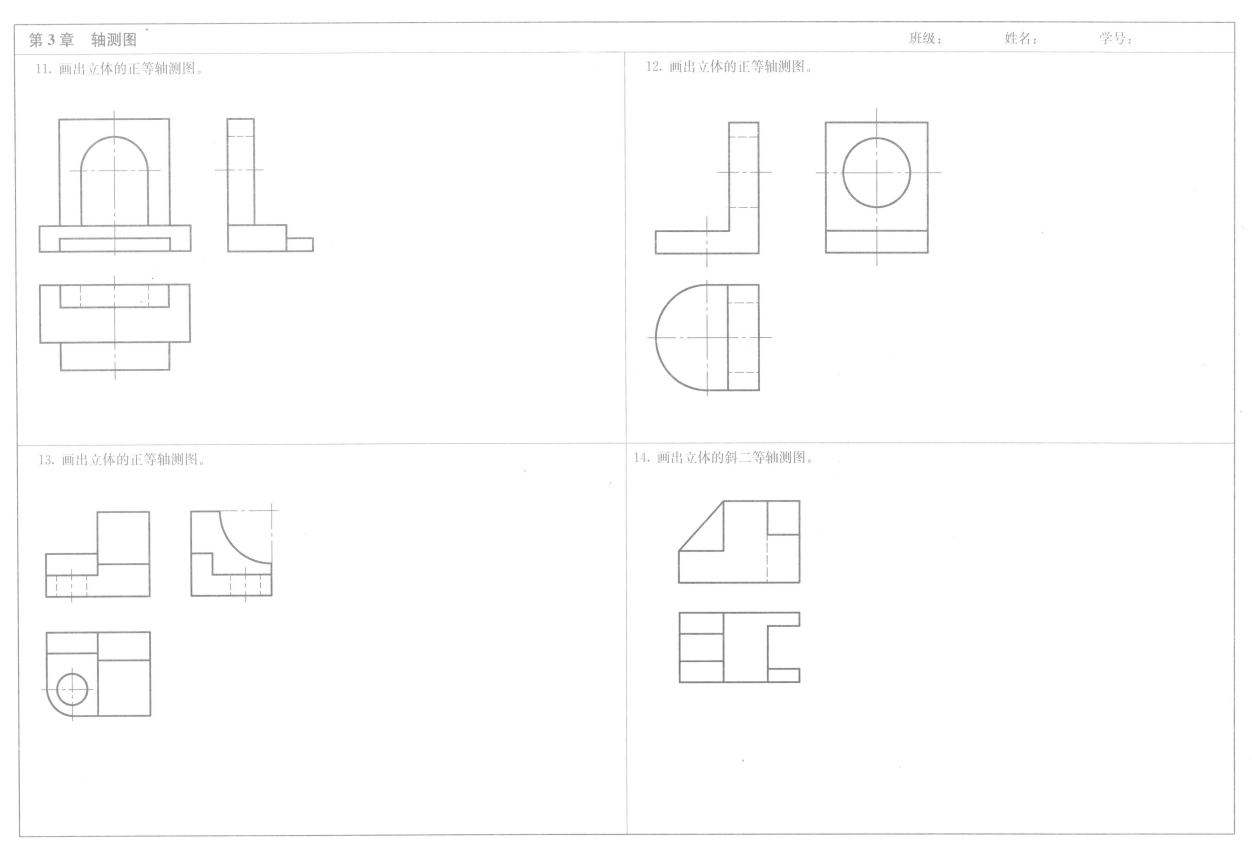

第 3 章　轴测图　　　　　　　　　　　　　　　　　　　　　　　班级：　　　姓名：　　　学号：

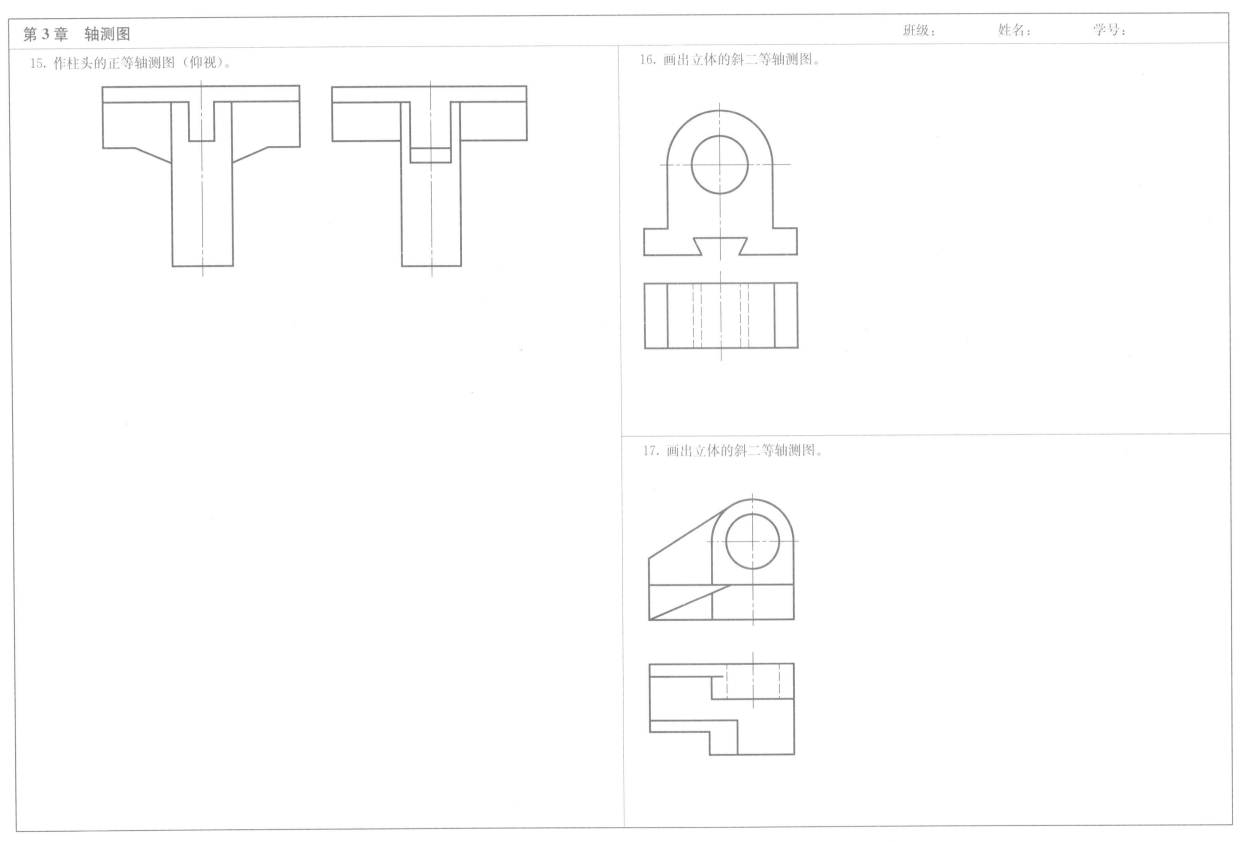

15. 作柱头的正等轴测图（仰视）。

16. 画出立体的斜二等轴测图。

17. 画出立体的斜二等轴测图。

第 3 章 轴测图　　　　　　　　　　　　　　　　　　　　　　　　　　　班级：　　　姓名：　　　学号：

18. 作出十字街口的水平斜等轴测图。

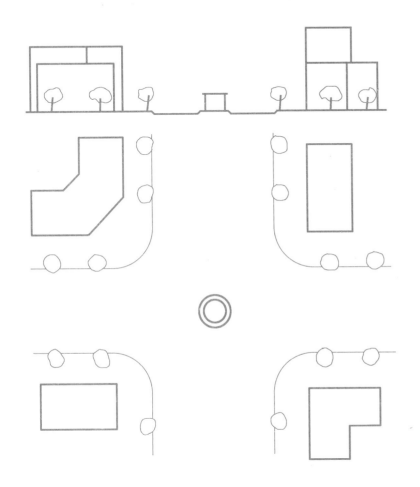

第4章　正投影的基本知识　　　　　　　　　　　　　　　　　　　　　　　　　　　　班级：　　　　姓名：　　　　学号：

1. 根据点的两面投影，求作点的第三面投影。

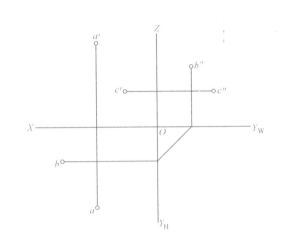

2. 根据点的两面投影，求作点的第三面投影。

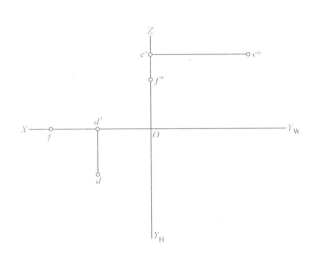

3. 已知的坐标值 A（35，25，25）、B（35，15，25）、C（15，15，25），作出它们的投影图。

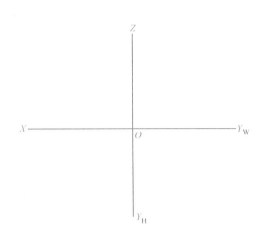

4. 根据点的两面投影，求作点的第三面投影，并判断它们的相对位置。

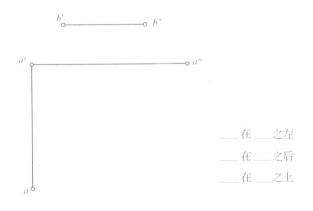

___在___之左
___在___之后
___在___之上

5. 根据点的两面投影，求作点的第三面投影，并判断它们的相对位置。

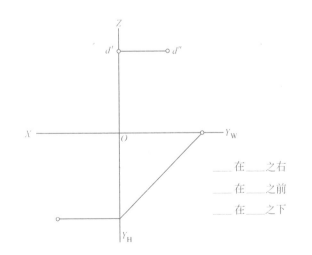

___在___之右
___在___之前
___在___之下

6. 已知点 B 在点 A 的正上方 10mm，点 C 在点 B 的正左方 10mm，求 A、B、C 三点的三面投影，并判断可见性。

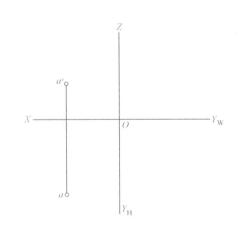

第4章 正投影的基本知识

7. 根据下列直线的两面投影，判断直线对投影面的相对位置（填空），作出直线的第三面投影。

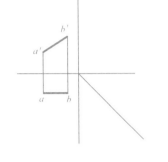 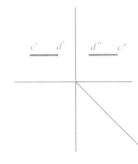 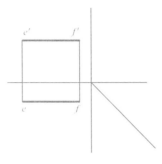 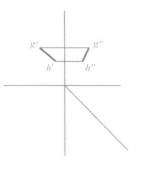

_____线　　_____线　　_____线　　_____线

8. 在直线 AB 上求一点 C，使 AC：CB＝5：2，作出点 C 的投影。

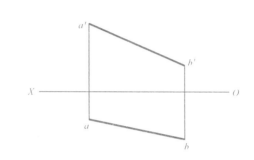

9. 判断直线 AB 与 CD、IJ 与 KL、MN 与 OP、QR 与 ST 的相对位置。

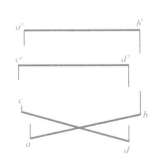 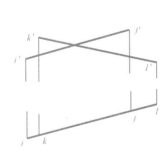 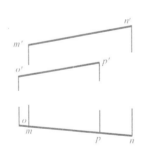

AB与CD_____　　IJ与KL_____　　MN与OP_____　　QR与ST_____

10. 已知水平线 AB 在 H 面上方 20mm，求作它的其余两面投影，并在该直线上取一点 K，使 AK＝20mm。

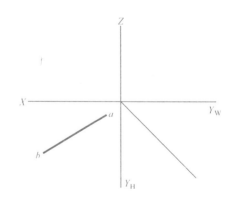

第4章 正投影的基本知识

11. 求直线 AB 的实长及对 H 面、V 面的倾角 α 和 β。

12. 已知直线 AB 的实长为 55mm，B 点在 A 点前方，求 B 点的水平投影。

13. 过点 A 作一直线平行于 H 面，并与 BC 相交。

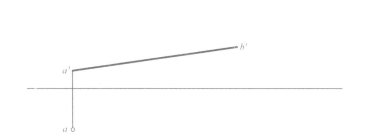

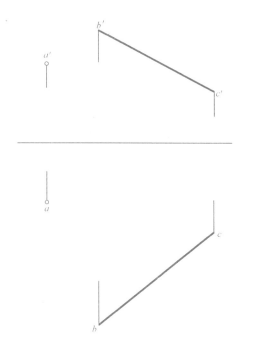

14. 过点 A 作正平线 AB，使倾角 α＝30°，AB＝30mm，有几解？作出其中一解。

15. 已知 CD 为一铅垂线，它到 V 面及 W 面的距离相等，求作它的其余两面投影。

16. 过点 C 作直线与 AB 相交，使交点距 V 面为 20mm。

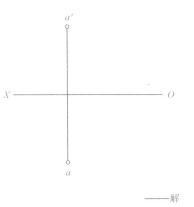

——解

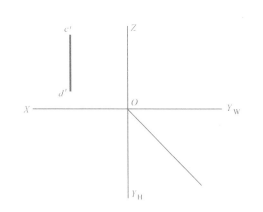

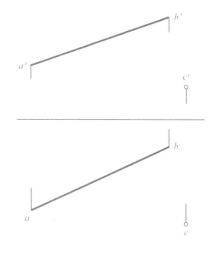

第4章 正投影的基本知识

17. 过点 A 作一直线与 BC 垂直相交。

18. 完成矩形 ABCD 的两面投影，顶点 C 在 EF 上。

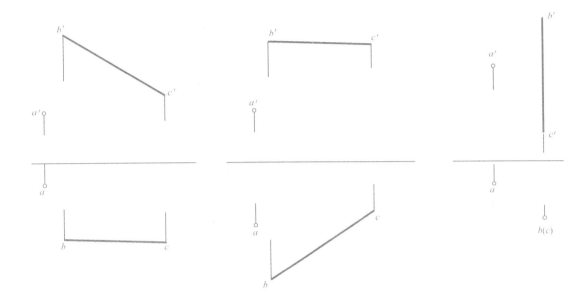
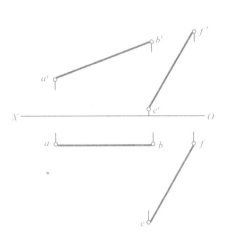

19. 作一直线 MN 与已知直线 AB、CD 相交，且平行于直线 EF。

20. 作直线 AB 与 CD 间的真实距离。

21. 作直线 AB 与 CD 间的真实距离。

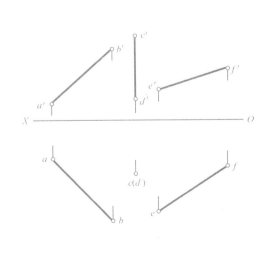
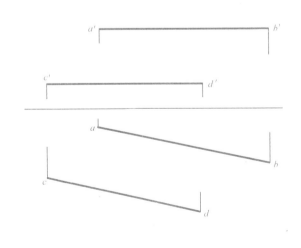
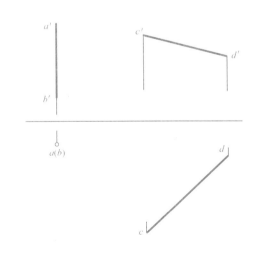

第4章 正投影的基本知识

22. 根据平面图形的两个投影，求作它们的第三面投影，并判断平面的空间位置。

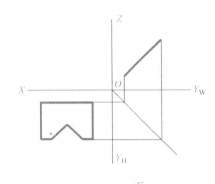
_____面

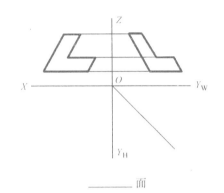
_____面

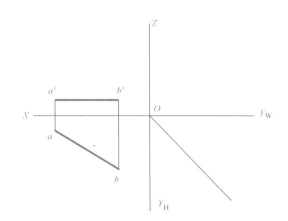
_____面

23. 包含直线 AB 作一个正方形，使它垂直于 H 面。

24. 已知正垂面 P 与 H 面倾角为 30°，及面上 A 点的两面投影，作出平面 V 面、W 面的投影。

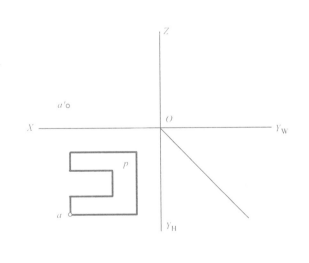

25. 在 △ABC 上求一点 D，使点 D 位于比点 A 低 10mm、前 10mm 的位置。

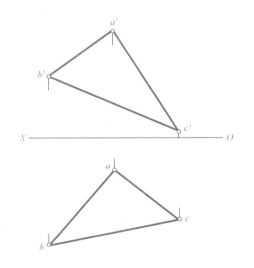

26. 求平面上点 D 的 H 面投影。

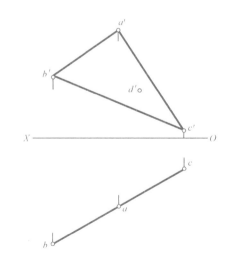

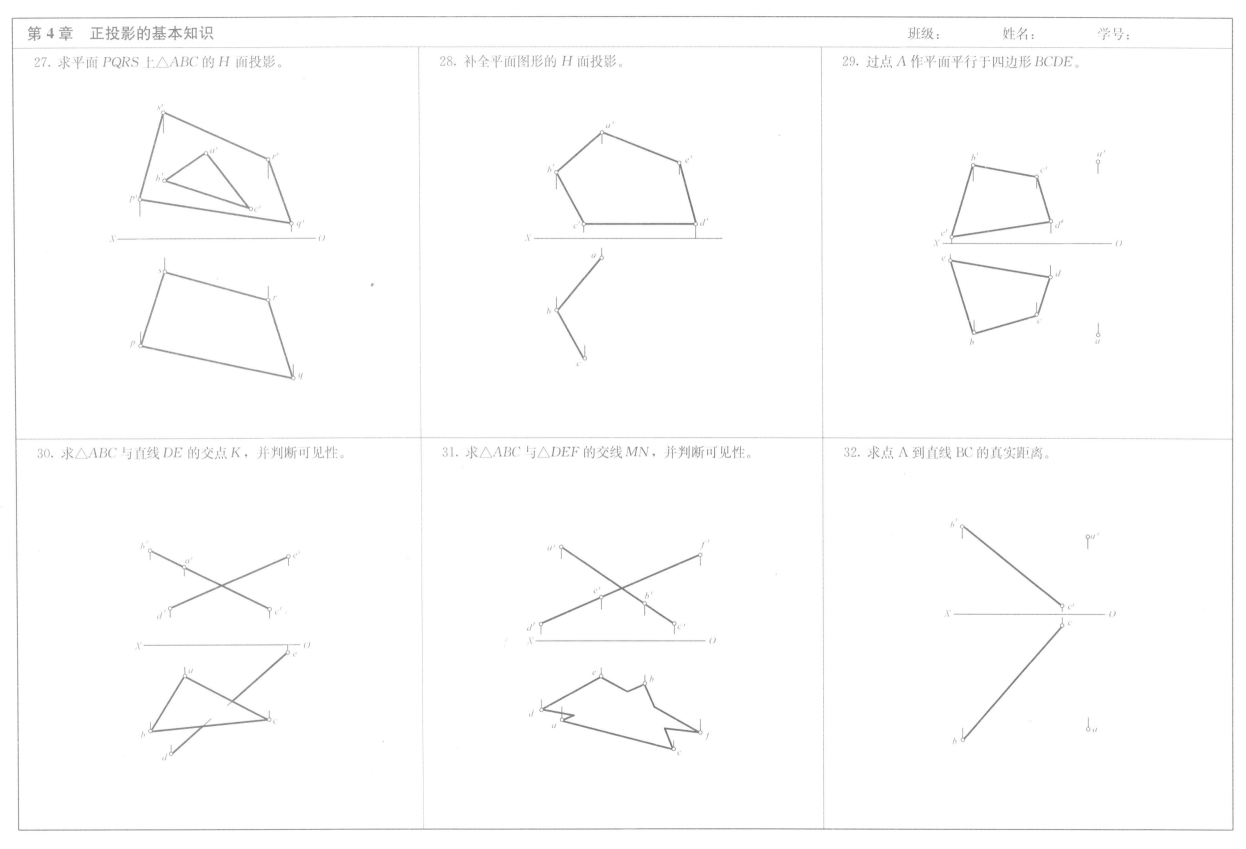

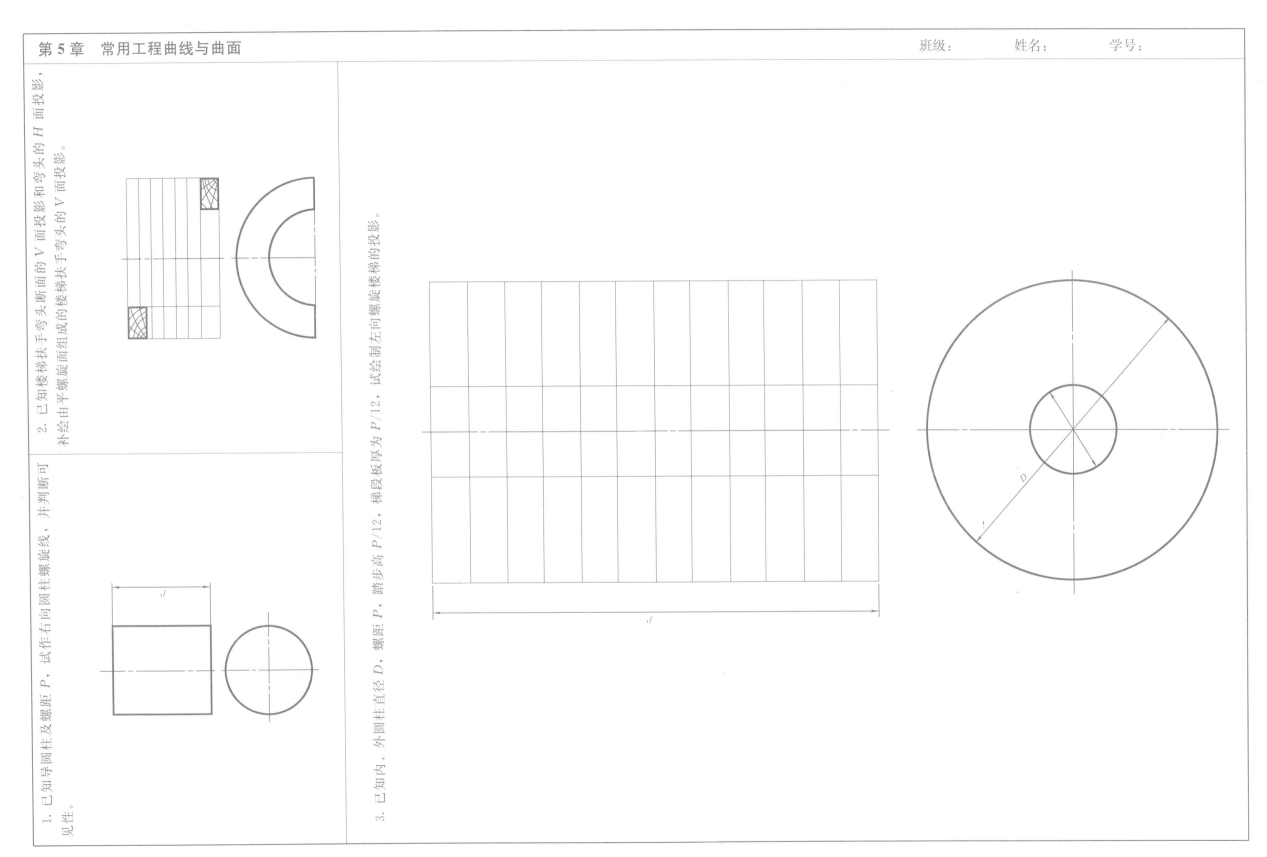

第6章 立体的截交与相贯

1. 补全四棱柱表面点 A、点 B 及直线 CD 的另外两面投影。

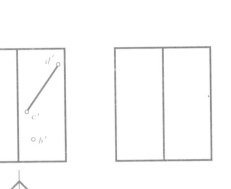

2. 补出立体的侧面投影，并作出表面上点的另外两面投影。

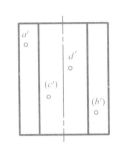

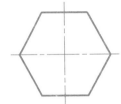

3. 补出立体的侧面投影，并作出表面上直线 AB 的另外两面投影。

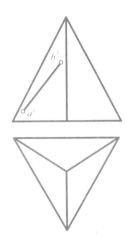

4. 补出立体的侧面投影，并作出立体表面上线段 ABC 的另外两面投影。

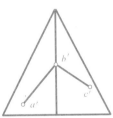

5. 补出立体的侧面投影，并作出表面上点的另外两面投影。

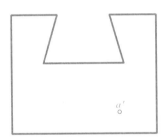

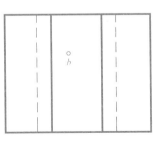

6. 补出立体的侧面投影，并作出表面上点和线段的另外两面投影。

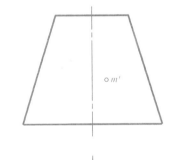

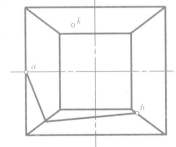

第 6 章　立体的截交与相贯

7. 补全圆柱表面上点的另外两面投影。

8. 补全圆柱表面上线段 ACB 的另外两面投影。

9. 补全圆锥表面上点的另外两面投影。

10. 补全圆锥表面上线段 ACB 的另外两面投影。

11. 补全圆球表面上点的另外两面投影。

12. 补全圆球表面上线段 ACB 的另外两面投影。

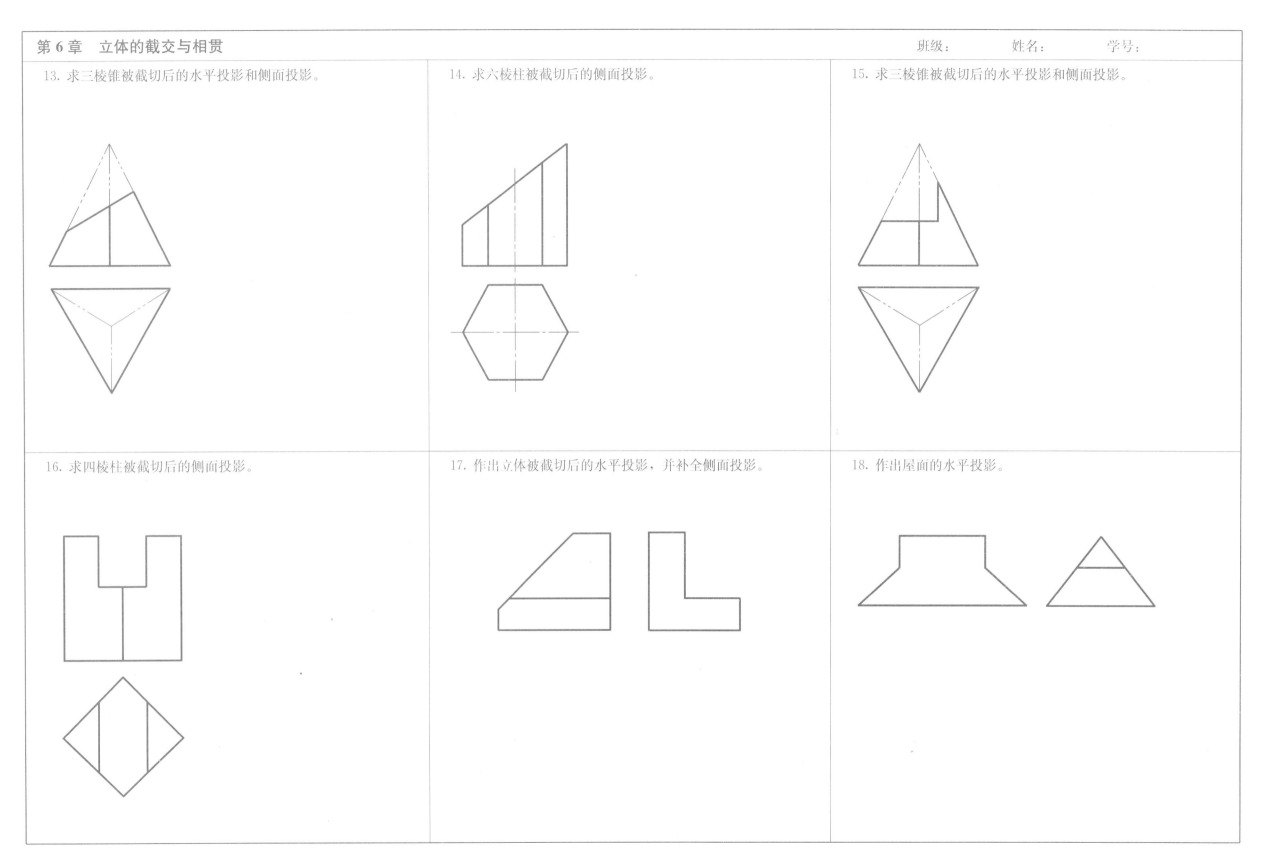

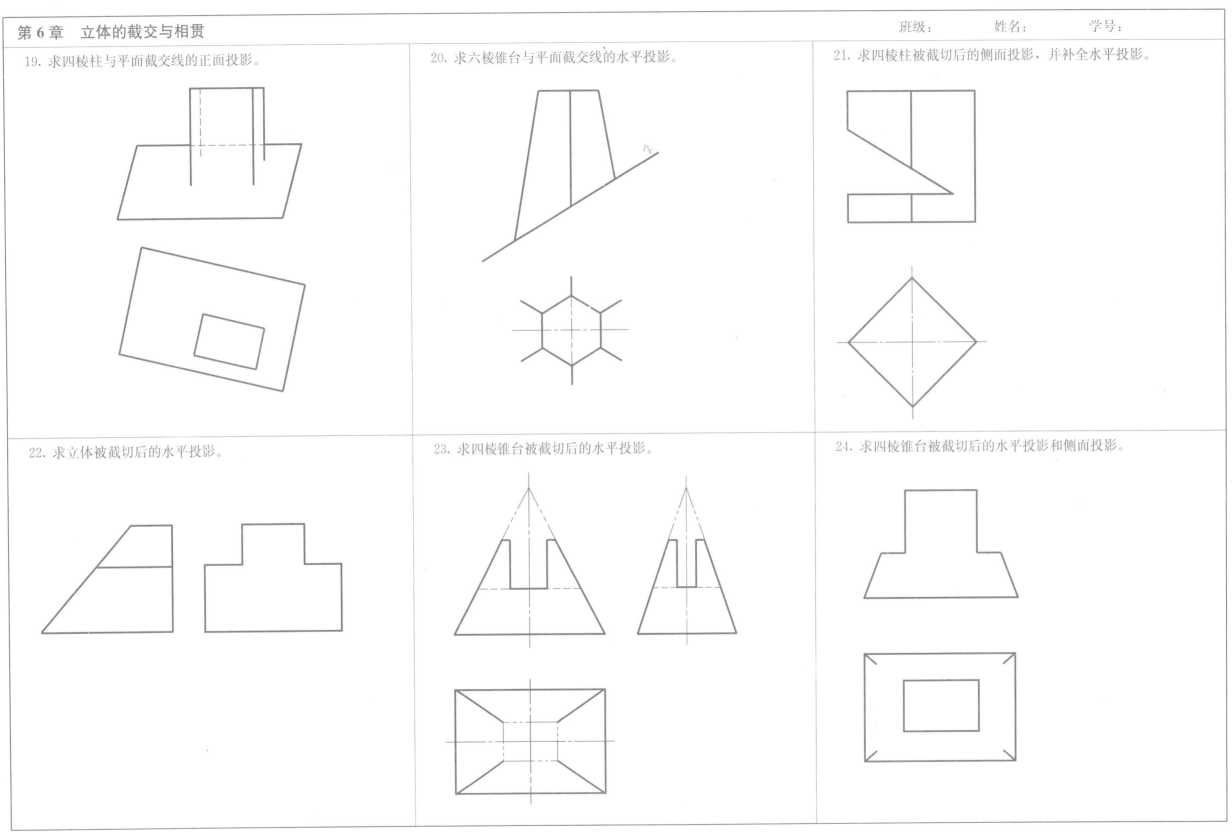

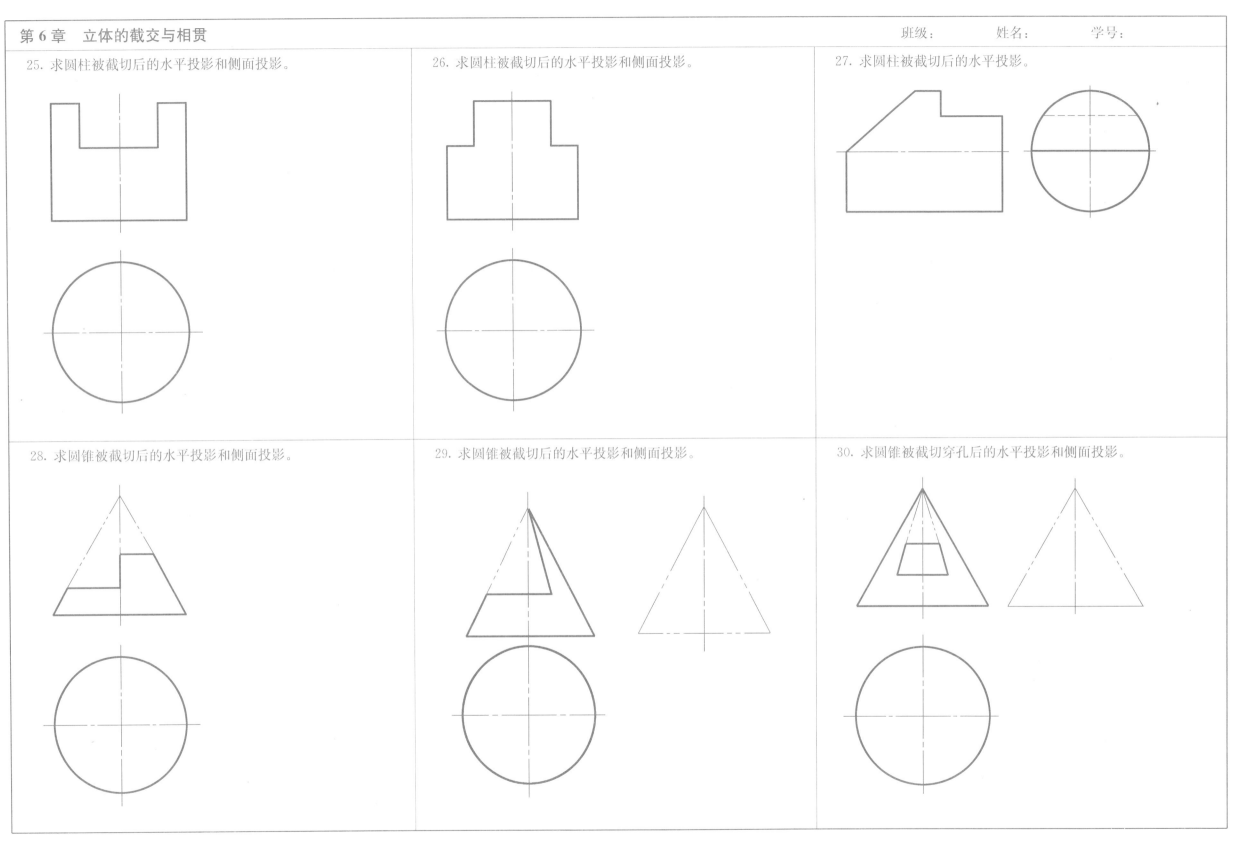

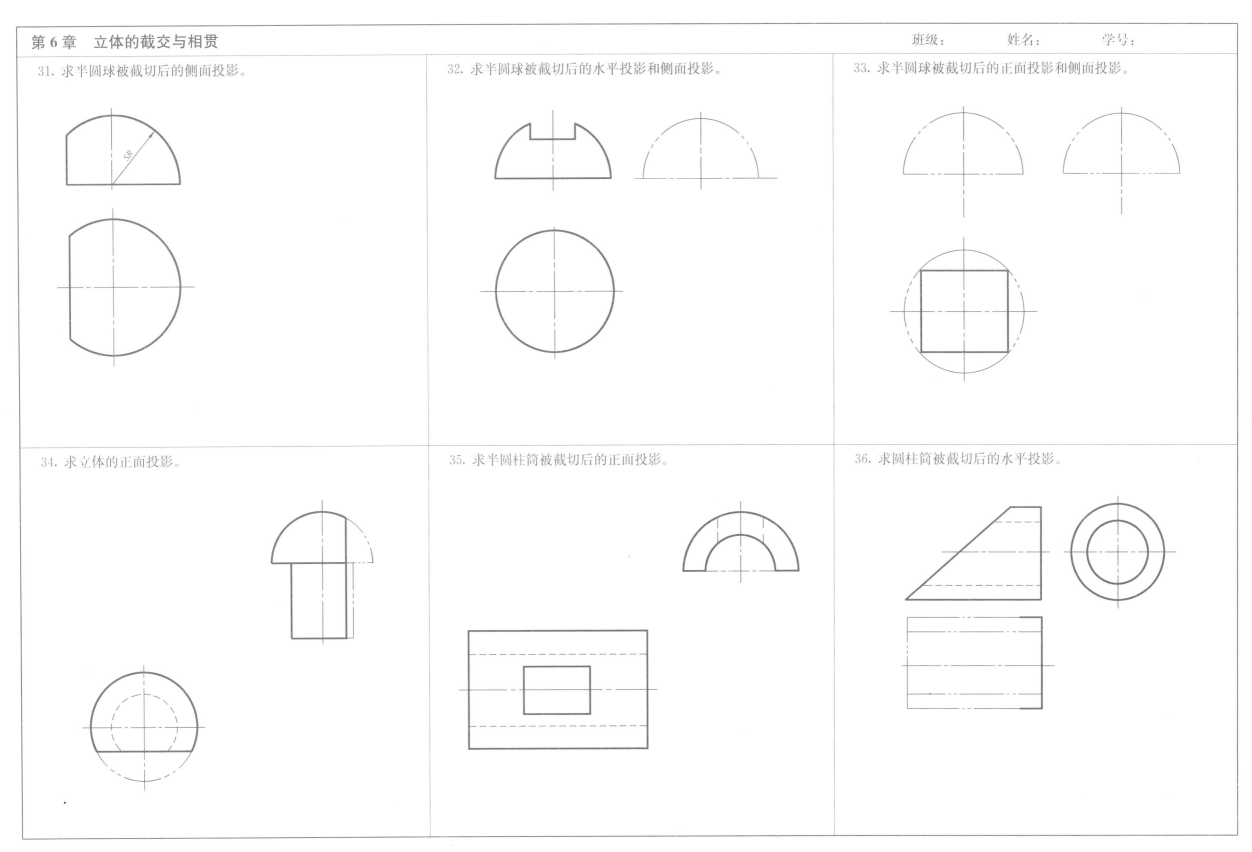

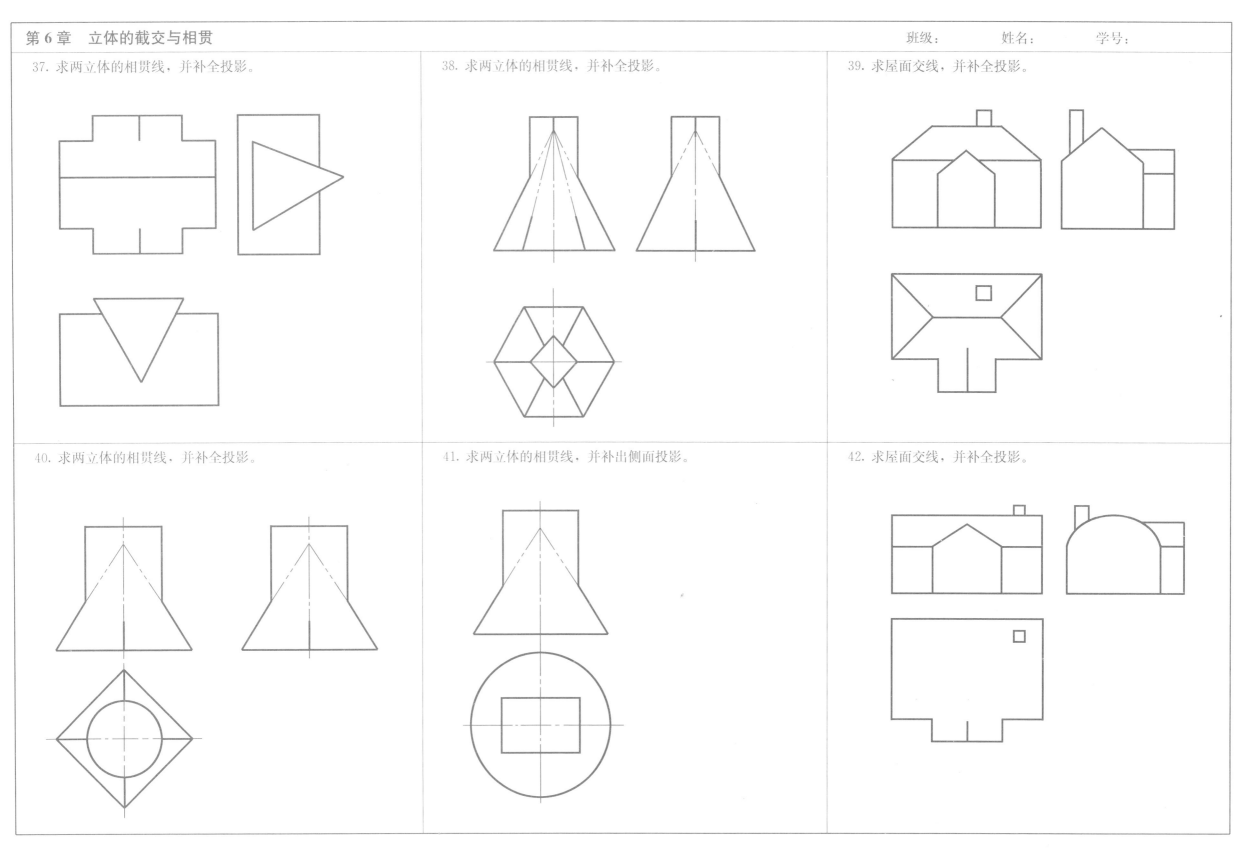

第6章 立体的截交与相贯

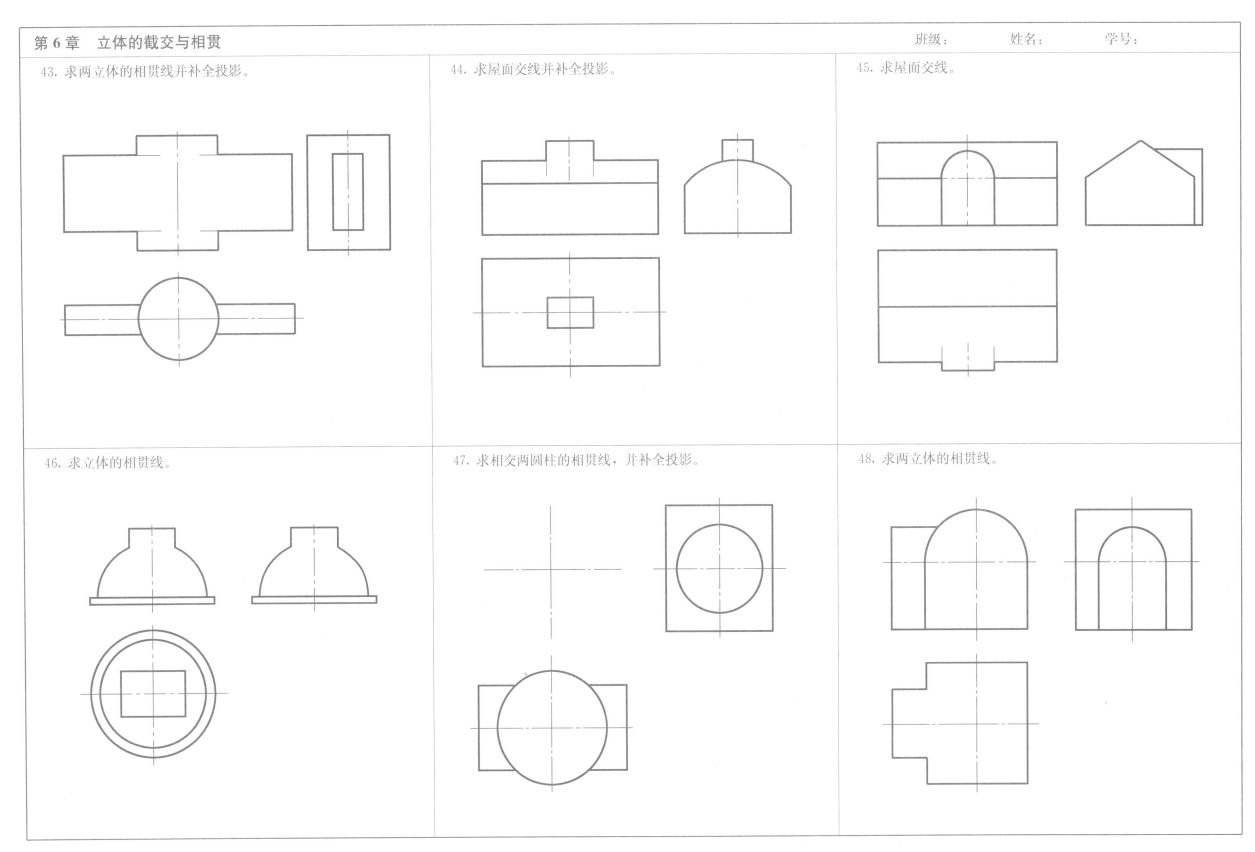

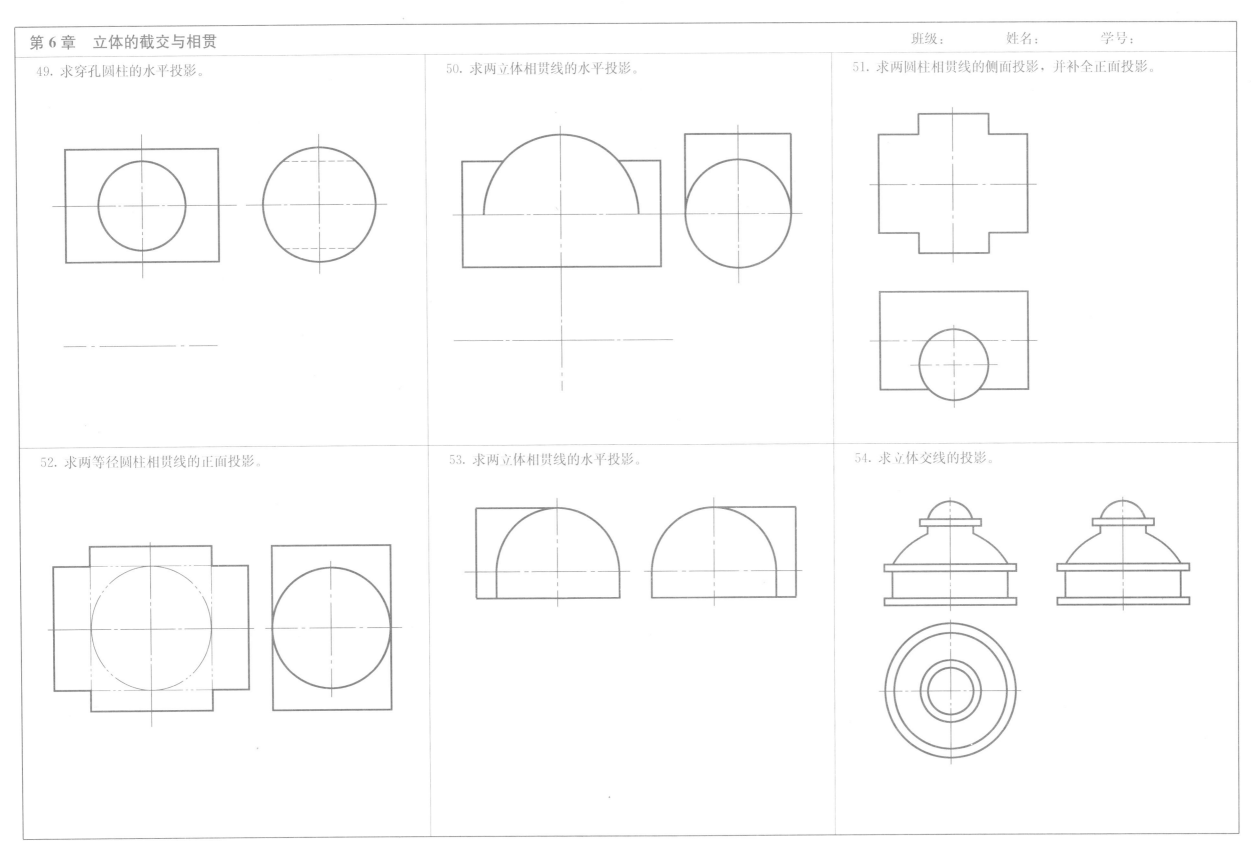

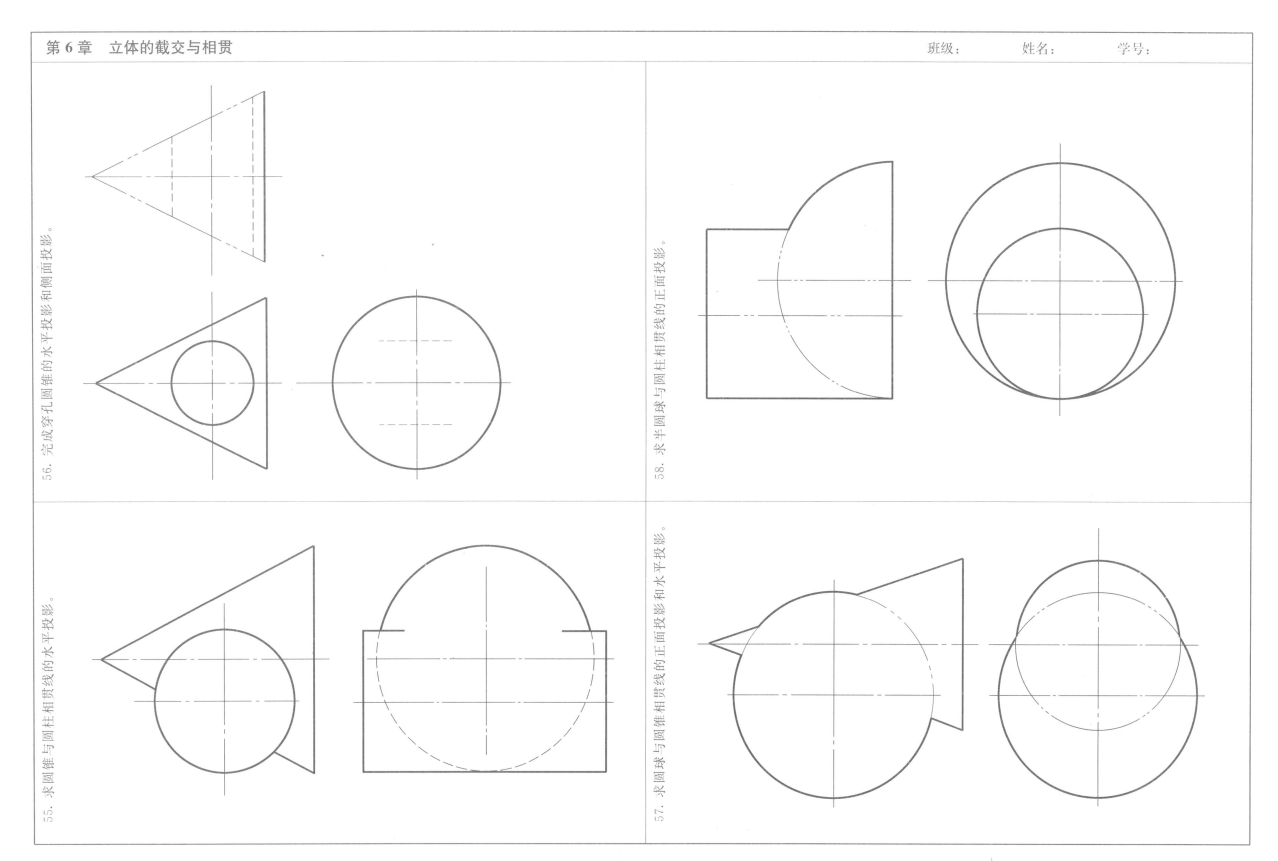

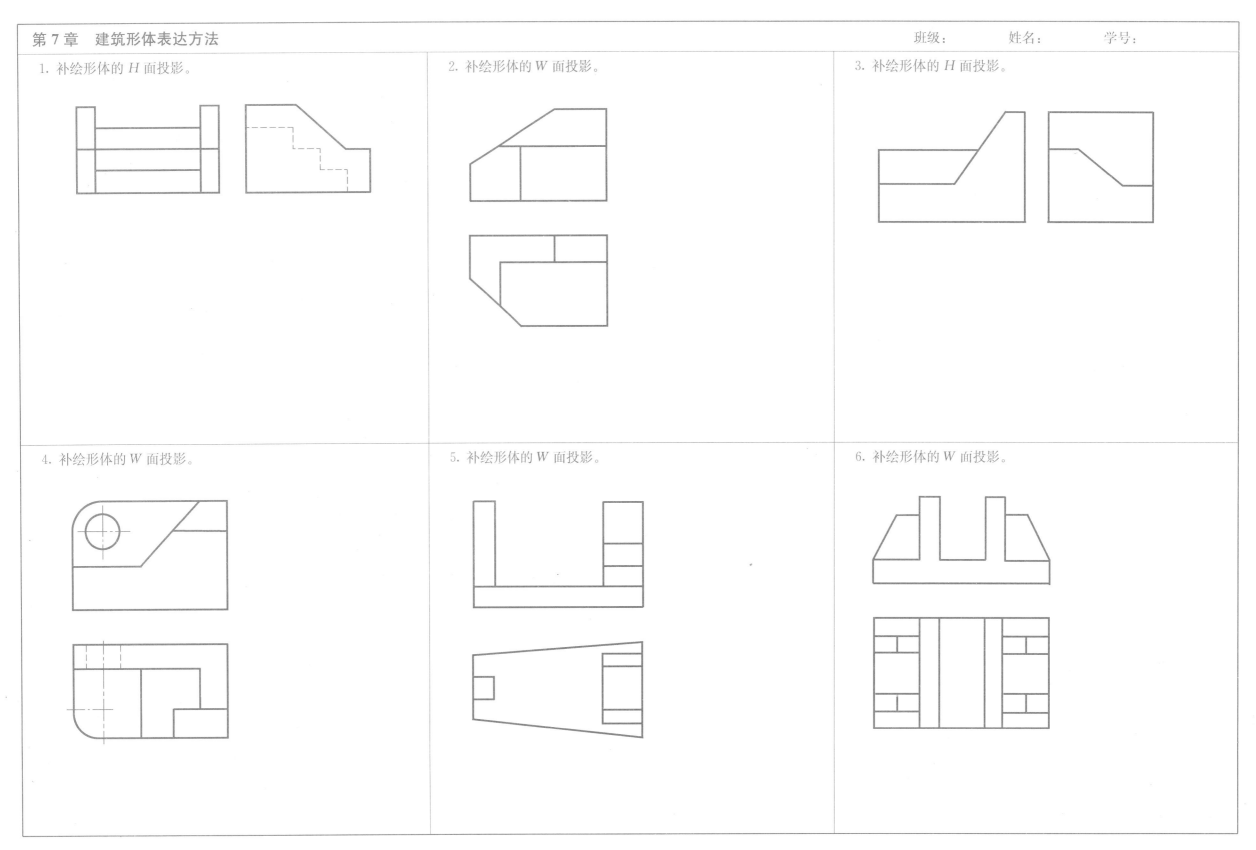

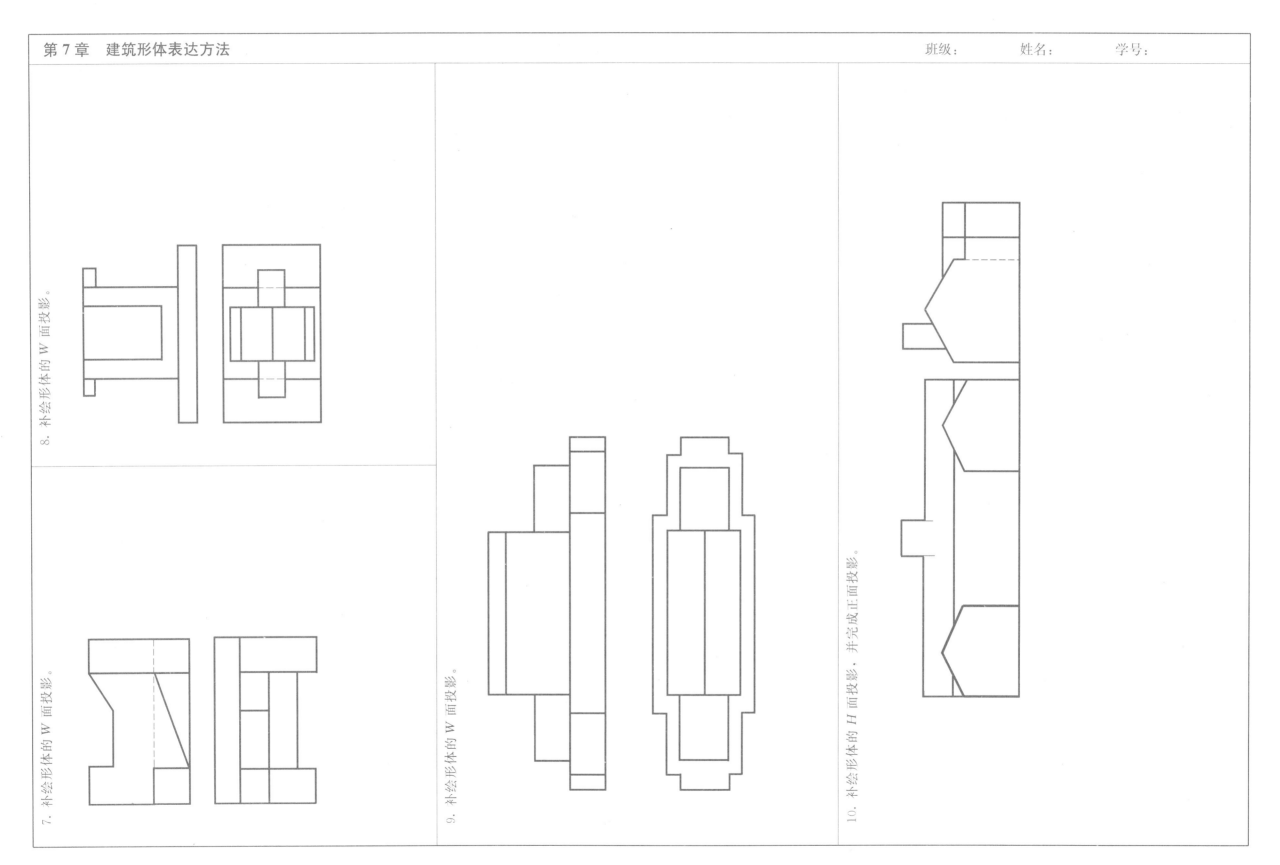

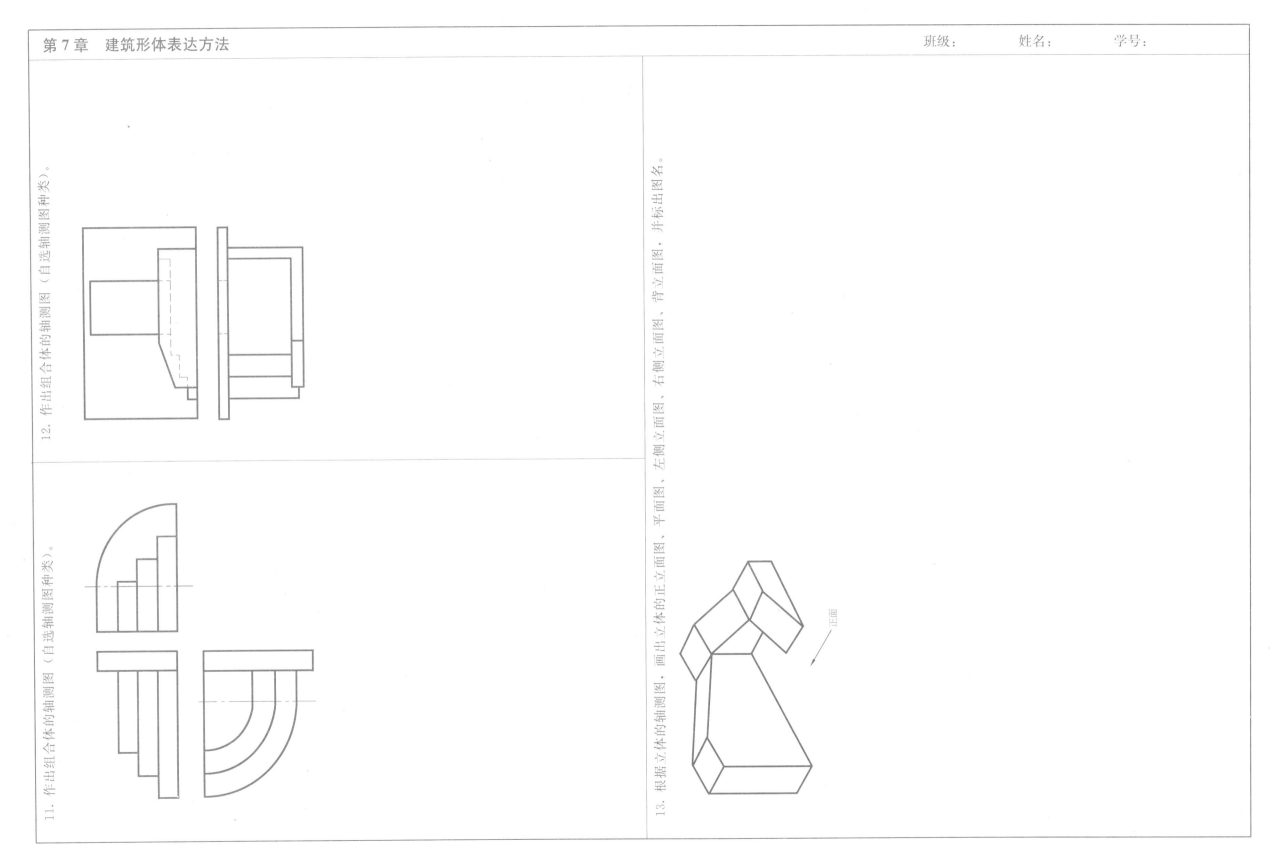

第7章 建筑形体表达方法

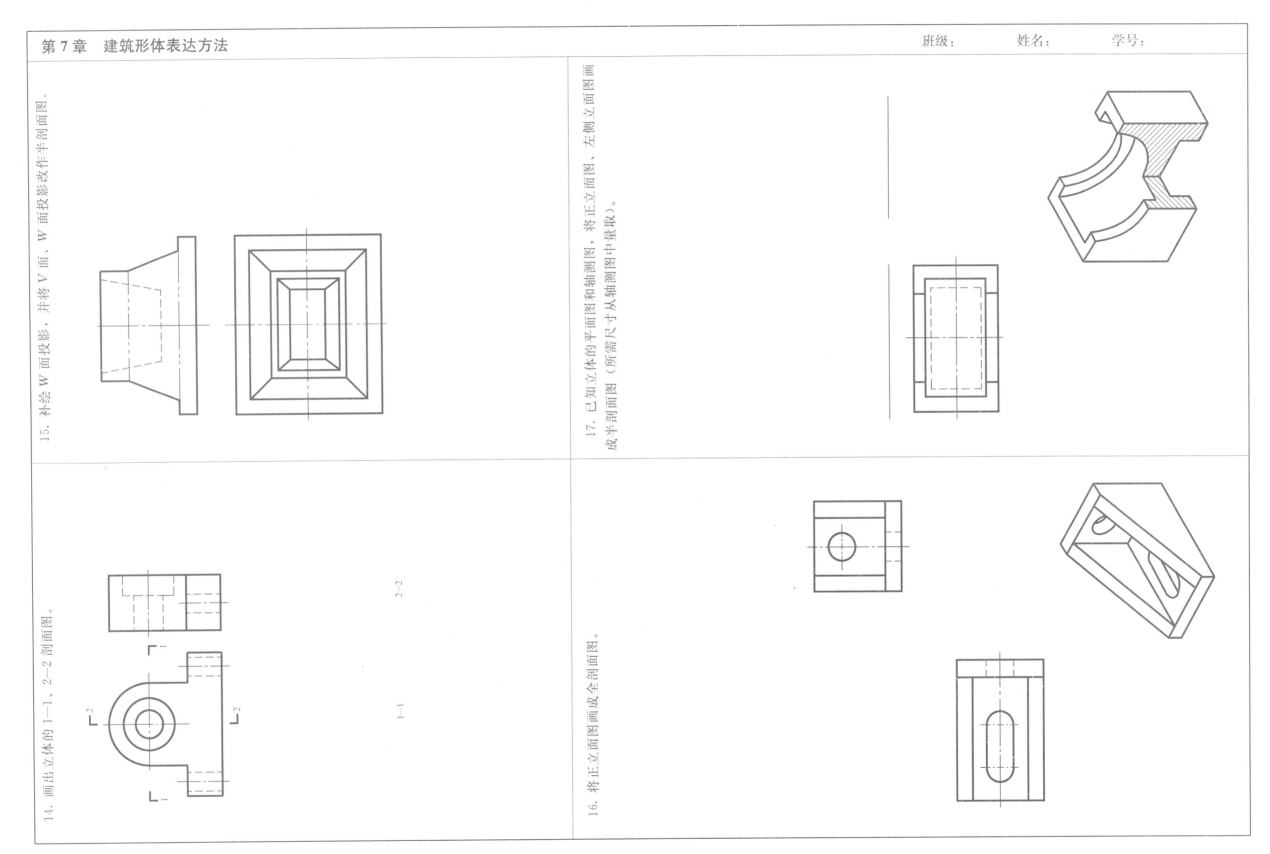

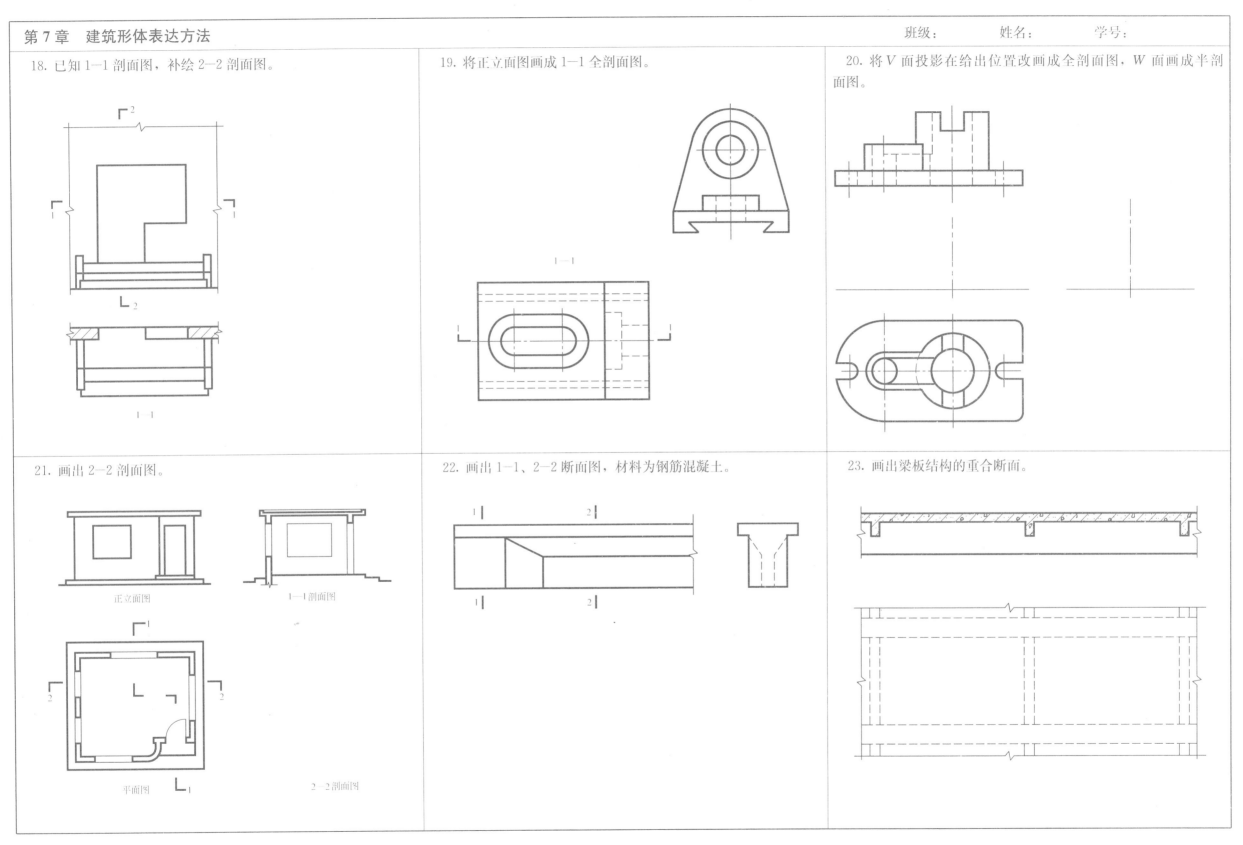

第 7 章　建筑形体表达方法　　　　　　　　　　　　　　　　　　　　　　　　　　班级：　　　姓名：　　　学号：

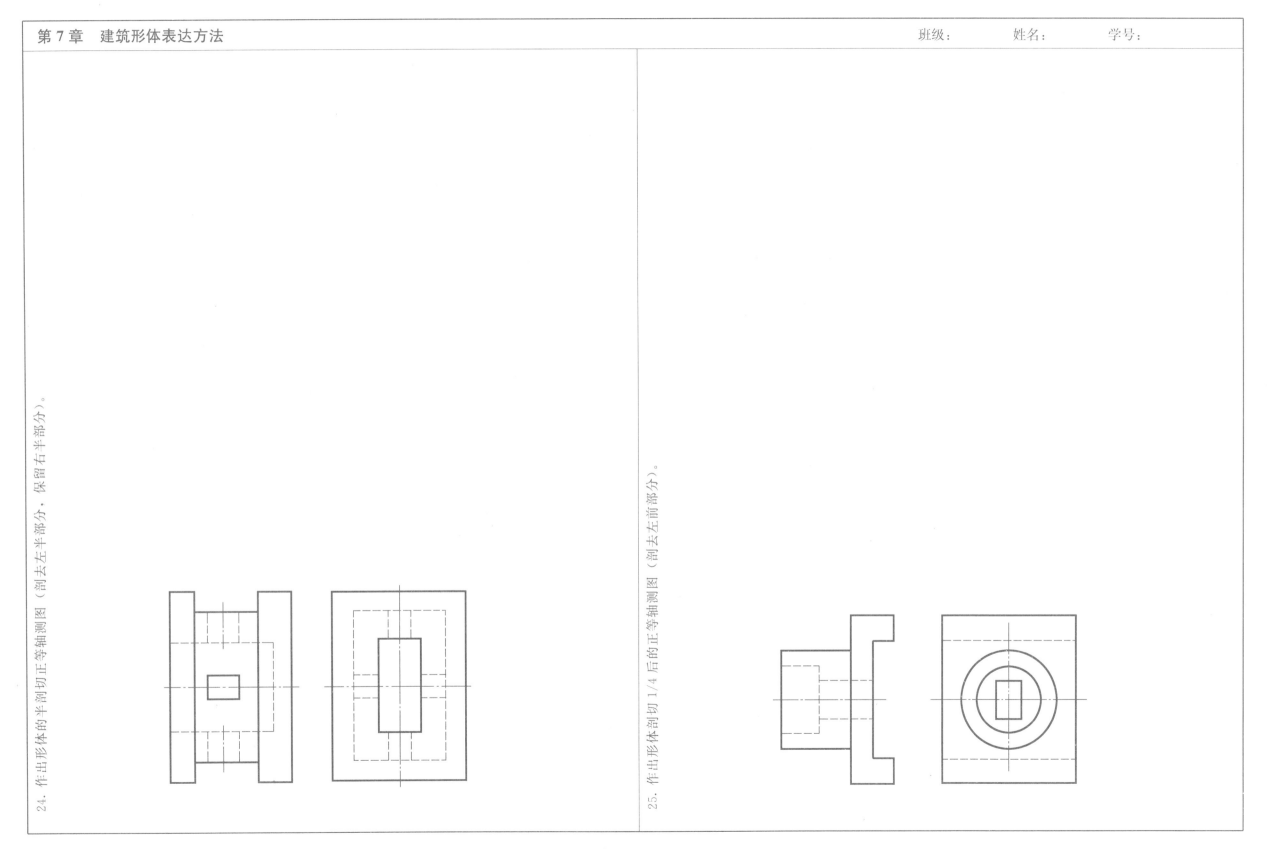

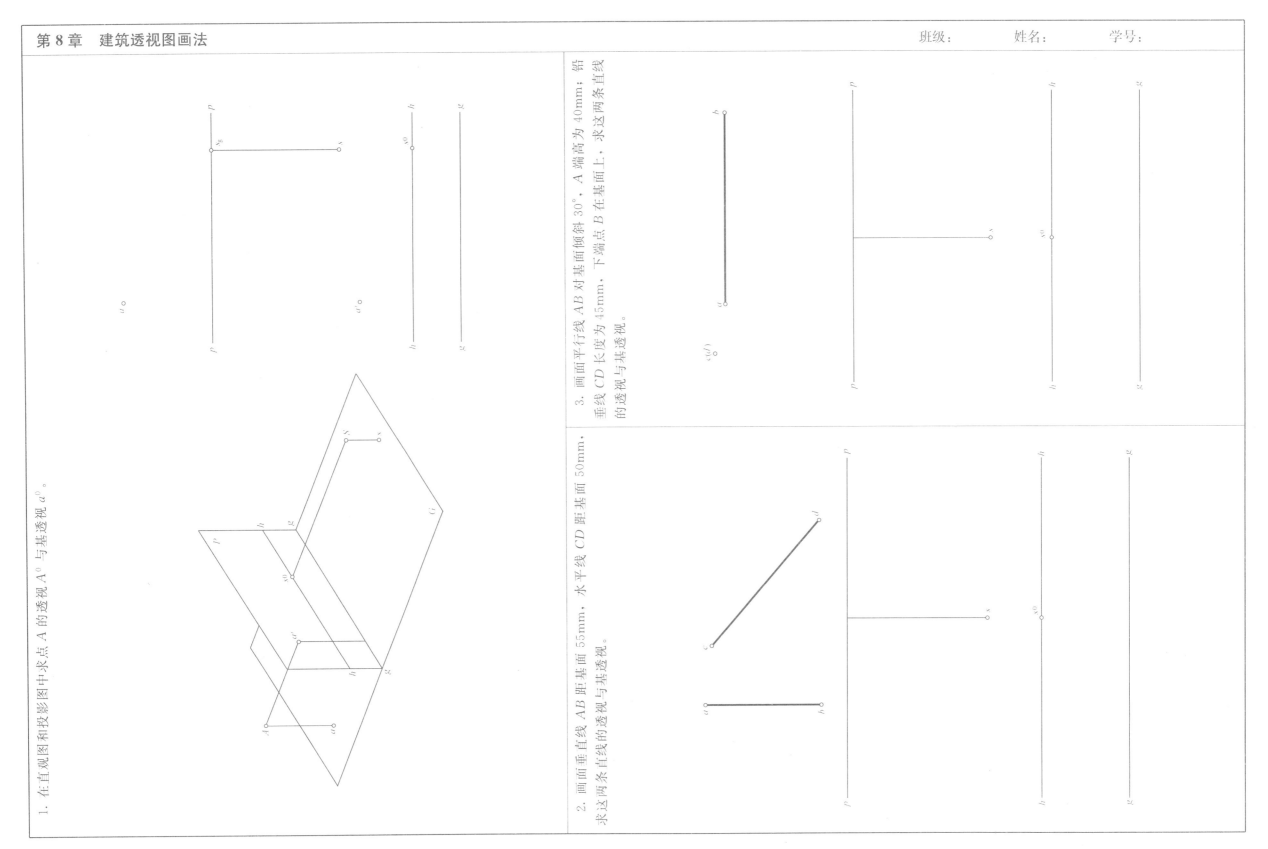

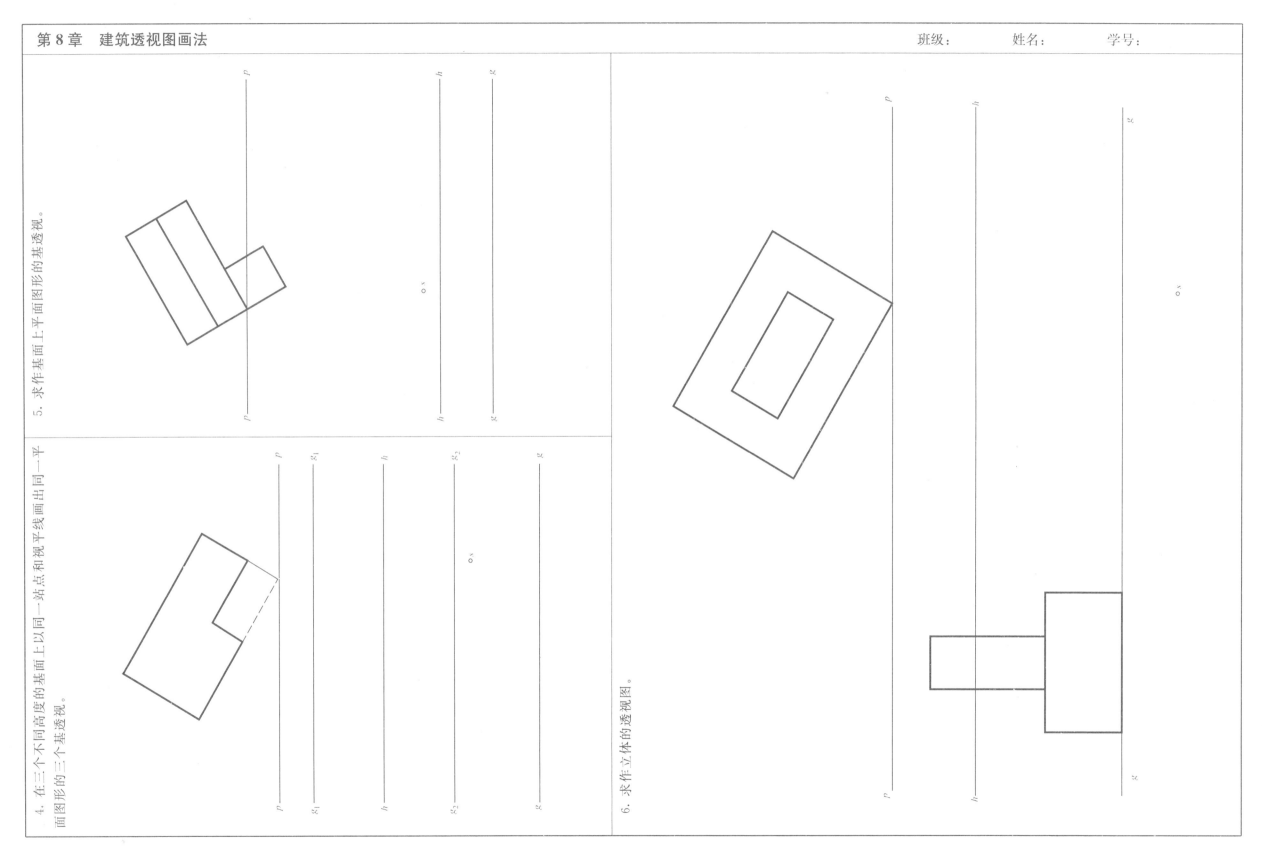

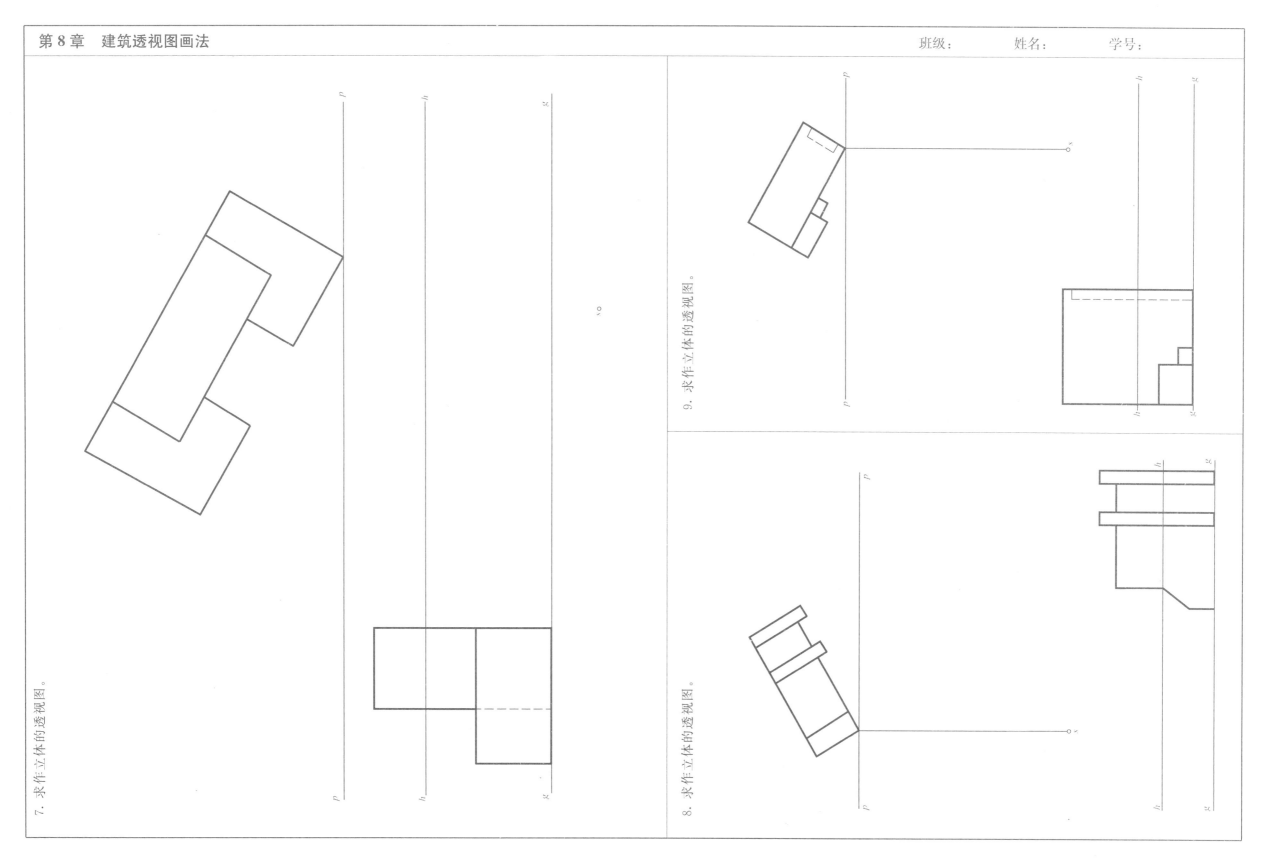

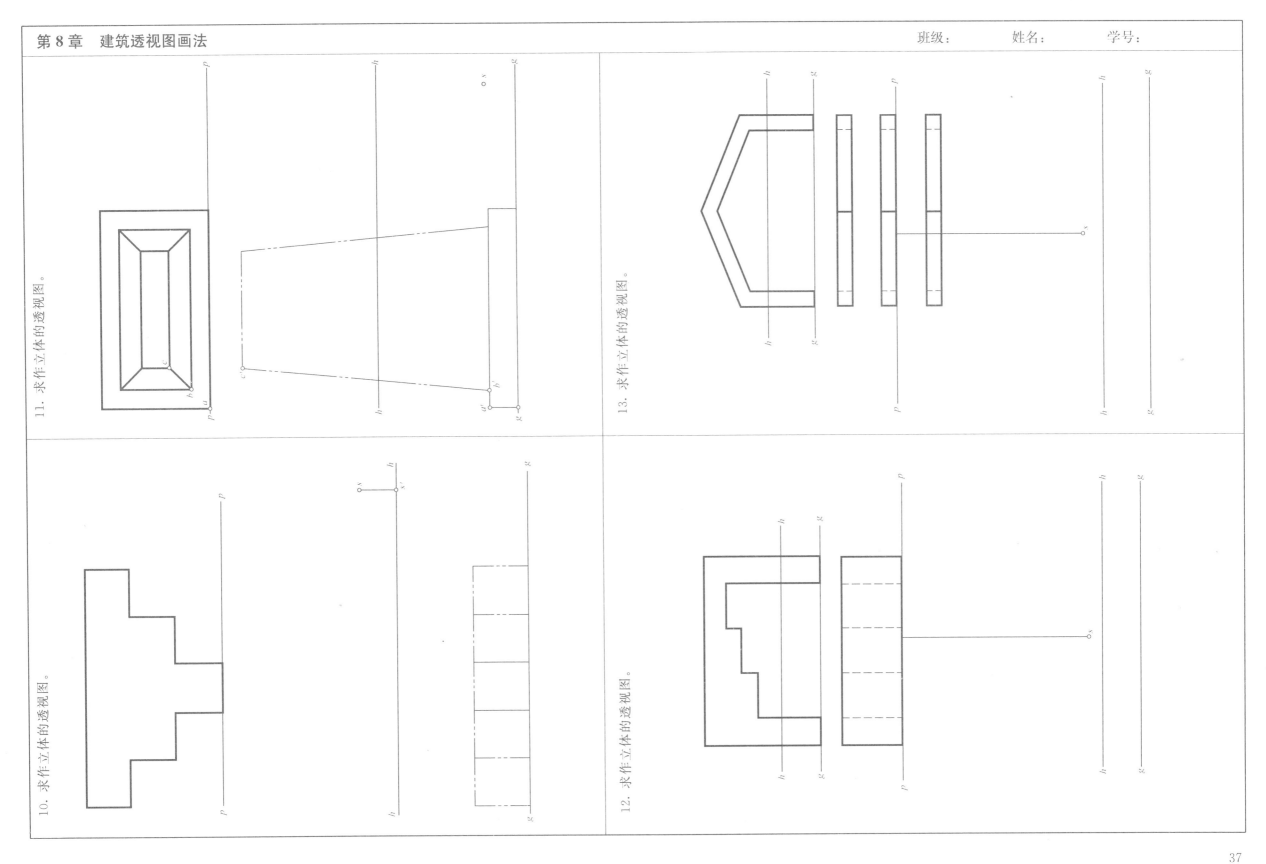

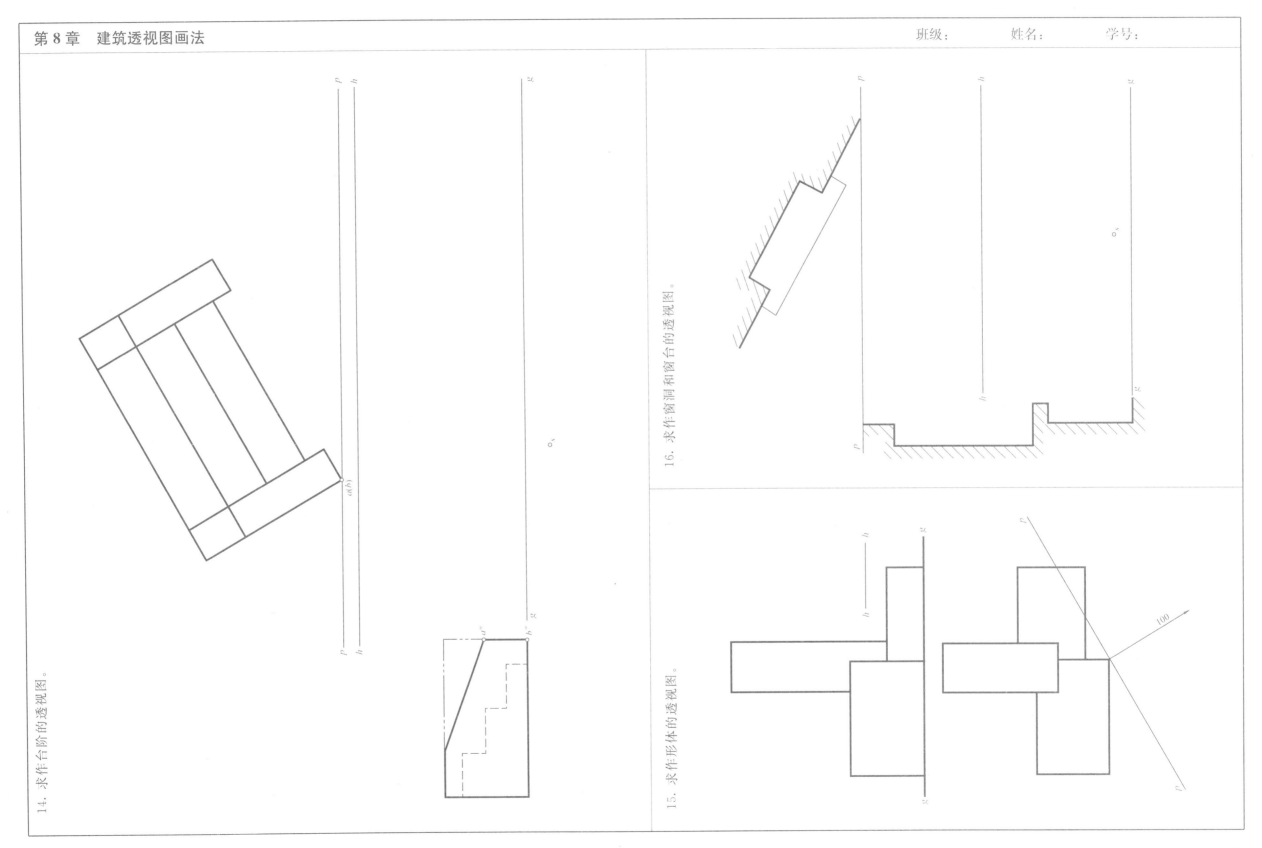

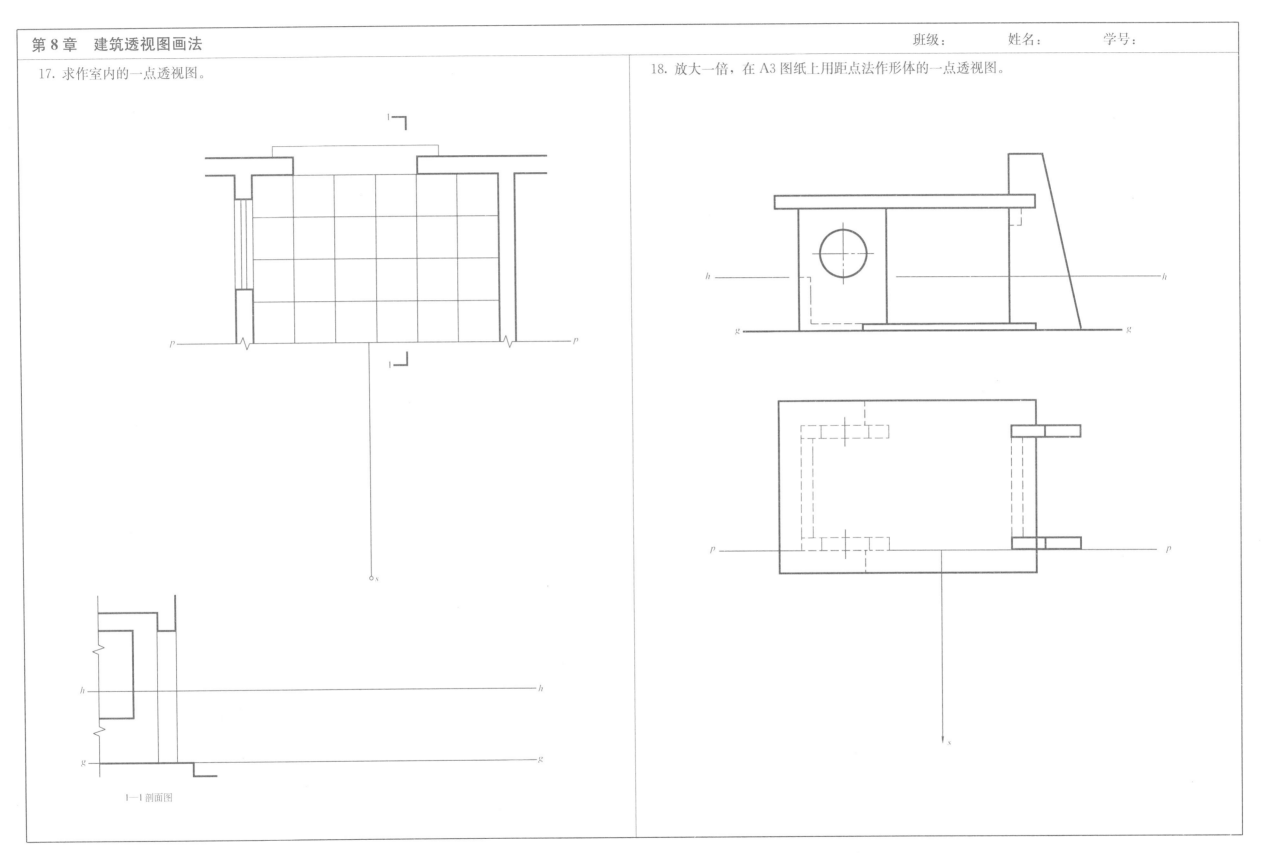

第8章 建筑透视图画法

19. 在图纸上放大一倍，画出形体的透视图。

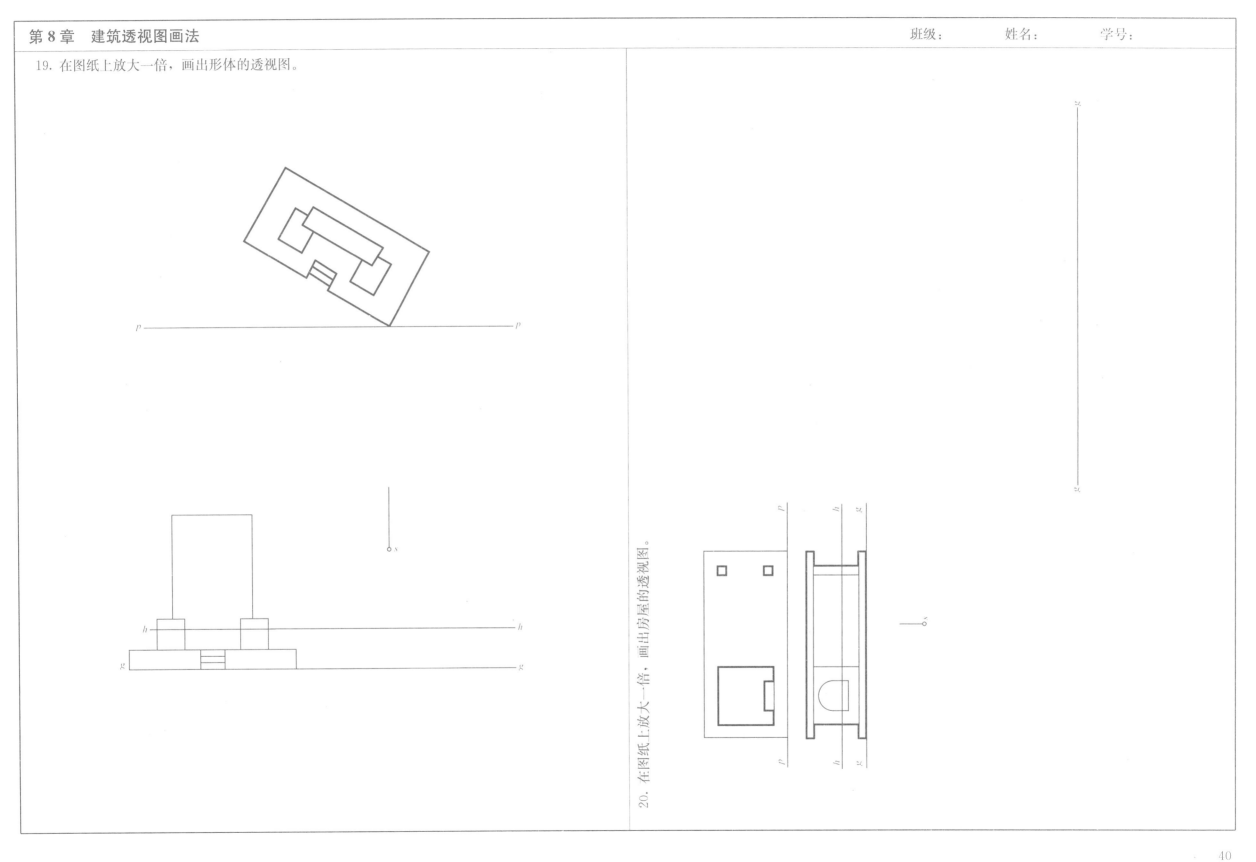

第8章 建筑透视图画法

21. 在图纸上放大一倍，画出地铁站台的透视图。

22. 在图纸上放大一倍，画出大厅的透视图。

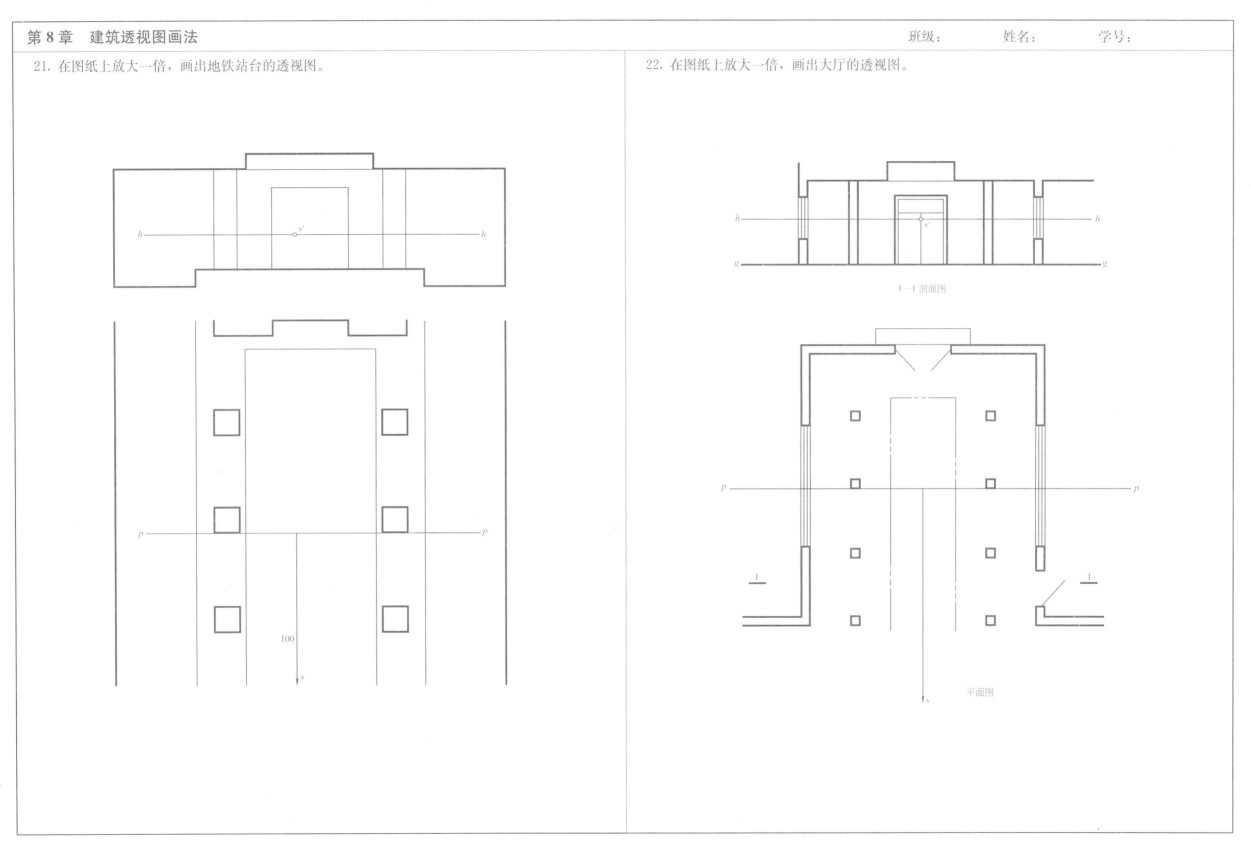

| 第 9 章　透视图辅助画法及曲面体透视 | 班级：　　姓名：　　学号： |

1. 求直线 AB 的透视 A^0B^0 的中点 C^0。

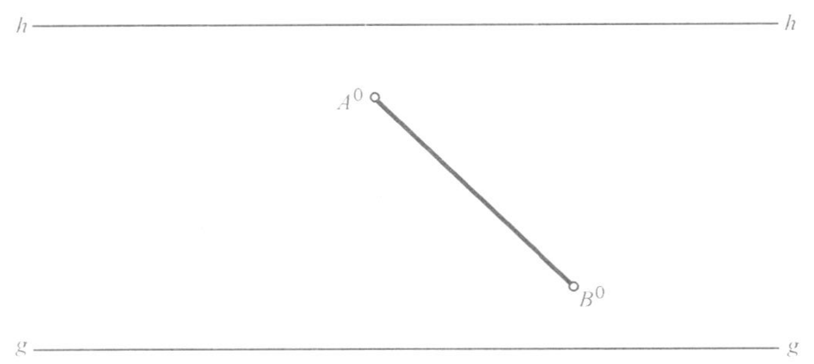

2. 在透视图中，按已给的竖条，在同一平面内再连续画四个相同竖条。

3. 在透视图中，按图示距离再画出三个相同竖条。

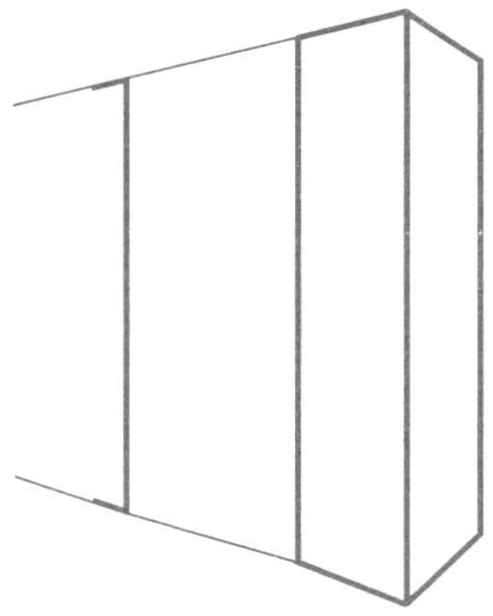

4. 在透视图中，按图示距离，再连续画出四个尺寸大小相同的长方柱。

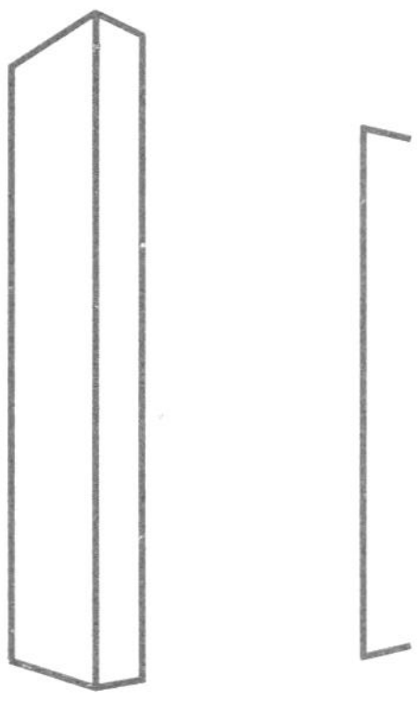

5. 在尚未完成的透视图中，补画出大门立面上分格线。

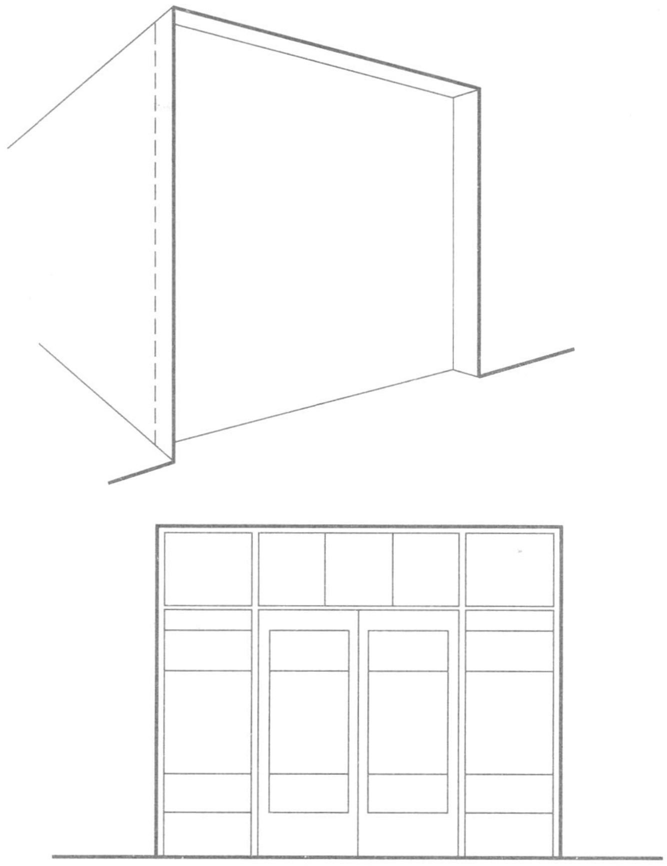

6. 在尚未完成的透视图中，按图示距离再连续画出三个大小相同、距离相等的壁柱。

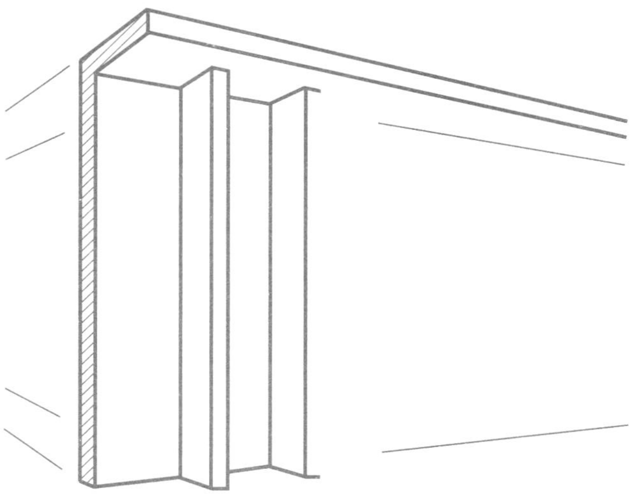

第 9 章 透视图辅助画法及曲面体透视

7. 画出透视主轮廓，并补绘出立面上分格线。

8. 将矩形按左图所示的要求进行分割。

9. 完成建筑形体的透视图。

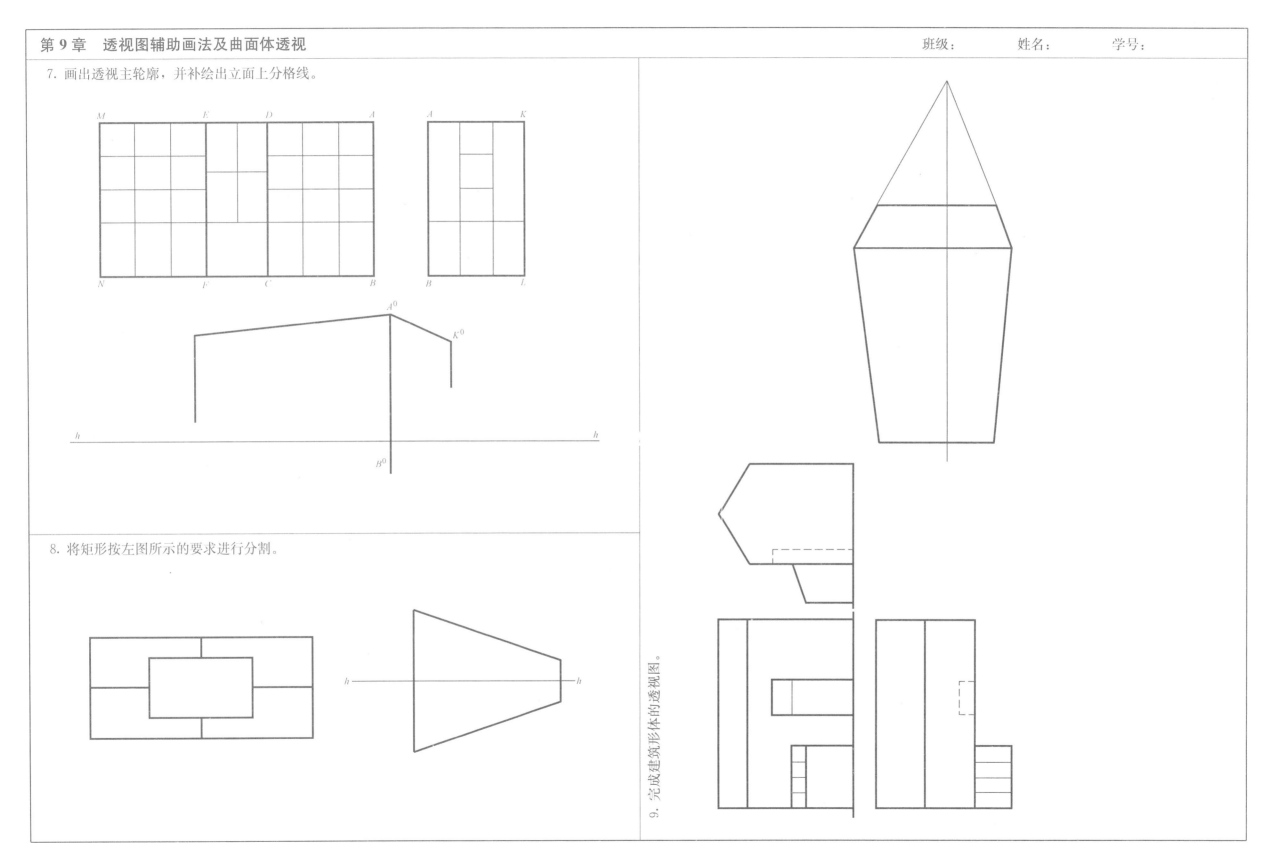

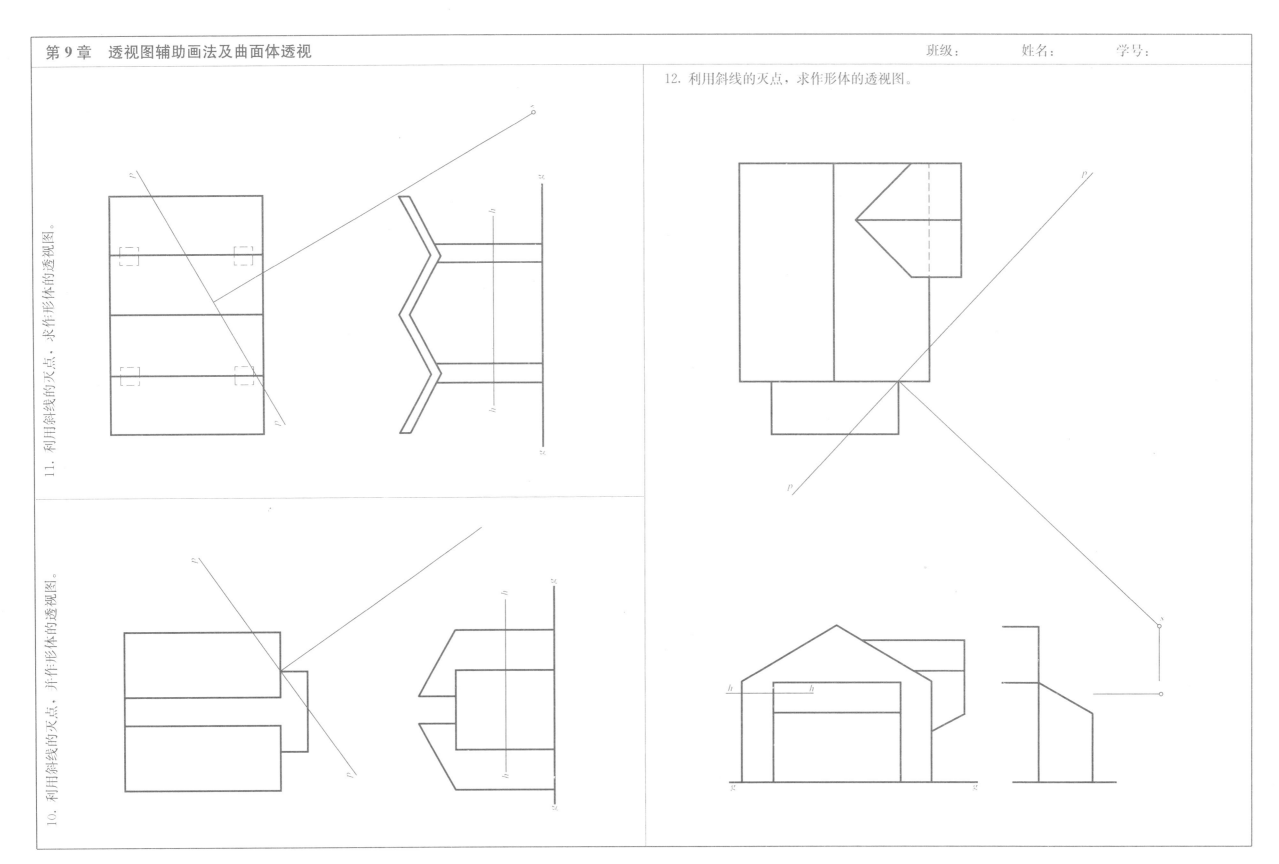

第9章 透视图辅助画法及曲面体透视

班级：　　　姓名：　　　学号：

13. 已知建筑群的平面形状如下图所示，设 A 座高 10 格，B 座、D 座高 4 格，C 座高 3 格，设视距 d＝100mm，试用网格法画出它们的一点透视。

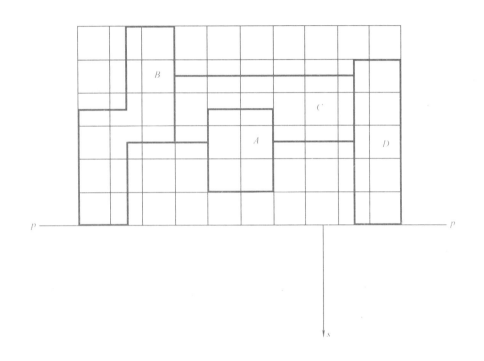

14. 在 A3 图纸上用网格法按给定的画面位置和视距画出卧室的一点透视（家具造型参照附图或自拟）。

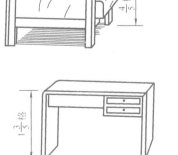

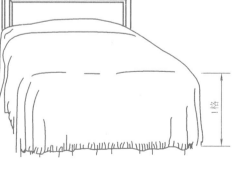

第9章 透视图辅助画法及曲面体透视

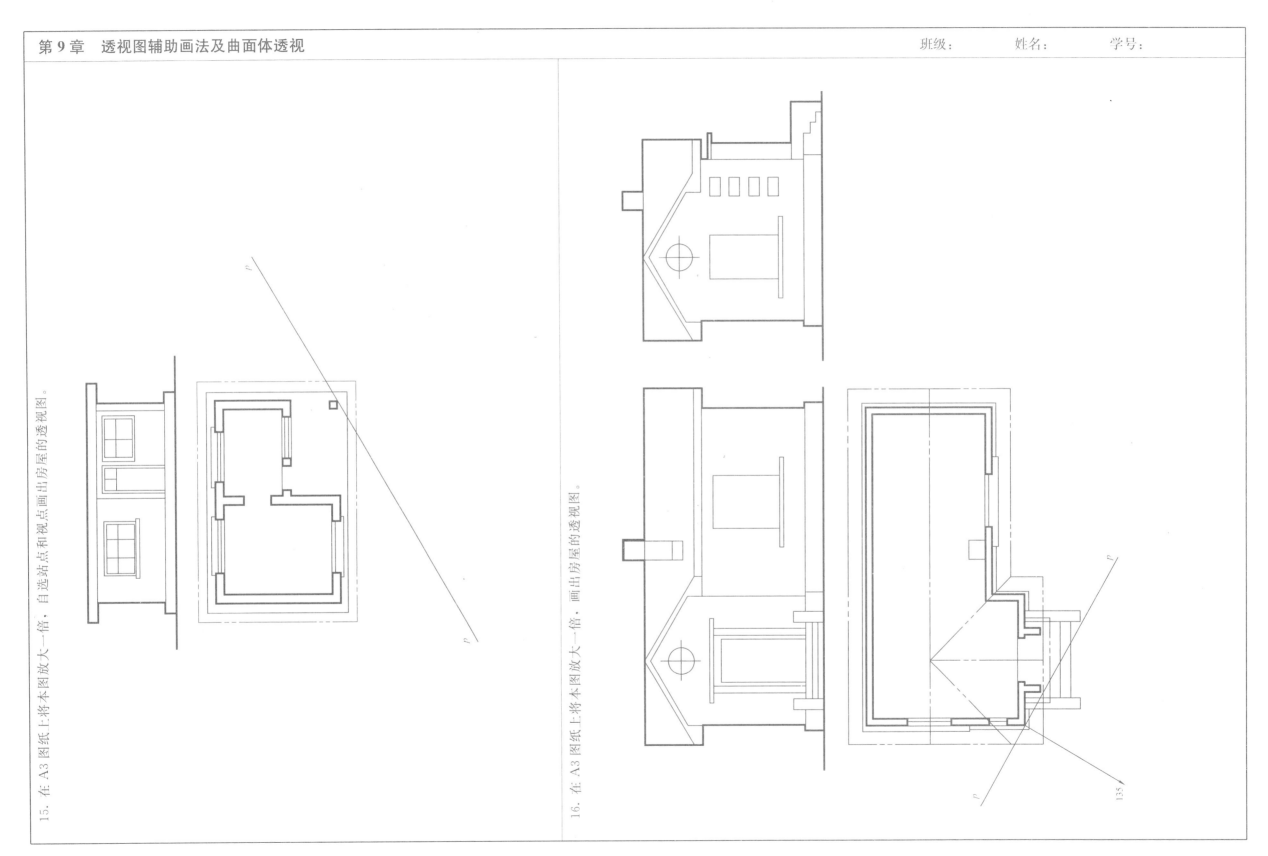

15. 在 A3 图纸上将本图放大一倍，自选站点和视点画出房屋的透视图。

16. 在 A3 图纸上将本图放大一倍，画出房屋的透视图。

第9章 透视图辅助画法及曲面体透视

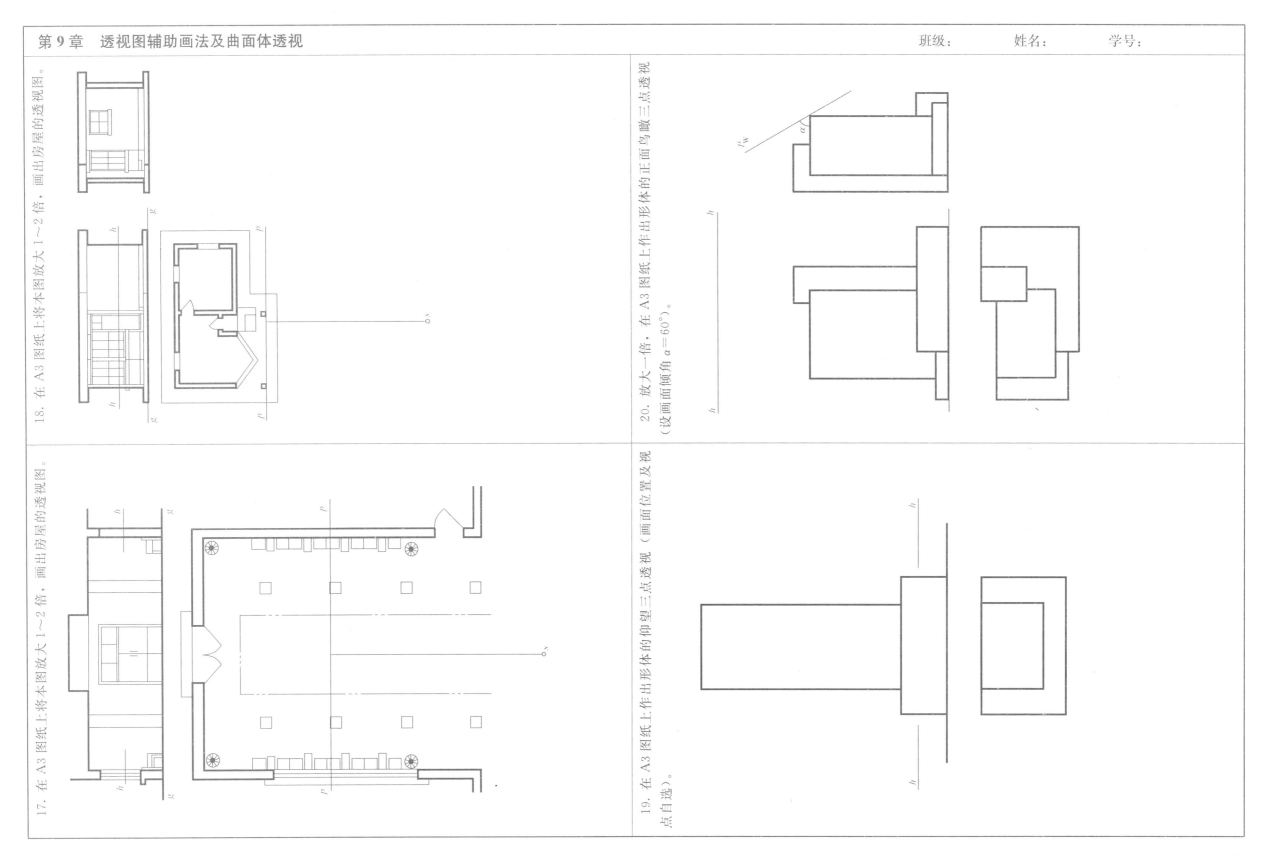

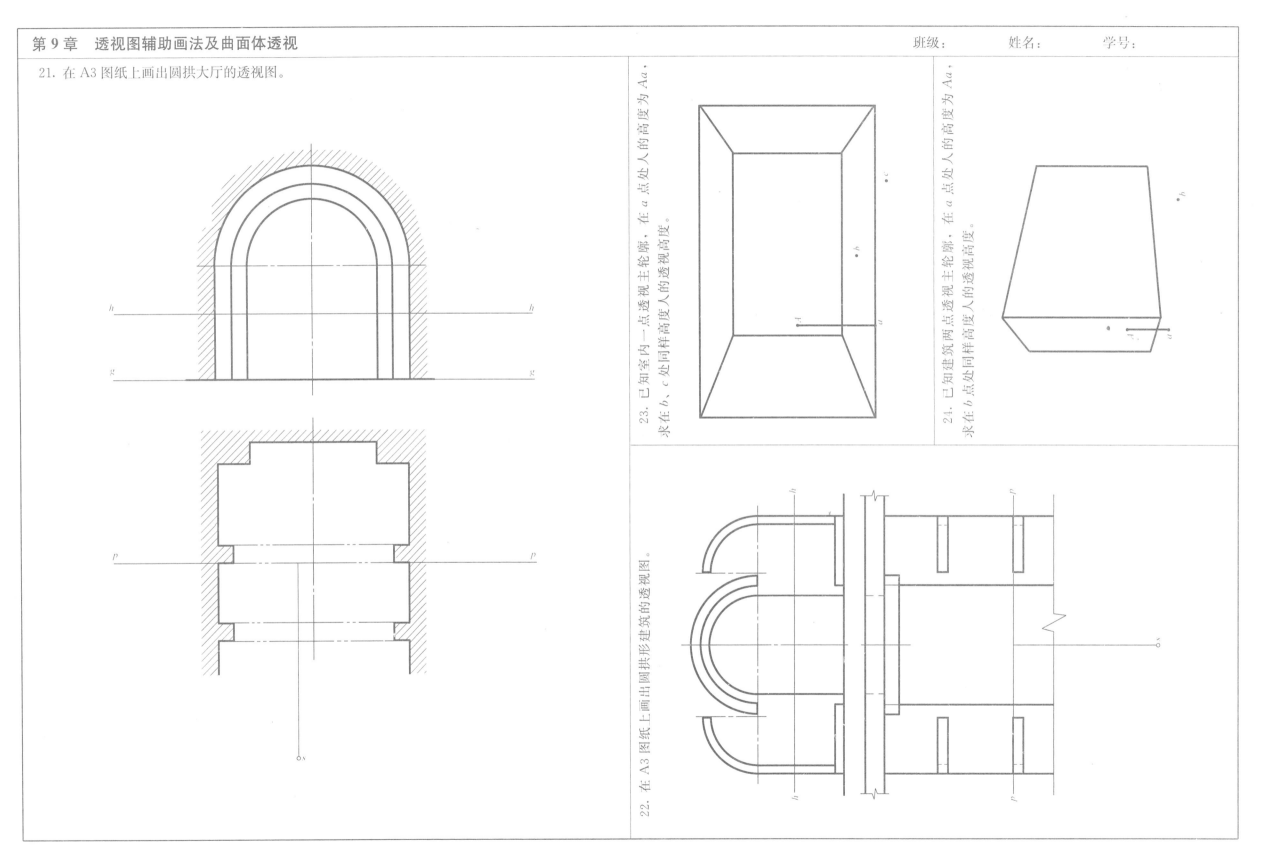

第9章 透视图辅助画法及曲面体透视

25. 在 A3 图纸上画出圆拱大门和圆拱窗的两点透视图。

26. 在 A3 图纸上作出螺旋楼梯的透视图。

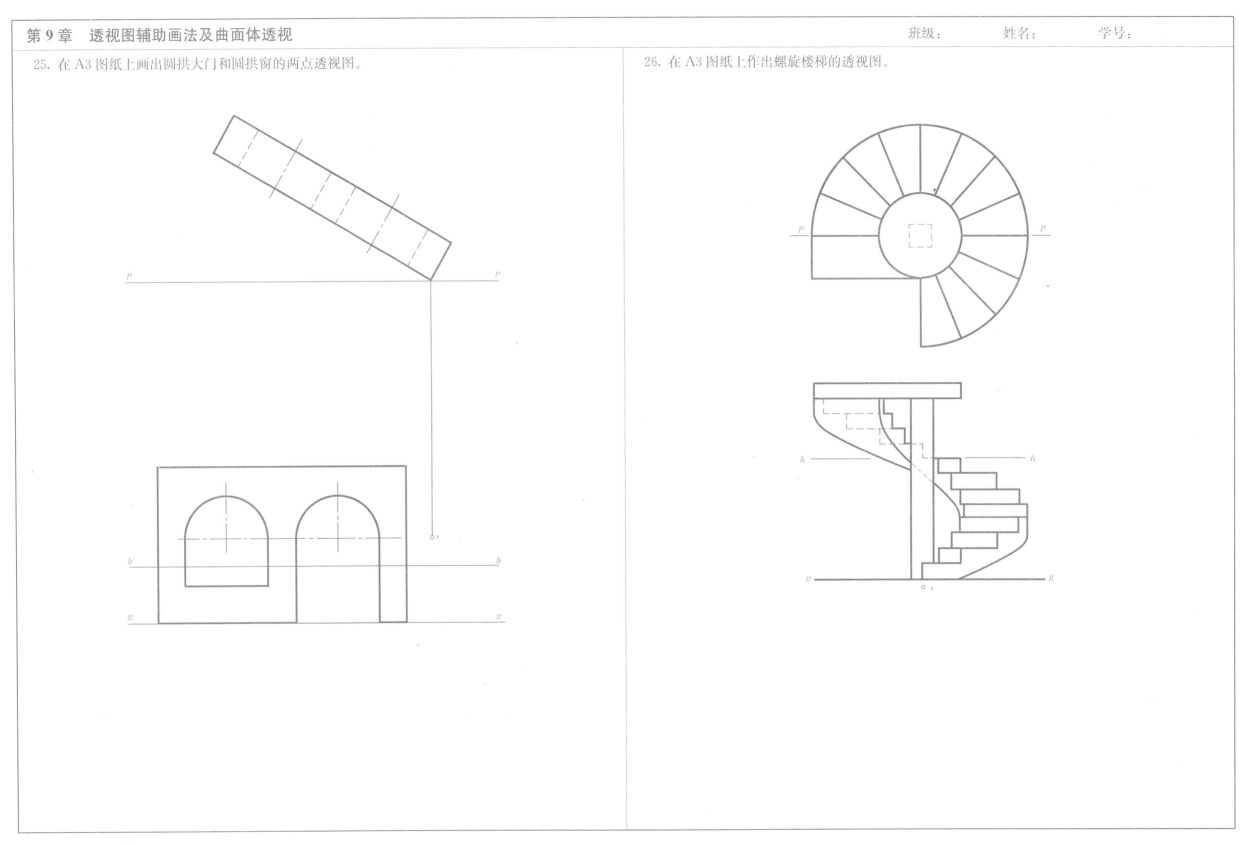

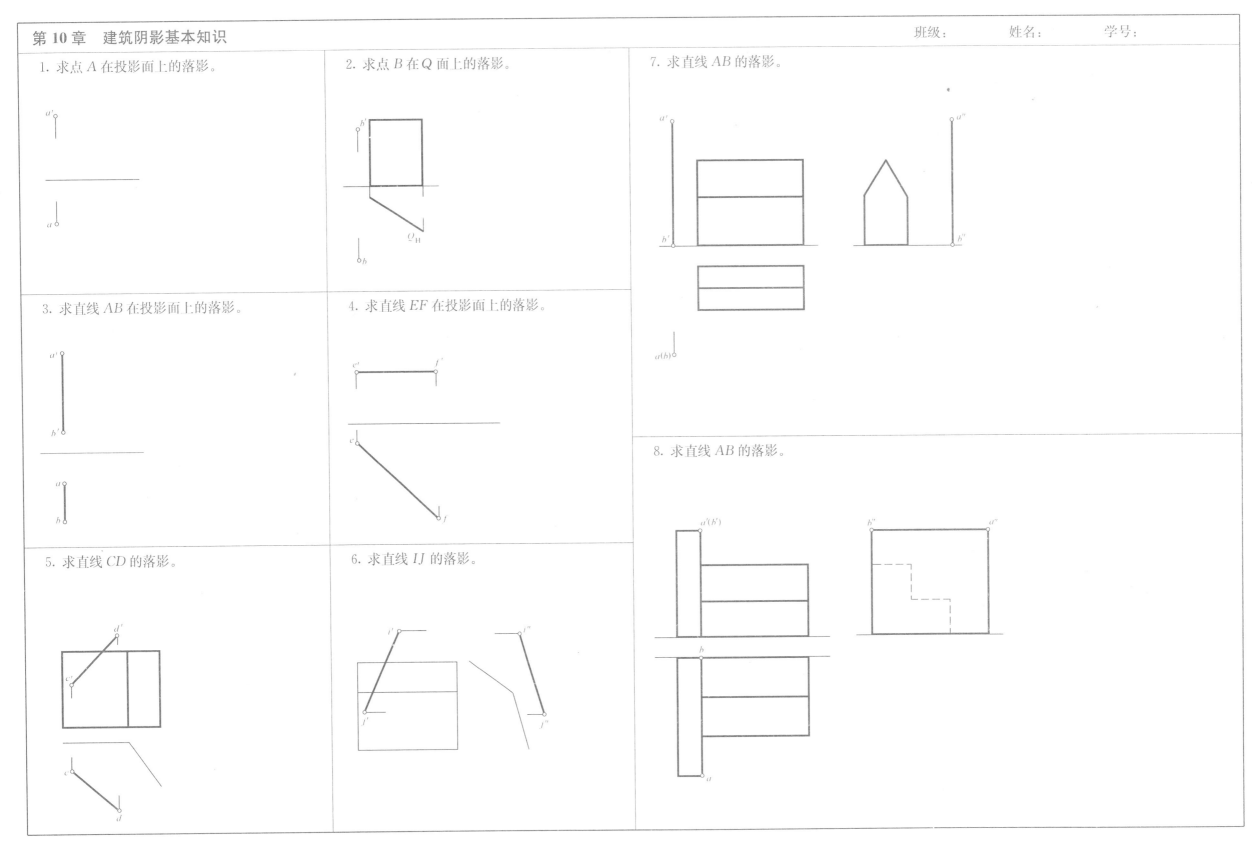

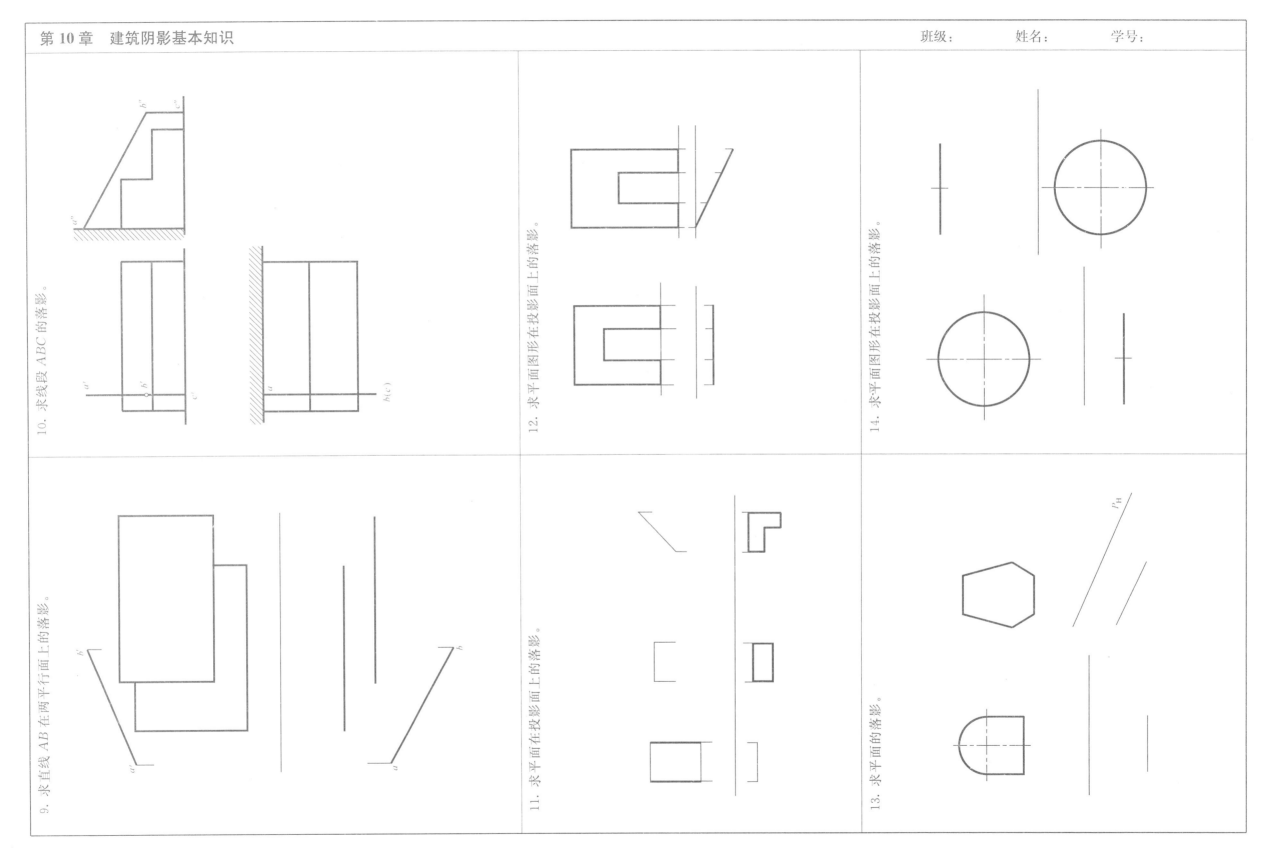

第 11 章 建筑形体的阴影

班级： 姓名： 学号：

1. 求立体的阴影。

2. 求立体的阴影。

3. 求立体的阴影。

4. 求立体在 P 面上的阴影。

5. 求立体的阴影。

6. 求立体的阴影。

7. 求立体的阴影。

8. 求立体的阴影。

9. 求立体的阴影。

10. 求立体的阴影。

第 11 章　建筑形体的阴影　　　　　　　　　　　　　　　　　　　　班级：　　　姓名：　　　学号：

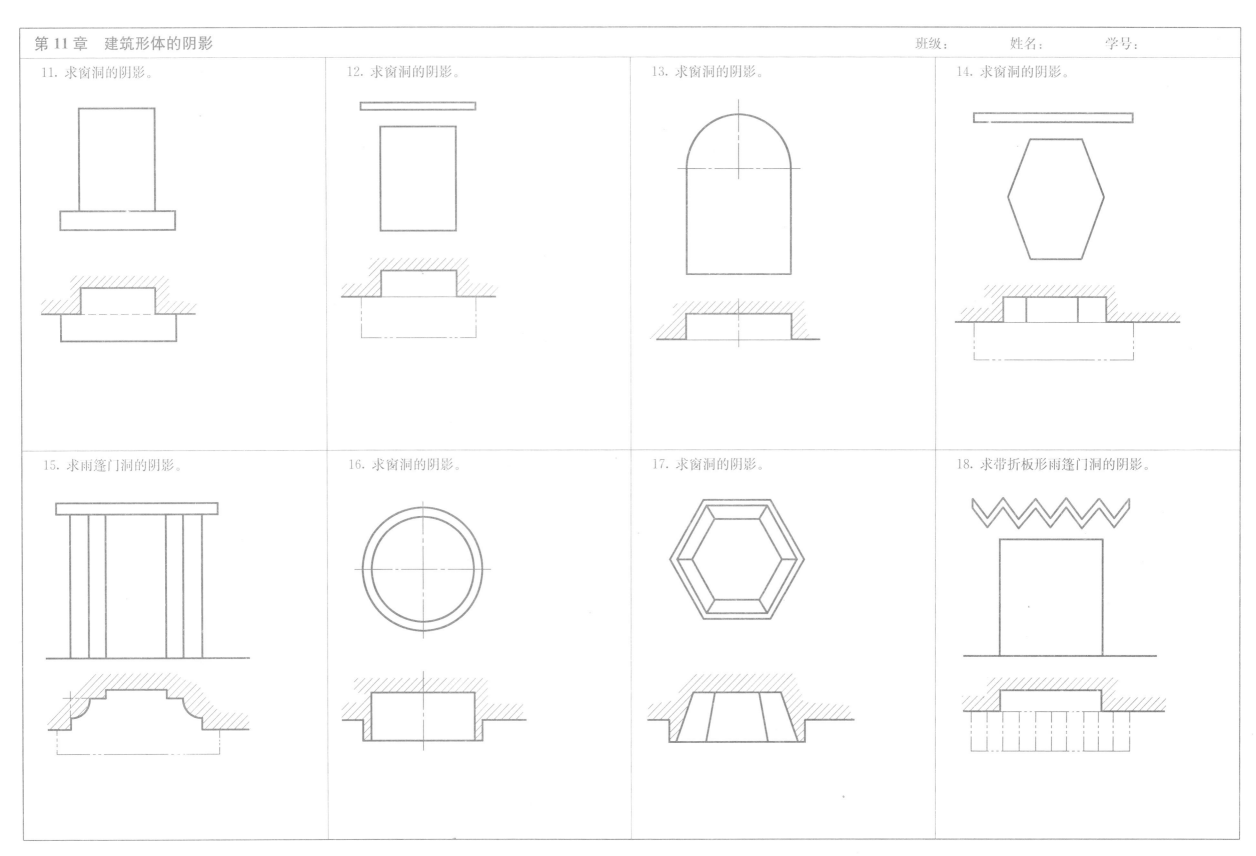

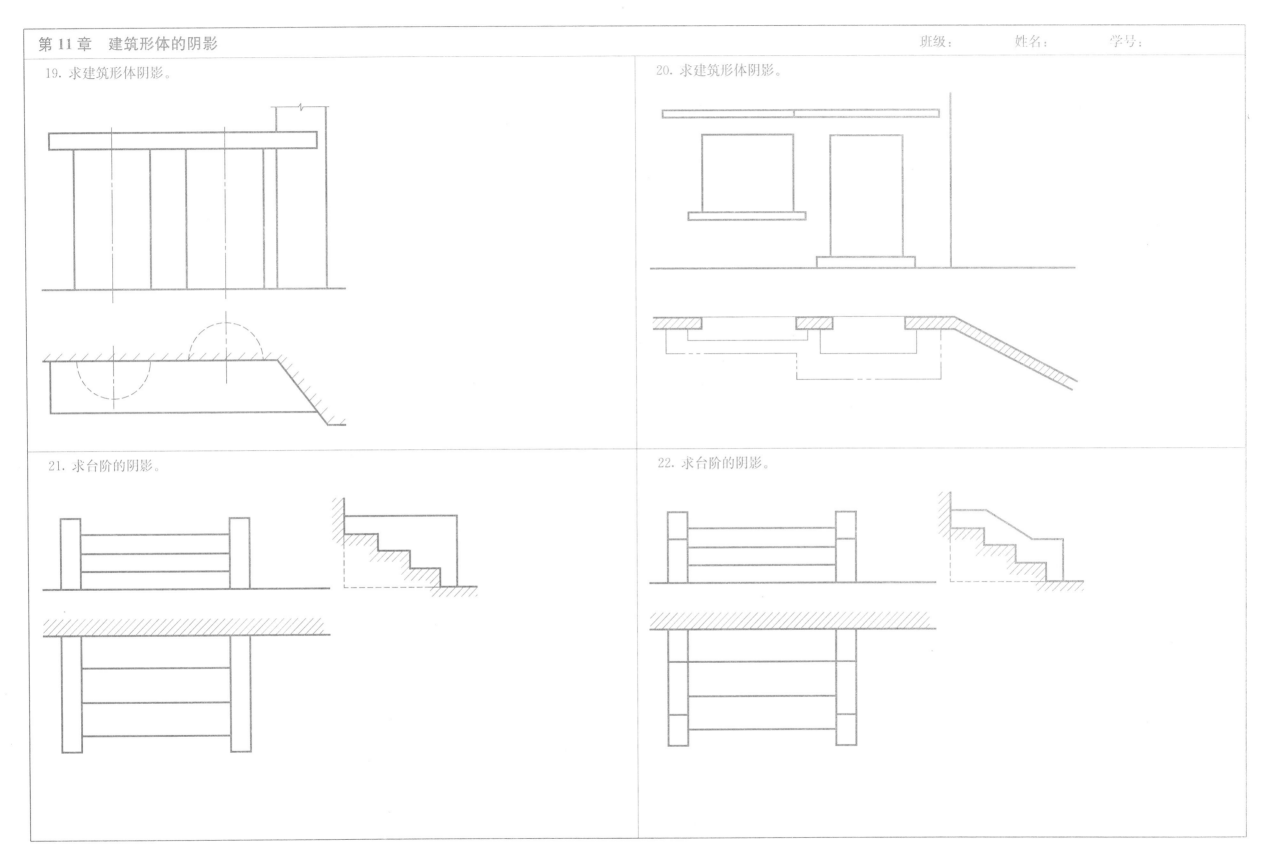

第 11 章 建筑形体的阴影

23. 求台阶的阴影。

24. 求台阶的阴影。

25. 求坡屋面及烟囱在房屋上的阴影。

26. 求烟囱在屋面上的阴影。

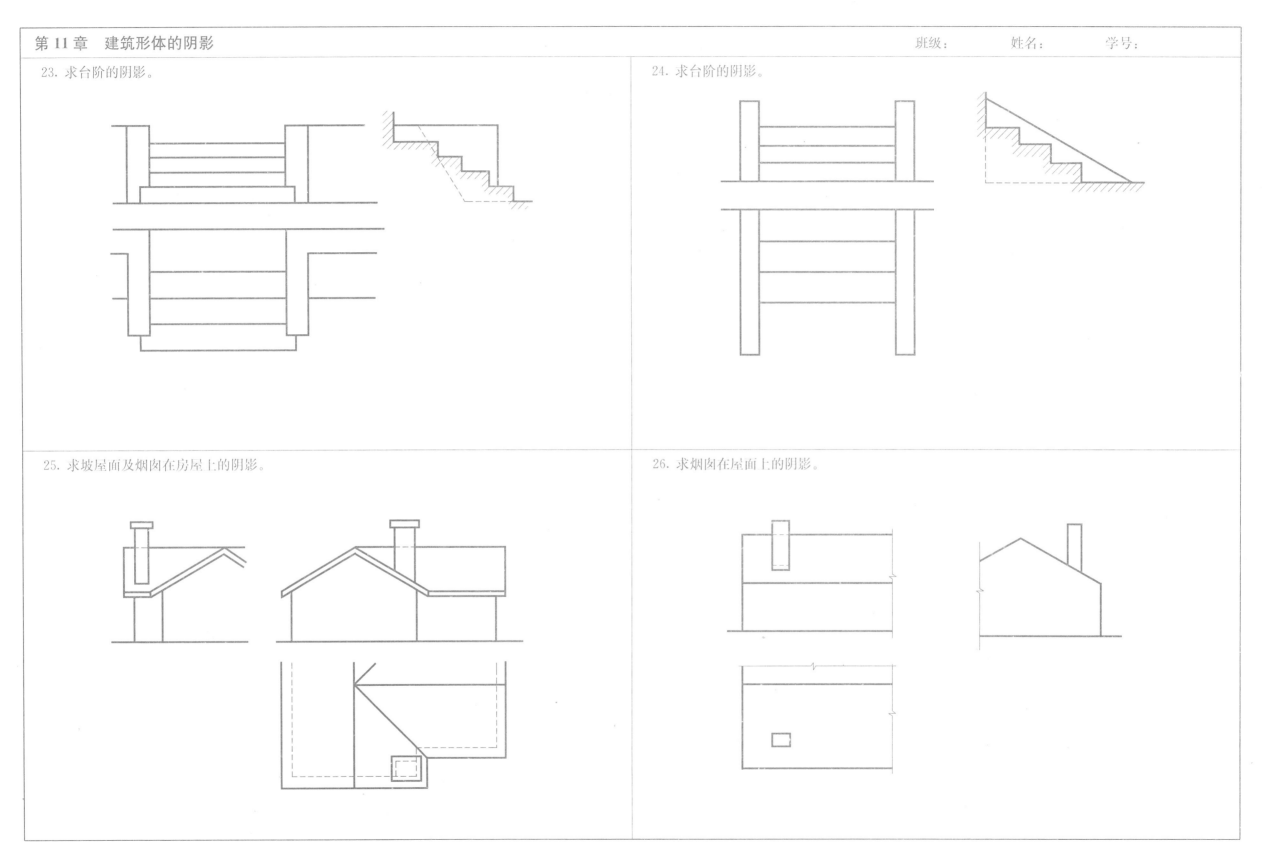

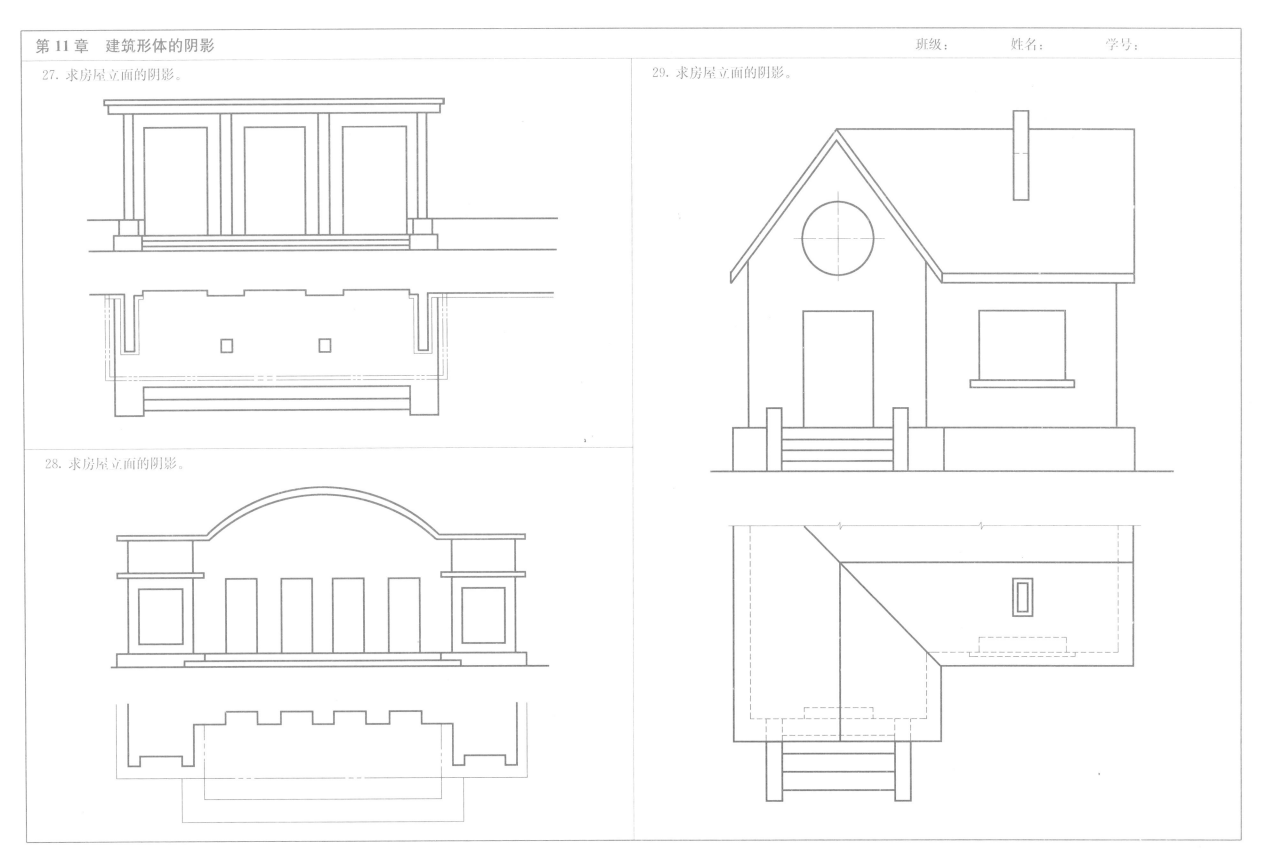

第 11 章 建筑形体的阴影　　　　　　　　　　　　　　　　　班级：　　　姓名：　　　学号：

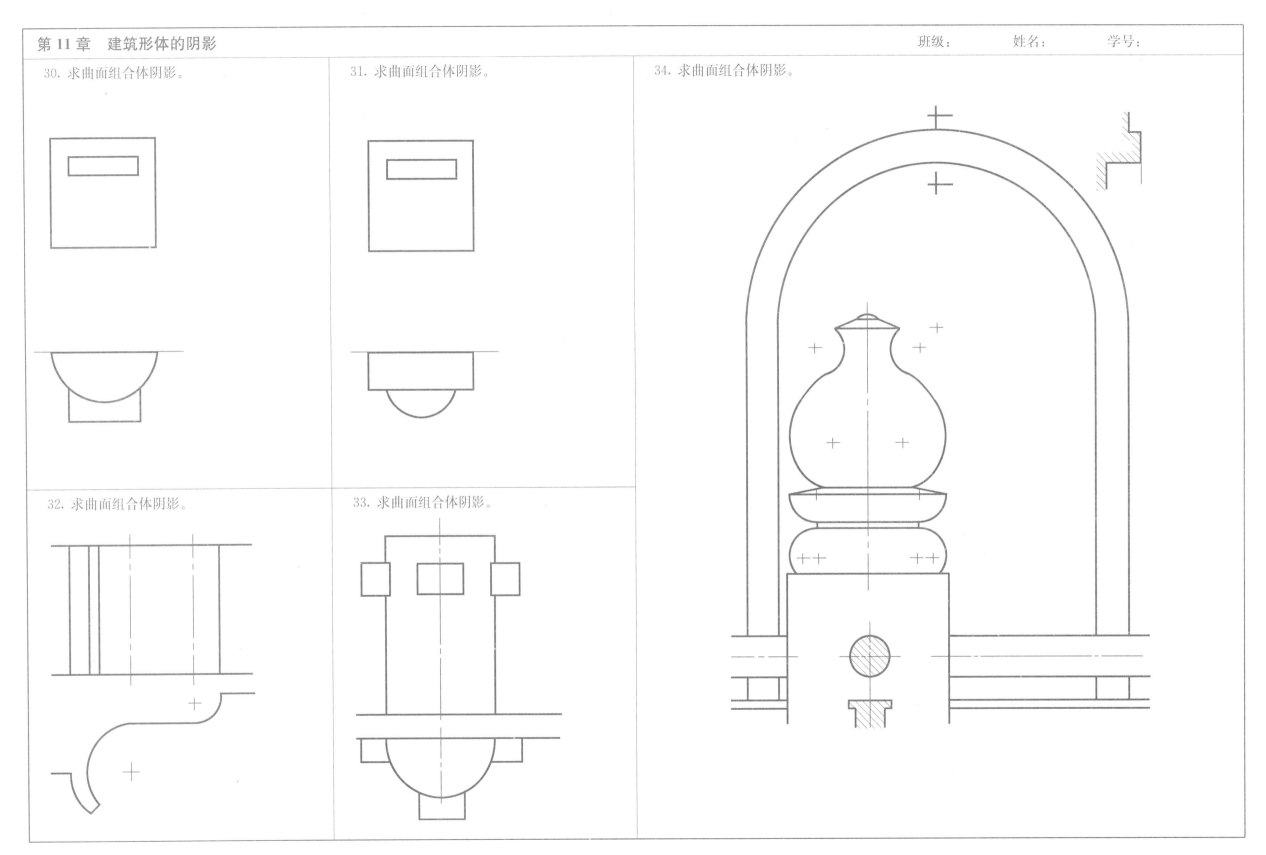

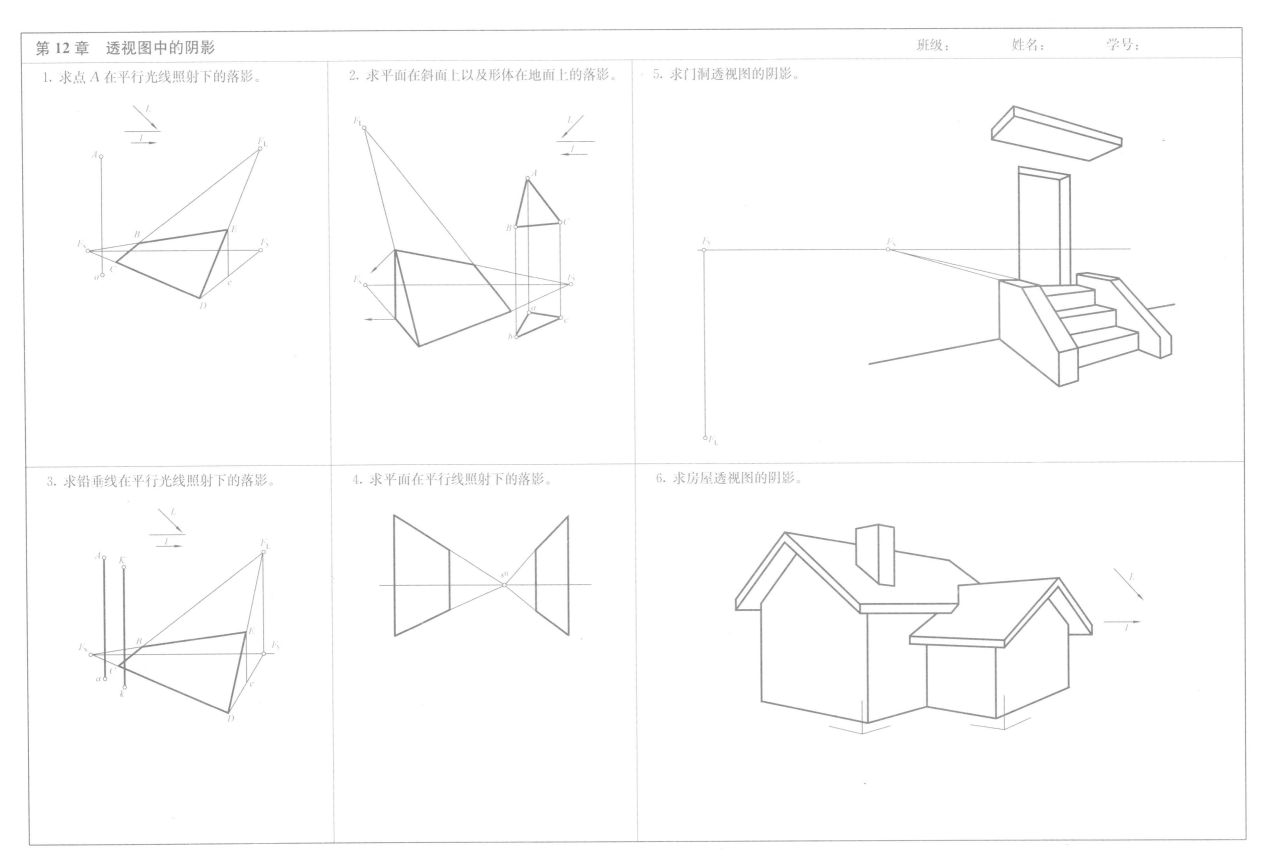

第 13 章 建筑施工图

1. 参照教材图 13-21、图 13-22，在图纸上抄画下面的二、三层平面图。

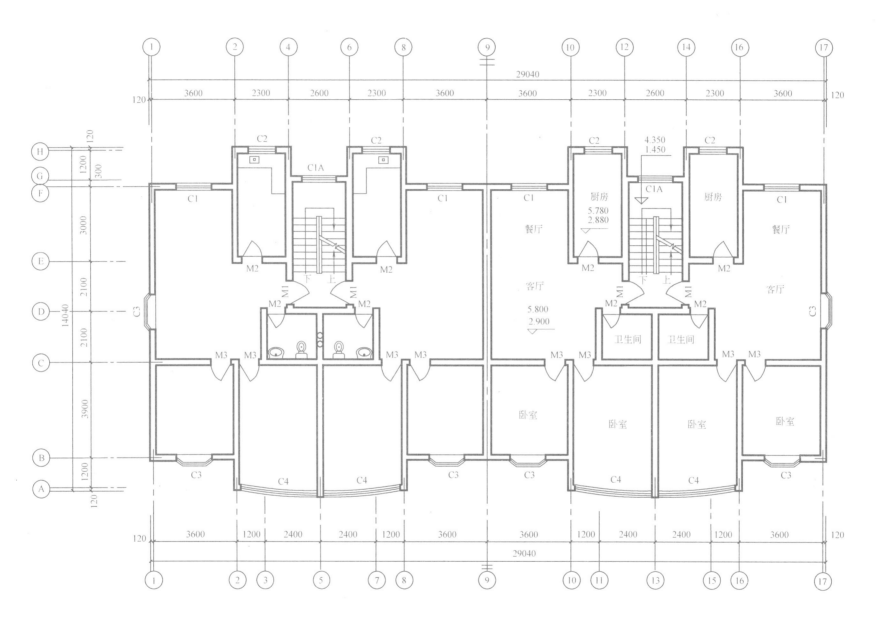

二、三层平面图 1:100

第 13 章 建筑施工图

2. 按照国家制图标准，在 A3 图纸上用 1∶100 比例画出下面传达室的建筑平面图、立面图和剖面图。

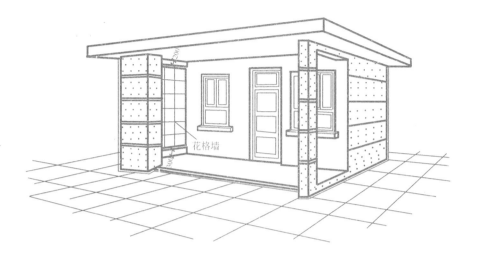

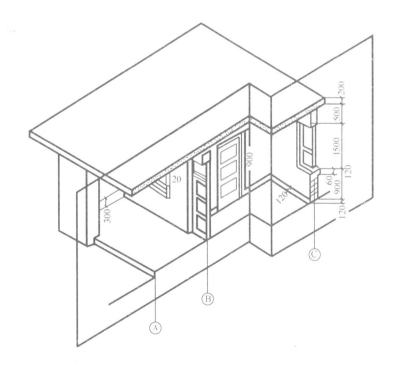

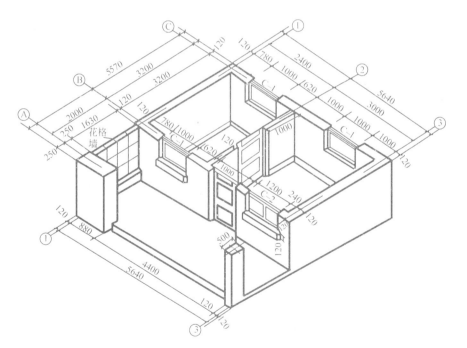

第14章 结构施工图

班级： 姓名： 学号：

1. 结合教材图14-12，抄画下面楼梯结构平面图。

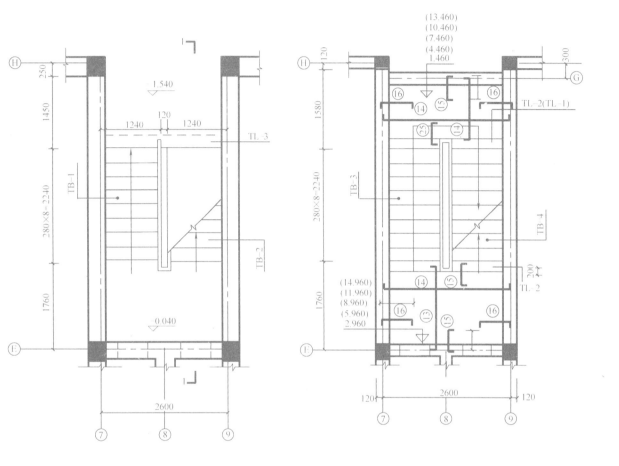
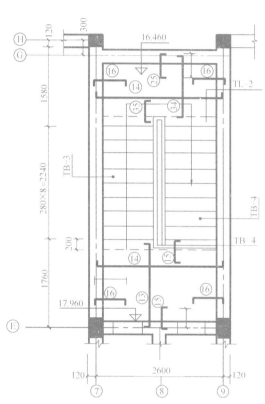

第14章 结构施工图

2. 结合教材图14-12，抄画下面楼梯结构剖面图。

3. 结合教材图14-12，抄画下面楼梯板配筋图。

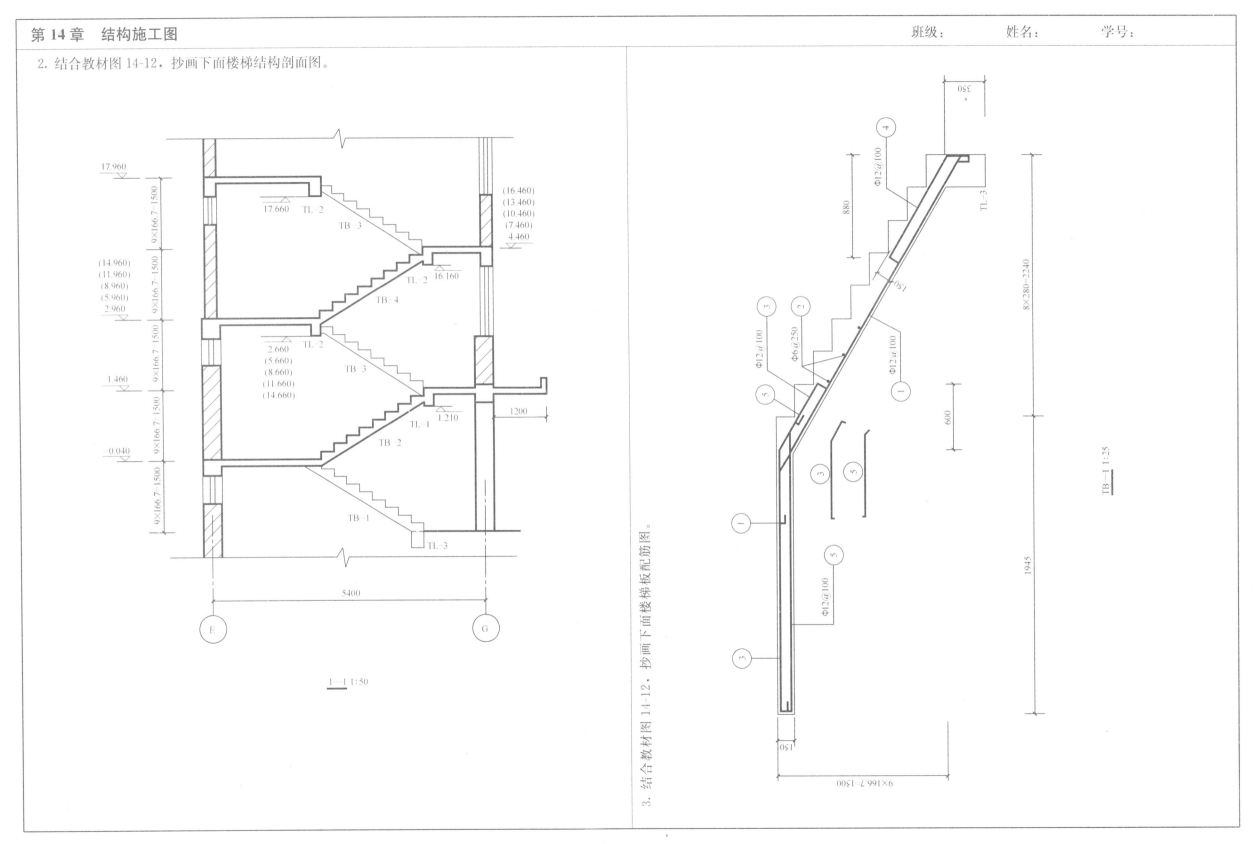

第 15 章 建筑装修施工图

班级：　　　　姓名：　　　　学号：

用 1∶100 的比例抄画下面房屋装修施工平面图。

第16章 计算机绘图

1. 在AutoCAD中绘制下列图形,并保存为Dwg格式。

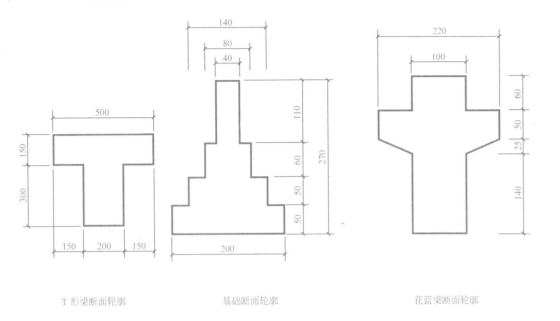

T形梁断面轮廓　　基础断面轮廓　　花篮梁断面轮廓

2. 设置如表所示的图层,在AutoCAD中绘制下列图形。

图层设置

名称	颜色	线型	线宽
轮廓线	黑色	Continuous	0.4mm
中心线	红色	Center	默认
虚线	蓝色	hidden	默认

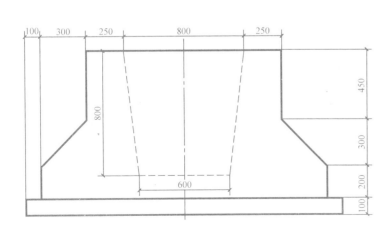

3. 在AutoCAD中绘制下列建筑平面图图形。

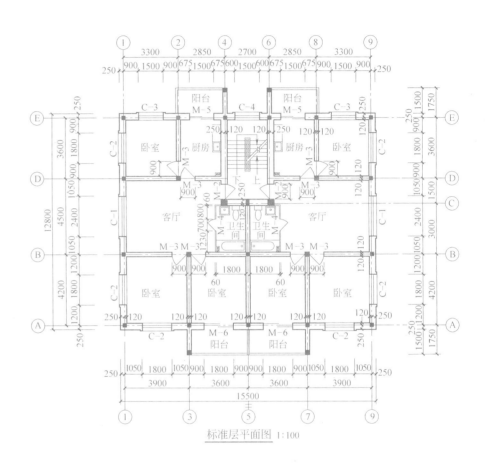

标准层平面图 1:100